地球の
すばらしい
樹木たち

巨樹・奇樹・神木

わたしが木を追い求める間に
亡くなった父をしのんで

地球の
すばらしい
樹木たち

REMARKABLE TREES OF THE WORLD

巨樹・奇樹・神木

写真・文 トマス・パケナム

早川書房

はじめに　6

1 巨人 GIANTS

男神
- マオリ族最後の神　14
- ハイエナとバオバブ　19

女神
- 母なる女神の大樹を救え　26
- だれでも登れる木　30
- 雲から顔を出すレッドウッド　32
- 議会の森の甘美なる神酒　36
- 独身貴族と3人の貴婦人　39

怪物
- トーテムになったシーダー　42
- 北欧神話の巨人トロール　44
- シャーマン将軍対グラント将軍、シエラの決闘　47
- 王様の足下で　51

2 小人 DWARFS

小人に栄えあれ
- 変わらぬ兄弟愛　57
- 御影石の墓に住む王様　58
- ヨシュア・ツリー公園の黄金の杯　61
- モントレーの浜辺でのんびりと……　62

若さの秘訣
- 永遠の若さを得た盆栽たち　68

3 長寿者 METHUSELAHS

めぐりゆく生命
- 老人と山　74
- クヴィレッケンとグリーンマン　78
- 騎士パルチファルと聖杯　81
- ジュリアス・シーザーと同じ時代を生きた木　82
- 裁きのオーク　84
- ドラゴンは新しい頭を生やしたのか？　86

聖なる木
- 斜塔の起源は杖　90
- オーク礼拝堂はいかにして守られたか　92
- 仏陀の悟りの木からとった挿し木　94
- 偉大なる医学の父の木　98
- ミツバチには高嶺のユリノキ　100
- イチジクの木と9人の妻　102
- クスノキに深々とお辞儀を　105
- 変化の神プロテウスの木に敬意を　108
- 仏陀が悟りを開いたもうひとつの木　110

4 夢語り DREAMS

囚われの人
- 木に囚われた人々　116

異邦人
- ロトルアの赤い"豆"の木　120
- 総督の残したクスノキ並木　122
- アメリカから聖アントニオ教会に花束を　125
- ブサコにオーストラリアの化石の木を　126
- サントルソのシュノーケリング　128

恋人と踊り手
- 恋するバオバブ　132
- 木上の楽団が音楽を奏でていたころ　135

蛇とはしご
- 木上の村落　138
- ヴェルジーの800本のワインオープナー　140
- 天使の木　142
- 地面を目指す木　144
- ほらね、おとなしい大蛇でしょう？　146
- 植物園に棲む2匹のヘビ　148

幽霊
- デイヴィッド・ダグラス、安らかに眠れ　154
- ヨシュアに導かれるモーセの話　158
- 菩提樹の木の下で眠る少女　161
- 眺めのいい墓地　162

5 滅びゆく樹木たち TREES IN PERIL

最後に勝つのは伐採者なのか
- 灰は灰に　168
- 消えゆくトタラ　170
- 巨樹とともに戦った男　172
- 亡骸はノーラン・クリークに　174

緑の酒びん
- 森の精霊たち　178
- 一本足のゾウ　180
- ムルンダバのバオバブに日が暮れる　182

本書で紹介した樹木の生息地　186
参考文献　188
挿絵クレジット　188
索引　189

目　次

はじめに
新たな60本を求めて
Another Sixty

　6年前、わたしは『すばらしい樹木たちとの出会い』(Meetings with Remarkable Trees、未訳)という本を上梓した。アフリカの歴史に関するわたしの著書を知る友人たちは、いささか驚いた顔をした。当時、わたしが60本(あるいは60通り)のさまざまな木に関する本を書くなど、誰も夢にも思わなかったようだ。しかしこの本には、人々の心に訴えるなにかがあったらしい。わたしのもとには、人知れず樹木を抱きしめているのを「恥ずかしくてだれにも打ち明けられなかった」という心情をつづった読者からのメッセージが多数届けられた。今までは樹木に興味もなかったという読者からも、「まったく違う視点から木を見つめるようになった」との便りをもらった。ある南アフリカの読者は、「あなたはわたしたち家族の英雄だ」と知らせてくれた。「95歳になるわたしの母親は、目もよく見えないうえに、頭の方ももうろくしているのですが、あなたの本は本当にすばらしいと絶賛しています」。こうした賛辞にうぬぼれることのないよう、自戒したい。

　前著の60本の木は、自由に選ばせてもらった。まったくの気まぐれといってもいい。原則はたった3つだけ。まず、英国またはアイルランド国内の生きている(あるいは自らの根っこの上に立ち枯れている)樹木であること。次に、熱心な愛好家でもない妻がその樹木の前に一緒に立ったとき、思わず感嘆の声を上げてしまうほど強烈な個性をもっていること。そして、美しいたたずまい——つまりカメラを向けたときに絵になる表情をもっていることであった。

　本書のため新しく選んだ60本の木も、同じ原則で選んだが、違いがひとつだけある。今回は、英国とアイルランドという地理的な枠を越えて、世界中に散らばる樹々の中から選んでいる。出版社側は無謀にも、わたしの好きなようにやっていいといってくれた。こんなすばらしい機会をみすみす逃す人間がいるはずがない。わたしは、4年の歳月をまるまる費やして世界中をくまなく歩きまわり、神々しいたたずまいと強烈な個性とを兼ねそなえた木を探しもとめた。最初の本と同じく、本書は図鑑として樹木の判別に役立つわけでもなく、ましてや育て方を教授する本でもない。しかし、願わくは、読者が自分だけの新しい木と出会うための道しるべとなってほしいと思っている。そして読者にも樹木を目の前にして、「わーっ」とか「おーっ」とか、感嘆の声を上げてほしい。

　白サイを追って茂みの足跡をたどるハンターさながら、古代から生きつづけてきた樹木を苦労して探しあてたあげく、やっと見つけたら枯れていたなんてこともある。もっと悲しいのは、自分が育ててきた樹木、つまり家の庭木が大嵐で見る影もなく変わりはててしまうことだ。10年ほど前のこと、アイルランドにあるわたしの家には、樹齢200年のブナの木が生い茂っていた。中でも一番のお気に入りだった1本は、幹が5股に分かれた荘厳な姿をしており、敬うべき生きものであった。そしてこの木こそ、前述のMeetings with Remarkable Treesの主役だった。雪化粧をした巨樹の姿が、まえがきと最後のページ、さらに本文中でも数々のページを飾った。しかし、先ほど述べたように、その蜜月もほんの一時のこと。右の2つの写真を見れば一目瞭然であろう。20世紀最後の年のボクシング・デー(クリスマス翌日の祝日)に大嵐に見舞われる前(上)と後(下)の写真である。現在もそのままの姿で風雨にさらされているのだが、5つに分かれていた幹がちょうど5本の指を広げた格好で残り、残骸というよりは、1つの記念碑といった風情を見せている。

2ページ：メキシコ、トゥーレのモンテズマヌマスギ。世界でもっとも幹周りが太い木。

4ページ：「上院議員」の木。カリフォルニア州、セコイア国立公園内にあるジャイアントセコイアの一群。

上、下：わが家の大切な木の最期。1999年12月26日の嵐の前後。

わたしはこれを伐って暖炉にくべてしまう気にはなれなかった。まるで大切な家族や友人を失ったような気持ちだった。

1990年代初頭にも、すばらしいブナの木を失うという出来事を体験し、それが前著Meetings with Remarkable Trees誕生のきっかけとなった。その木はわたしたち家族にとって古くからの友人のような存在だった。わたしは失ってはじめて、友情が永遠に続くものと勝手に思いこんでいたことに気づいたのだ。しかし本書のヒントを得るきっかけとなったのは、まったく異なる2つの出会いであった。

最初の出会いは1992年8月、米国のマーサズビンヤード島という美しい避暑地を訪れたときのことだ。エドガータウンと呼ばれるメインストリートを散策中、わたしは歩道に飛びだすようにして立っているエンジュ（マメ科の落葉高木 Sophora japonica）の巨樹を目の当たりにして目を見はった。水槽から飛びでたイルカとでもいおうか。すごい！　わたしは思わずうなってしまった。おそらくこれは中国と日本を除いて、世界最大のエンジュに違いない。後に樹木に詳しい友人が、わたしの予想を裏づけてくれた。ところが、米国内の巨樹の指定・登録を行っている非営利の森林保護団体、アメリカン・フォレスツが発行する『全米巨樹登録（National Register of Big Trees）』を探してみても、どこにも紹介されていない。かつてトマス・ミルトン提督が中国から持ち帰った苗をこの歩道に植え、ここまで成長させた歴史ある巨樹にもかかわらず、である。登録されない理由を聞いてまた驚いた。この巨樹が米国の在来種でなく、帰化植物でもないからというのだ。外来種で、アメリカの木でないから、木にして木にあらずということなのか。なんたることだ。この立派なエンジュの巨樹に向かって「故郷の中国に帰れ」といわんばかりの仕打ちをするくらいであるから、米国には、さぞすばらしい巨樹がたくさんあるに違いない。想像以上にたくさんの魅力的な巨樹にあふれているのだろう。10年後わたしは、これが正しかったことを知る。ヨーロッパに古くから存在する森のほとんどは何百年も前に伐採されつくしたが、米国、特に西部にはかろうじて古代の森が残っていた。樹木を求めてさまよう旅人にとって、米国こそが残された楽園だったのだ。

2つ目の出会いは、1996年11月、南アフリカで。多くの人でにぎわうショッピングモールの中で前著Meetings with Remarkable Treesのプロモーションを行った。このとき親切な出版社側の申し出によって、バオバブの木と象を眺めながら静かな週末を過ごそうということになった。マラリア予防の錠剤を飲み、車で480kmほど移動してようやくたどり着いたのが、クリューガー国立公園である。象のことはよく知らないが、その象にとてもよく似たバオバブの木ときたら、それはもうすばらしかった。これはなにかのお告げに違いない。クリューガー国立公園に隣接するクラセリエ動物保護区では、1880年代のゴールドラッシュ時に酒場として使われていたという大きな洞がある巨樹に案内された。当時、鉱夫が15人は並んで入れるほどのスペースがその中にはあったそうだ。現在は木の成長により洞の入口がほぼ閉じかけ、中には空きビンが数本残っているだけだった。しかしこの出会いをきっかけに、わたしとバオバブの木との危険なアバンチュール

上：マサチューセッツ州、マーサズビンヤード島のエドガータウンに立つエンジュの木。1833年頃、トマス・ミルトン提督が東方から鉢に入れて持ち帰り、ここに植えたという。

が始まったのである。本書のすべてのページをバオバブで埋めつくしたくなる衝動を抑えるため、わたしは苦行を強いられたことを申し添えておこう。

　前著と同様に、本書は昔ながらの植物学に依拠して書いたものではない。樹木を紹介する順番にしても、巨人、小人(ドワーフ)、長寿者、夢語り、滅びゆく樹木たちなど、それぞれの個性によって決めた。60本の樹木のほとんどが異国から持ち込まれた外来種を占めた前著と対照的に、本書でとりあげている樹木は、ほとんどが在来種である。それぞれの種における世界最大の巨樹もいくつか含まれている。はるかなる歳月を経て、途方もない大きさに成長した巨樹である。わたしが英国とアイルランドで出会ったまだ若い樹木は、こうした巨樹の末裔(まつえい)だったのだ。

「巨人」の章では、1500トンの世界最大を誇り、米国カリフォルニア州に存在するジャイアントセコイア「シャーマン将軍」もとりあげている。単体では、実に世界最大の生命体である(ここではミシガン州北部の地中にかくれているという、フットボール競技場サイズの巨大キノコを除外している。だれも実際に見たことがないし、単体生物というよりは同じ菌から繁殖した菌の集合体だからである)。「長寿者」では、カリフォルニア州のホワイト山脈で強風の吹き荒れる斜面に生育しているブリッスルコーン・パインを紹介している。中でも世界最長寿とされる木は、樹齢4600年以上であることがわかっている。科学者が測定した樹齢の中で最長寿だそうだ。「聖なる木」では、日本の神社で大切に保存されているクスノキの巨樹や、仏陀(ブッダ)が悟りを開き菩提樹(ぼだいじゅ)の若木を植えたとされるスリランカの樹齢2200年のインドボダイジュなど、世界でも神聖とされている木々をとりあげた。「滅びゆく樹木たち」では、心ない森林伐採業者や貧困にあえぐ農民によって絶滅の危機にさらされている種を紹介している。この中には、急速な農業の進展によって危機にさらされている、マダガスカルに生育する外来種のバオバブの木、あるいは森林保護運動家たちが数十年にわたって伐採業者と闘いを繰り広げている米国・カナダ太平洋沿岸地域のエゾマツ、ダグラスモミ、ヒマラヤスギなどが含まれる。

　4年間の旅の中で、本当にいろいろな方々から支援や手助けをいただいた。限りない感謝の気持ちでいっぱいである。中でも特にお世話になった方々の名前を以下にご紹介したい。

[オーストラリア]レイチェル・ブライズ、ロス・イングラム、キングズレー・ディクソン、ピーター・ヴァルダー、ピーター&ナンシー・アンダーヒル夫妻、ローズ・タルボット、ニール・パーカー、ティム・マクマナス、デイヴィッド・リッチモンド、フランシス&ジュリー・キーガン夫妻、ジョン・モートン、ジョージーナ・パース、サリー&ローオー・ライト夫妻。[ニュージーランド]リネール・ライアン、キャローラ&マイケル・ハドソン夫妻、スティーヴン・キング。[カナダ]サリー&キース・サクレ夫妻、ジョー&ジョアンヌ・ロンスリー夫妻、キム・マッカーサーとシェリー・ホッズ、マイケル・レナルズ、ゴードン・ウィートマンとジョン・ウォーラル、ジリアン・スチュアート。[トルコ]トリシア&ティモシー・ドーント夫妻、アンタリヤのジェーン・バズとヴァリ・ユスヌ・アクデジル。[日本]ハタケヤマ夫人、ヒロシ・ハヤカワ、マサノリ・オーワ、ヒデオ・スズキ、ヒロアキ・マツヤマ、サー・スティーヴン・ゴマソール、ユリコ・アキシマ、トム・キリー、デニス・キリー。[ポルトガル]ルイス・ヴァンベック。[イタリア]

上：ゴールドラッシュの時代、鉱山労働者たちが喉をうるおす酒場になっていたバオバブの木。南アフリカ共和国、クラセリエにて。

ルポ・オスティ、ヴェルッキオの聖フランチェスコ修道院のミケーレ修道士。[ベルギー＆オランダ]フィリップ・デ・スポルバーチ、ギスレーヌ・デ・スポルバーチ、エレイン・カミュ、ジェローン・パテール。[ドイツ]ヘリベルト・ライフ、ジゼラ・デーニグ。[フランス]ロベール・ブルジュ教授、シビル＆アンドレ・ザヴリュ夫妻、ジョルジーナ・ハウエルとクリストファー・ベイリー。[メキシコ]わたしの甥ダミアン・フレーザーとパロマ・フレーザー、エイドリアン・ソープ。[米国]ボブ＆キャシー・ヴァンペルト夫妻、チップ・ミューラーとアンジェラ・ジノーリオ、イブジェニア＆ジュリアン・サンズ夫妻、ロン・ランス、ガイ・スタンバーグ、ジョン・パーマー、イーデス・スピンク、ダイアナ・ローワン・ロックフェラー、ボブ・ピリー。[南アフリカ共和国]ジム＆バーバラ・ベイリー夫妻、プロスペロー＆アンナ・ベイリー夫妻、ジェシカ＆ジョン・クラーク、ビージー＆ニッキー・ベイリー、ジョナサン・ボールとパム・ボウリング、ジョナサン・ボウリング、テレーズ・ヘルベルト。[アイルランド＆英国]オルダ＆デズモンド・フィッツジェラルド夫妻、メアリ・マクドゥーガル、グレイ＆ネイチ・ガウリー夫妻、マーク・ジラード、パトリック＆アンシア・フォード、ジェーン・マーティノーとウィリー・モスティン-オーウェン、クリストファー＆ジェニー・ブランド、リンディー・ダファリン、モイラ・ウッズ、マイケル＆ディナ・マーフィー、ジェームズ＆アリソン・スプーナー、ジャッキー＆ジュリアン・トンプソン、ケイト＆パトリック・カバナー、ネラ＆スタン・オッパーマン、ピリー・カウェル、リーアム＆モーリーン・オフラナガン夫妻、パディー＆ニッキー・ボウ、デイヴィッド＆リンダ・デイヴィーズ、アーロン・デイヴィス、フィン・モーガン、ダリア＆アレクサンダー・シュワロフ、シモーヌ・ワーナー、モーリス＆ローズマリー・フォスター夫妻、アリソン＆ブレンダン・ロス夫妻、オーブリー・フェンネル、デイヴィッド・オールダーマン。

さらに、目的地の選択や執筆に的確な助言を与えてくれた2人のすばらしい植物学者を特筆しておきたい。チャールズ・ネルソンとスティーヴン・スポングバーグだ。そして再度、すばらしい写真を撮れたのは、頑強な一眼レフのリンホフをわたしにすすめてくれた（わたしには使いこなせないだろうといってはいたけれど）アンジェロ・ホーナクのおかげであることをここに記載し、お礼を述べたい。ワイデンンフェルド社のスタッフにも心からお礼を述べる。本書を仕上げるためのあらゆる段階で——まさに種まきから丈夫な成木を育てるように——熱心にサポートしてくれた。特に、アンソニー・チータム、マイケル・ドーヴァー、そしてデイヴィッド・ロウリー。さらに、マイク・ショー、ジョナサン・ペッグ、そしてカーティス・ブラウン社のスタッフにもお礼を述べたい。そして、海外の出版関係の方々、ニューヨークのノートン社のボブ・ヴァイル、そしてヨハネスバーグのジョナサン・ボール、いずれも大変お世話になった。最後に、わたしの大家族にも、感謝したい。兄弟、姉妹、子供たち、孫たち、甥っ子、姪っ子、そしてさらにその子供たち——総勢59名の家族たちよ、ありがとう。この本を書くにあたり、たくさんの方々にお世話になった。ここでは3人しか書ききれない。わたしの母、姉のアントニア、そして妻のヴァレリー。どんなことがあっても、わたしの無謀ともいえる樹木との熱い関係を黙って見守ってくれた。あなた方のおかげで、この本は完成した。

上：モロッコ、アガディール近郊のアルガン・ツリー。羊が木に登って葉を食んでいる。

第1章
巨人
GIANTS

男 神
GODS

私は覚えている、はるかなる時のはじめに生まれし巨人たちを
そのむかし私を育てし者たちを
私は覚えている、九つの世界を、九つの根の枝を
土のなかにありし名だかきトネリコを

シグルズル・ノルダル「宇宙創成」(『巫女の予言　エッダ詩校訂本』菅原邦城訳より)

マオリ族最後の神
Last of the Maori Gods

　木道を歩いていくと、亜熱帯地方の雨がまた降りだした。わたしは、テ・マトゥア・ナヘレ（森の父）とタネ・マフタ（森の神）をカメラに収めるためにニュージーランドにやってきた。テ・マトゥア・ナヘレとタネ・マフタ——キャプテン・クックがこの土を踏み、その後、イギリス人が入植しはじめたずっと前から、マオリの人々は、巨大な2本のカウリ（ナンヨウスギ科の針葉樹 *Agathis australis*）をこう呼んできた。

　生きとし生けるもののなかで比類なき大きさを誇るカウリを、マオリは神としてあがめてきた。19世紀には、入植者によるこの神の木の伐採がピークを迎えた。この2本のように、200年を超える乱伐の歴史を生きのびたカウリは今やわずかになってしまった。オークランドの北400km、テ・マトゥア・ナヘレとタネ・マフタのある地域は、現在、ワイポウア森林保護区に指定されている。だが、ほかの地域の神の木々がどうなったのか、ほとんど記録が残されていない。最大規模のカウリが伐採しつくされてしまったのは、1世紀以上も前のことだ。

　たどり着いたカウリ、テ・マトゥア・ナヘレの姿が、雨の向こうにけぶっている。なんという神々しさ。なめらかな、灰色の編み目がかった幹が堂々とした印象を与えているだけではない。胸高の幹周り16.41m、そこから上10mは、太さがほとんど変わらない。幹の上には、灰色の枝が指のように伸び、緑の王国を支えている。ランとシダ、そして深紅の花を咲かせる不気味な絞め殺し植物のラータが王国の住人だ。絞め殺し植物とは、木の枝の上で発芽し、長い気根を垂らす植物で、この気根が地面にたどりつくと、水分と養分を吸いあげ、やがて、根でおおったり巻きついたりして元の木を枯らしてしまう（なんとも気の長い話だとお思いになるだろうが、枯らすのにたとえ100年かかろうとも、この貪欲な植物にとっては、長いうちに入らないらしい）。

　雨が上がった。滑りやすい木道で大判カメラのリンホフを三脚にセットする。「木道から出ないように」という観光客への立て看板。しかし、テ・マトゥア・ナヘレの大きさを伝えられるような比較対象物が木の近くに欲しい。どうする？　わたしが対象物になるしかないか？　木道は、情け容赦のない人跡から繊細な木々の根を守るためにある。しかし、そのせいで、いい写真が撮れないのも事実だ。打開策があるにはあった。気さくなエコロジストがいると友人から聞いていた。スティーヴン・キング——カウリの幹の上に広がる緑の王国をよく訪問しているという。近くの木からロープでテ・マトゥア・ナヘレに飛びうつるターザン。きっとすごい写真が撮れるぞ！　枝から垂れ下がるロープが目に浮かぶ。しかし、その日、ターザンは姿を見せなかった。

　すべきことをしなければならない瞬間がある。わたしは、肝の太そうなイギリス人観光客にシャッターの切り方を教えると、撮影のときに使う遮光用のダークレッドの布を身体に巻きつけ、やぶに飛びこみ、生命と名誉をかけて、巨木の幹を目指した。ご覧いただきたい。なかなかの写真になったと思う。シダの茂みに張られた鉄条網をネズミのようにかいくぐった直後で、情けなさそうな顔をしているけれど。

　翌日、晴天になったところで、さらに大きなカウリ、タネ・マフタを撮影するために出発した。当然のことながら、木道からはずれて撮影する許可をとらなければならない。どうしてもっと早く、それに気づかなかったのか？　しかし、許可を出すレンジャーはとりつくしまもなかった。昨日の午後、規則を破って、テ・マトゥア・ナヘレの囲いの中に

P.10,11ページ：二股のバオバブ。ボツワナ、ナタの塩湖地帯にて。

前ページ：ニュージーランド、ワイポウア森林保護区のテ・マトゥア・ナヘレ（森の父）。最大の幹周りを誇るカウリ。

右ページ：ニュージーランド、ワイポウア森林保護区のタネ・マフタ（森の神）。現存するカウリの中で最大の木。これ以上の巨木が伐採されてきた。

左ページ:タネ・マフタの全景

侵入したふとどきな観光客がいたという報告を受けたばかりだったのだ。「まったく信じられん。カメラに向かってチーズをしていたそうだ。鉄条網で顔は傷だらけ、背中は泥だらけ。なんともけしからん」とレンジャーは怒りを爆発させていた。これではタネ・マフタの撮影許可を申しでるどころではない。泥のこびりついた背中と、顔の傷をうまく隠しながらじりじりと後ずさりし、退散するしかなかった。このときばかりはチャンスを逃してしまったと後悔したが、幸運の女神がほほえんでくれた。その日の午後、あのエコロジスト、スティーヴン・キングがタネ・マフタの近辺で作業をしているから、幹の根本で写真に収まってくれるかもしれないとのニュースが舞いこんできたのだ。

タネ・マフタの幹の太さは、テ・マトゥア・ナヘレほどではないが、それ以外はすべて勝っている。樹高51.5m、それに見合った枝の張り。地上24mに広がる枝の間に、コケ、シダ、絞め殺し植物の緑の王国がスティーヴン・キングの来訪を待つ。ロープを伝って、後についていけたら、どんなにかすばらしかっただろう……。しかし、どのみち、スティーヴンはその日の午後、地上で作業をすることになっていた。豪雨で傷んだ根を手当てするのだ。裸足に土色の服で作業をする彼は、ターザンというよりも、木の精のようだった。左ページのタネ・マフタの写真では、幹の根本に木の精がかろうじて見える。

ハイエナと
バオバブ

The Hyena and the Baobabs

　ヨーロッパの探検家たちが未開の地アフリカに続々と押し寄せるようになるずいぶん前から、バオバブの木の存在は科学界に大きなショックを与えていた。フランスの植物学者ミシェル・アダンソンは、西アフリカ沖に位置するカボベルデ諸島で、1本の木に遭遇した。彼の記録によると、この木は驚くほど大きく（ヨーロッパにあるどんな樹木と比べても幹周りが2倍以上あった）、奇怪な姿をしており（樹木というよりはカボチャに近い）、まるで草花の茎のようにやわらかく、ゾウが牙で樹皮に傷をつけ、しゃぶって水分を補給することができるとある。18世紀の博物研究家たちの尊敬の的、スウェーデンが生み出したかの偉大な博物学者カロルス・リンネは、アダンソンの名をバオバブの属名にして、業績を称えた。しかし、このアフリカのバオバブ（アダンソニア・ディギタータ *Adansonia digitata*）の存在は、今でも科学者にとっての謎となっている。
　現在バオバブは、サハラ以南のアフリカ20カ国で目にすることができる。サバンナの乾いた平原や丈の低い草が茂る草原のところどころに、のっそりと立っているバオバブの巨樹は、おそらく数千本にのぼるとみられている。しかし、樹齢1000年に満たないものはいざしらず、太古の

18、19ページ：ボツワナ、ナタの塩湖地帯にて。

左ページ：グリーンのバオバブ。ボツワナにて。

下：「グリーンの遠征、1858年」を含む落書きのアップ。リヴィングストンはサインをしていない。

昔から立っている古木の樹齢は知るすべがない。バオバブは古木になると、水を蓄えるスポンジ状の幹の中心が空洞になってしまうからである。ほかの木で洞ができてしまうのと同じだ。さらに、バオバブの樹皮から樹齢を割りだそうとしても、あまりに薄くて数えることができない。それにもまして、繁殖方法が謎のままだ。コウモリか、なにかほかの生物の媒介で受粉するのだろうか？ さらにもうひとつ。突然、自然発火して、あっという間に燃えつきてしまう。こんなことで注目を引く木が、ほかにあるだろうか？

すべてのことが謎のベールに包まれているようなバオバブの木だが、現地の言い伝えだけはしっくりいく話が多い。アフリカの人々は、バオバブの木に精霊が宿ると信じているのだ（1950年代、ザンビアのカリバ・ダム建設でバオバブが水底に沈むとき、木に宿る精霊を守る運動が展開された。結局、ダム予定地にあたる地域の枝を伐り、水に沈む危険のない場所に立つ木に接ぎ木をして"精霊"を守ったほどだ）。またバオバブは、天地創造の神話に登場する「逆さまの木」である。はるか遠い昔、神は世界を創造したときに動物たちにそれぞれ1本ずつ木を与えた。ハイエナはバオバブをもらったが気に入らず、怒ってほうり投げてしまった。木は逆さまのままで大地に突き刺さり、それで根っこが枝のように突き出ているのだという。

1998年、わたしは、ハイエナと自分の好みの違いを確かめる機会を与えられた。仲間のうち2人は小型飛行機で、残りの2人は四輪駆動車に乗って、それぞれボツワナでいちばん大きく、そしてもっとも美しいというバオバブの木を目指した。偉大な宣教師にして探検家であったリヴィングストンが自分のイニシャルを刻みつけたという木を、どうしても見たいと思っていたのだ。

最初に目にしたのは、1858年にこの地を通過した探

検家グリーンにちなんで地元の人々が「グリーンの木」と名づけた木だ。幹の下の方のすべすべとしたピンク色の樹皮に、くっきりと「グリーンの遠征、1858年」とあった。命がけでカラハリ砂漠の彼方まで探検してきたのだから、通りがかりの木に自分の名前を刻みつけて、記念にしたっていいじゃないか──この考え方が悪しき前例になってしまった。グリーンに続いて、猫も杓子も名前を刻みつけ始めた。ただひとり、リヴィングストンを除いては。わたしは、彼がますます好きになった。今やわたしのヒーローのひとりだ。彼は、ヨーロッパ人のだれにもまして、アフリカの人々に誠意をもって接した。そしてなによりわたしがうれしかったのは、樹木に対しても同じ気持ちで接してくれたということだ。

2つ目の木は「チャップマンの木」といって、やはりカラハリ砂漠を旅した探検家の名にちなんでいる。この木は落書きの被害にあっていなかった。驚くほどの巨樹で、息をのむほどの美しさだった。精霊が宿るにこれほどふさわしい木はない。わたしの写真には、幹の間から天を見上げ、木の精霊と交信しているかのような子供が写っている。優美な曲線を描く幹を見ているうちに、ロダンの彫刻「カテドラル」の2つの手のやわらかいカーブを思い出した。

さあ、次が今回の旅の最高の見どころだ。あと160km南に移動すれば、ナタの塩湖地帯だ。バオバブぎらいのハイエナでさえ喜んで住みつくほど、美しい木だという。

湖にボートを浮かべて、水平線の向こうに遊ぶクジラのようなバオバブを見る──なんて詩的な光景だろう。しかし残念ながら、1年のうち10カ月以上も乾期が続くこのカラハリ砂漠のはずれでは、ボツワナ最大の塩湖はほぼ1年を通して干上がっており、蜃気楼を見せるのみだという。

わたしたちは四輪駆動車に乗り、塩で表面を覆われた大地に車輪をきしませながら、少し前に同じ目的地に向かったらしい先客のわだちを追った（岸辺から15kmあたりで車が立ち往生したら、目も当てられない……）。頭上には、小型飛行機に乗った2人の仲間がわたしたちに追いついてきた。大きな銀色をしたおもちゃほどのサイズにしか見えない飛行機が影を落とし、着陸すると同時に、バオバブの影と重なった。

リヴィングストンは、南アフリカのバオバブにすっかり心を奪われてしまったという。巨大なダイコンやニンジン、あるいはカブのようだと表現した。ほかの場所のバオバブなら、それも納得がいく。しかし塩湖地帯のここ、クブでは、野菜というよりはむしろ、動物といった方がしっくりする。しかも、クジラやカバ（奇しくもツワナ語で「クブ」はカバを意味する）、海の珍獣などがぴったりだ。だれがどう呼ぼうとかまわないのだが、クブのバオバブは、とにかく奇跡の生きものだ。ここでは、ほとんど土らしい土がないところにこのバオバブの木が生えている。すべすべした赤色系の花崗岩の岩盤の上で信じがたいほど丸々と──そう、貧しさにあえぐ人々が夢にみるほど丸々と──幹を太らせているのだ。

わたしたちは、枝ぶりのよさそうな木の下に宿泊用のテントを張った。友人は、徘徊するハイエナは気にするなという。「眠るときに足をテントから出さなきゃいいのさ。そうすれば、かじられないからね」。もちろん足はテントの中に引っ込めて寝たが、正直いって、ぐっすり眠れなかった。2度ほどハイエナたちの笑っているような鳴き声を聞いた──もう一度聞きたいと思うような声でなかったことは確かだ。

夕暮れ時になると、バオバブのなめらかな樹皮が夕日に照らされて、ちょうど根元の花崗岩と同じようなピンク色から濃い朱色へと変化し、内側から輝きを放っているようだった。あくる日、今度は朝の強い日差しが岩や樹木全体をギラギラ照らしていた。時期は初秋に入っており、実りの季節のはずなのに、種子を含んだ莢が枝になっている様子はまったく見られなかった。人間の手の指のような形をした薄緑色の葉、ディギタータ（「人の手の指のような」という意味）がちりちりに枯れ、地面に落ち始めていた。1990年代、南アフリカ地域は歴史的な大旱魃に見舞われた──おそらく地球規模の温暖化の影響に違いない。岩から生えるクブのバオバブといえども、耐えうる限界がある。

かげろうが揺れる塩の大地に飛行機の影がうつろうのを見ていると（今度はわたしたちが飛行機に乗っていた）、嫌な予感が脳裏をよぎった。これから20年後、地球の温暖化がさらに進んだら、バオバブはクブから姿を消し、この地をハイエナに明け渡すのだろうか？

上：チャップマンのバオバブ。ボツワナにて。

右ページ：5つの幹が集まり、彫刻家ロダンの作品「カテドラル」に似たバオバブ。

女神
GODDESSES

恐れぬ者は入りなされ このあやかしの森の奥へ
葉陰で害うものはなし……
まっすぐに進むのだ
闇恐ろしきときは声を震わせよ
その姿をやめるであろう
頭巾にかくれた千の瞳が
なんじの髪を捕らえる
恐れぬ者は入りなされ このあやかしの森の奥へ

ジョージ・メレディス「ウェスターメインの森」(井辻朱美訳を一部参照)

母なる女神の大樹を救え
Saving the Great Mother Goddess

　8年前、1994年のことである。メキシコ南部の高地に位置するオアハカ州の小さな村トゥーレにパニックが走った。町のシンボルともいえるトゥーレのヌマスギの木が、枯れかけていたのだ。人々が「木の中の木」として慈しみ、夕暮れ時に周囲に集まって一日の出来事を報告しあう場でもある。専門家によれば、メキシコ最大の巨木であり、16世紀のスペイン人による征服以前のメキシコの力と誇りを象徴しているだけでなく、世界中のあらゆる樹種のうち、記録に残る最大の樹幅を誇っているのだ。その巨木が瀕死の状態にあるという。

　はるか遠く英国ロンドン近郊の英国王立植物園から樹医が呼び寄せられた。樹医たちは、樹高42m、根元の幹周りが58m近くもあるモンテズマヌマスギ（スギ科の落葉針葉樹 *Taxodium mucronatum*）を見たとき、落胆の色を隠せなかった。かつては、輝く緑色の弧を描きながら大きな枝が地上に垂れ下がって巨大な丸天井を形作り、そそり立つ尖頭アーチと唐草模様の透かし彫りを施したような枝葉の天蓋が、ゴシック大聖堂のリブボールト（肋骨穹窿）をほうふつとさせたものだった。それが今や、春だというのに葉が黄色く変わり、枯れ果てた枝がそこかしこに落ちていたのである。

　この木には、決定的に水が不足している——それがキューガーデンの専門家たちが出した結果報告だった。「トゥーレ」とは、土着の民族であるザポテックの人々が使う方言で「沼地」を意味する。スペイン人たちがこの地に足を踏み入れる何世紀も前から、ヌマスギは、2つの河川にはさまれ、葦に覆われた湿地に腰を据えていたのである。その後湿地が干拓され、巨木の正面（おそらくザポテックの神殿があった場所と思われる）にはサンタマリア・デル・トゥーレ教会が建てられ、多くの植物が植えられた。インディオたちが麦わら帽子や鮮やかなドレス、それに（おおっぴらにではないだろうが）古代の神々の小像を売りにやって来るにぎやかな植民地の町に発展した。

　交通の流れを迂回させ、フェンスで囲って観光客が近寄らないようにし、とにかく木に水を与えること。樹医たちの少々乱暴とも思えるアドバイスは、忠実に守られた。弱っていた木は、やがて回復の兆しを見せた。わたしが2001年の12月にこの木を訪れたとき、枯れてしまった枝はていねいに切り落とされ、白く薬を塗られた切り口も治りかけているようだった。少々弱って少しばかりの枝を失ってはいても、確かに周囲に向かって不思議な力を発していた。実際に、樹種でも分類学上でも、この木はあらゆる植物の系統の中でもっとも丈夫だといえる。モンテズマヌマスギと同じスギ科の落葉針葉樹である米カリフォルニア州のレッドウッド（*Sequoia sempervirens*）とジャイアントセコイア（*Sequoiadendron giganteum*）は、それぞれ世界最高の樹高と世界最大重量を誇る。しかし、このトゥーレのモンテズマヌマスギは、むしろ超自然的な世界からやって来た感じを受ける。カリフォルニア州に行けば、ジャイアントセコイアの大樹を抱きしめ、そのやわらかでピンク色をしたスポンジ状の樹皮が上にいくにつれ細くなり、先っぽが霧の中に消えていくのを見ることができるだろう。しかしトゥーレでは、木の方がわたしたちを抱きしめてくれるのである。その大きな裸の茶色い腕と明るい緑色のふさふさした髪で、母なる女神の大樹は、ザポテックの人々が暮らした時代からずっとわたしたちを包みこんできた。もっとも、この木が少しでも動いたら、枯葉の中にいるワラジムシたちと同じようにわたしたちは押しつぶされかねないのだが。

　将来の心配だけでなく、木の過去についての感情的な論争も続いている。ともすればこの木の賛美者たちが真っ赤になって怒りだすような2つの論争が注目を集めている。トゥーレの木は、見た目に反して樹齢はさほど古くないのではないか、そしてこの木は本当に1本なのか、それとも実は3本が一緒になっているのか？

　まず、もっとも熱心に議論されているのが、樹齢である。詩人や政治家たち、そしてこの木の案内人たちは口々に2000年、3000年だと主張する。世界最大の樹幅を誇る木なのだから、世界でもっとも古い木々の一つに違いないと思うのも当然だ。しかし、樹皮をよく見てみると、さほどしなびた様子でもない。この樹種は、高温多湿の夏には驚くべきスピードで成長する。この樹齢について、

前ページ：メキシコ・オアハカ州にあるトゥーレのモンテズマヌマスギ（南東側から接写）。

右ページ：南東側から見たトゥーレの樹。

次ページ：ヌマスギとサンタマリア・デル・トゥーレ教会の全景。

ザポテックの間で言い伝えがある。1400年前、アステカの風の神、エヘカトルに仕えるペチョーチェという男が、トゥーレの人々のためにこの木を植えたのだという。くしくも、科学者の中にはこの言い伝えに賛同する者もいる。1920年代初頭、カシアーノ・コンザッティという植物学者がこの木を研究するため丸1年をこの地で過ごし、近隣で切り倒されたヌマスギの年輪を計算した。その結果、樹齢1433年から1600年の間であると発表したのだ。なんとまあ！ もちろん、"本当に"これだけの直径があるのならば、この木は樹齢2000年を超えているに違いないのだ。

2つ目の（さらに木の賛美者たちの怒りを買うであろう）論争はこうだ。この木は1本のふりをした3本の木ではないのか？ しかしこんな質問をする勇気がだれにあるだろうか。この論争は、少なくともドイツの偉大な地理学者、アレキサンダー・フォン・フンボルトの時代にまでさかのぼる必要がある。彼は、1803年にメキシコを訪れ、後の著書『ヌエバ・エスパーニャ紀行（Political Essay on New Spain）』の中で次のように語っている。

「サンタマリア・デル・トゥーレの村には、……巨大なヌマスギの木がある。幹周りは36mある。この古木は、カナリア諸島のリュウケツジュ（竜血樹）やアフリカのバオバブよりも……でっぷりとしている。しかしよく観察してみると、……そのヌマスギは、旅人たちにとっては信じられないことだが、実は単一の個体ではなく、3つの幹が結合してできているのだ」

トゥーレの木の賞賛者たちはこんにち、このフンボルトの侮辱的な説を——少なくともその一部は——間違いだと断言できる。最近のDNA鑑定の結果、遺伝子的にみれば、この木は単一の個体であり、決して3つの異なる種子から発芽して成長した3本の木ではないことが証明された。1つの根から、3本の樹幹が成長したために同一の遺伝子をもっているとは考えられないか？ もしそうなら、なるほどこの木の驚くべき樹幅の説明がつくというものだが、それを認める専門家があらわれたら、世界最大の樹幅という栄誉もはく奪されるかもしれない。

それがどうした。昨年12月、その巨大な腕の下に足を止め、荘厳な美しさに酔いしれながら、わたしは思った。それがどうしたというのだ。3つの生き物を1つにするのも、1つの生き物を3つに分けるのも、すべては神のおぼし召しなのだ。

だれでも登れる木
Any Fool Can Climb a Gum Tree

　オーストラリア、パースの町から南へ300kmほど行ったところに、ウェスタン・オーストラリア州の中でも特に緑濃い一角がある。かつてここに、アボリジニの人々が「カリー」の木と呼んだ背の高いユーカリの木が、数百平方キロメートルにわたって林立する、世界でももっとも美しい森林があった。森林地帯のほとんどは農場へと姿を変え、巨樹の多くはパースの町を建設するための木材——屋根を作る垂木や梁、壁材など——へと姿を変えてしまった。しかし、わずかながら残った巨樹は、いくつかの国立公園の中に安住の地を与えられた。カリー（フトモモ科ユーカリ属の常緑高木 *Eucalyptus diversicolor*）の木の学名は、その変化に富んだ葉の色を表わしている。しかし、約600種あるというユーカリ属の中でも、ひときわカリーの木が堂々たる印象を与えるように感じられるのは、その巨大なサイズ（大きいもので90mにも達する）に加え、大理石のように繊細な色合いの幹と、ざわざわとさんざめく葉だ。

　3年前の1998年、わたしは「4本の精鋭たち」と呼ばれる、もっとも高く、しかも優美な木々を訪れた。「4本の貴婦人たち」という表現の方が、よりふさわしいだろう。4本のカリーの木は、森林のひらけた場所に立ち、すぐそばを小川が流れていた。近くにはブドウ畑が広がり、なんとも牧歌的な桃源郷のようなところだった。この4本を見つけた頃には太陽が沈みかけ、暮れゆく光が、大理石のような幹と高い枝に紫色がかった影を落としていた。大急ぎでカメラのシャッターを切っていると、通りがかった人が、近くにある3本のカリーの木に「ぜひ登っていらっしゃい」と声をかけてきた。まさか。冗談をいっているのだろう？ だが友人によると、その3本の木は、山火事を監視する火の見櫓として最近まで使われていたという。今ではウェスタン・オーストラリア州きっての人気観光スポットになっているそうだ。「行ってごらんなさい。この木ならだれでも大丈夫。登ったら、証明書を発行してもらえますよ」。こんな魅惑的な誘いにもかかわらず、どうしてわたしは登らずに帰国してしまったのか。そして2001年11月、難攻不落のエベレストの北斜面に臨む気持ちで、わたしは再度この巨樹の前に立った。

　櫓は、60m強のグロスター・ツリーだ（カリーの木としては特別に高いわけではない）。らせん状の階段——幹に鉄の杭を打って作った足場のことだが——のてっぺんは、はるか頭上で森の天井に吸いこまれるように見えなくなっていた。わたしは、そろりそろりと慎重に、そして自信に満ちて（少なくとも、わたしはそう信じている）登っていった。櫓からの眺めは、低い雲にさえぎられて、もやがかかっていた。ずっとそこにいたいとはこれっぽっちも思わなかった。はるか下界では、観光バスから降りてきた年配のご婦人方が、意を決したように、隊をなしてわたしの登っている木に向かってきた。木を降りるときに最悪だったのは、ブーツの下に、なにかやわらかいものを踏んだような気がしたときだった。手の感触だ。さっきのご婦人のか？ それでも下を見る勇気すら起こらなかった。いずれにしても、どちらも命が無事だったのだから、ご勘弁願いたい。

　ようやく地面に降り立つと、木に登った証明書を発行するのは中止になったとパークレンジャーから聞かされた。だれでも簡単に登れるからだという。「でも、失敗する人だっているでしょうに」。必死で食い下がると、「わたしがここに着任してから3名亡くなっています」と彼はこともなげに答えた。「すべて男性です。1人は櫓の上で、1人は木から落ちて、1人はバスの中で亡くなりました。全員、心臓発作です。でも、どこにいたって心臓発作は起きていたかもしれません」。

　そう、どこにいたって、だれにだって起きるかもしれない。わたしが生還できたのは、奇跡中の奇跡だった……。

右ページ：ウェスタン・オーストラリア州、夕暮れ時の「4本の精鋭たち」。「4本の貴婦人たち」という表現の方がふさわしいと思うのだが。

下：ウェスタン・オーストラリア州のグロスター・ツリー。鉄の杭を伝って、60m強の巨木を登っているところ。

雲から顔を出すレッドウッド

Redwoods with Heads in the Clouds

ボストンにあるハーバード大学付属アーノルド樹木園の情熱的な初代園長、チャールズ・サージェントはかつて、「カリフォルニアのコースト・レッドウッドは、あらゆる針葉樹の中で最も堂々とした樹木であり、そのコースト・レッドウッドの森林は、米国でもっとも堂々たる常緑樹の森林である」と語った。サージェントの意見にわたしも賛成だ。樹木としては異論もあろうが、森林の方は確かに堂々としている。

ヨーロッパから続々と開拓民が押し寄せる前のこと、モントレーから北に向かって、オレゴン州との州境まで約800kmにわたる霧に包まれた太平洋沿岸地域には、コースト・レッドウッド（スギ科セコイア属の針葉樹 *Sequoia sempervirens*）の手つかずの森林がおよそ8000km²にわたって広がっていた。開拓者たちがレッドウッドを木材にするようになると、もうだれにも開発を止めることはできなくなった。手頃な価格であることに加え、あふれんばかりの生命力のため、伐っても伐っても永遠に尽きることのない森林資源のように思われたのだ。サンフランシスコの町は、この木材で建設されたといっても過言ではない。今日では、かつてのわずか3％強を残すのみとなったレッドウッドの森が、いくつかの州立公園とひとつの国立公園の中で永住の地を与えられている。かろうじて残ったレッドウッドを伐採業者の手から守るため、哲学者兼科学者で自然保護者でもあったジョン・ミュアが始めた保護活動は、森林保護団体Save-the-Redwoods League（レッドウッドを救う連盟）に引き継がれ、100年以上にわたるきわめて激しい自然保護運動を展開してきた。現在も数々の勇気ある活動が続けられている（伐採に抗議するため、地上から54mの樹上でおよそ2年間、1人で占拠生活を送った女性、ジュリア・バタフライ・ヒルの武勇伝などもある）。

伐採を逃れたレッドウッドの木々は、今も不思議な魅力をたたえている。しかし、巨人の足としかいいようのないこの木を、いったいどうやって写真に収めたらいいのだろう？　木のてっぺんが雲にかくれていることもあれば、太平洋上から流れこむ濃霧（霧峰）で見えないこともしょっちゅうだ。雲ひとつない青空の下でさえ、鬱蒼とした緑の天蓋にさえぎられて、木のてっぺんが地上から見わたせることはない。にもかかわらず、コンマ以下の単位でどれが世界でもっとも高いか特定することができるのは、ロープをつけて木に登り、レーザーを使って高さを測定した専門家たちのおかげなのだ。

現在のチャンピオンは、ラスベガスの超高層ホテルの名前からとった「ストラトスフィア・ジャイアント」、またの名を（長くていいにくいが）「世界でもっとも背の高い生きもの」という樹高約112mのレッドウッドである。1990年代にこの木を最初に発見したのはスティーヴ・シレットという名の若い科学者で、レッドウッドの樹冠部における空気の研究を行っていた。シレットと仲間の巨樹ハンターたちは、108mを超えるレッドウッドを26本発見した。このうち18本は、ハンボルト・レッドウッド州立公園内の1カ所に群生していた。この「世界一」のタイトルをめぐる激しい攻防はとどまるところを知らず、ほとんど毎日のようにチャンピオンが入れ替わっている。わかっているだけでも、105mを超えるレッドウッドが86本存在し、いずれも豆の木のような早さで成長を続けている。しかし数ある樹種の中で、どの種類の樹木がもっとも高いかということになれば、レッドウッドであることには間違いない。準優勝を争うマウンテンアッシュ（ユーカリの仲間）やダグラスモミの巨樹は、高さの点でレッドウッドにはまったく及ばないのである。また、別種のカリフォルニアのレッドウッドで、320kmほど東のシエラネバダに自生するジャイアントセコイアも、体積や重量ではコースト・レッドウッドをはるかに凌ぐものの、高さの点ではまったく歯が立たない。

11月の陰気な空の下、わたしは、ハンボルト・レッドウッド州立公園をドライブしていた。そして、体中の血が沸き立つような光景を目にした。わたしのはるか先に、30階建てのビルよりも高く、てっぺんが雲にかくれている木

右ページ：カリフォルニア州、ジェディダイア・スミス・レッドウッド州立公園のコースト・レッドウッド。

上：カリフォルニア州、ジェディダイア・スミス・レッドウッド州立公園に立つコースト・レッドウッドの近景。

右ページ：カリフォルニア州、プレーリークリーク・レッドウッド州立公園のコークスクリュー・ツリー。

が立っていた。ストラトスフィア・ジャイアント、112m近い樹高を誇るチャンピオンだ。1本だけで見ると、シエラネバダのジャイアントセコイアと比べて——冒頭のサージェントは反論するだろうが——迫力に欠ける。しかし常緑樹の森林として見てみると、この巨大で色・形のそろったレッドウッドの森林は、力強い不思議なパワーをみなぎらせている。赤茶色をした幹が、多年草のカタバミや常緑多年生のシダが鬱蒼と茂る湿地を十数キロにわたり、行進するかのように林立している。

　これが女神の森だろうか？　いや、まだだ。ここハンボルト・レッドウッド州立公園から北に向かわなければ。オレゴン州との州境の手前に、さらに緑が生い茂り（降雨量もある）、自然の力があふれんばかりの森があり、やわらかな緑の丘と深い渓谷が織りなす詩的な風景が広がっている。

　写真では、わずかな雰囲気しか伝わらないだろう。1枚目は、林業の町、クレセントシティ郊外で、ジェディダイア・スミス・レッドウッド州立公園として約10km²にわたり奇跡的に保護されている森林で撮影した。ここでも、夏の水不足や山火事で木々が失われている。ところが、シエラネバダのジャイアントセコイアやほかの多くの針葉樹と異なり、コースト・レッドウッドは切り株からでも見事に再生する。森の中は、黒ずんだ親の切り株から芽を出した若木が常にあふれていた。

　2枚目の写真は、プレーリークリーク・レッドウッド州立公園内にあるコークスクリュー・ツリー（ワインオープナーのような木）と呼ばれるもっとも気まぐれなコースト・レッドウッドだ。キャンディーのようにここまでねじれた女神の木を、わたしはほかに知らない。しかし、すべての配置が詩的な風景を織りなしていた。ねじれたレッドウッドの古木の幹から若いレッドウッドが今まさに旅立とうとしている。そのそばで、2本の若木——アメリカツガと苔むして黄色い葉をつけたカエデの若木——が敬意を表するように頭を垂れていた。

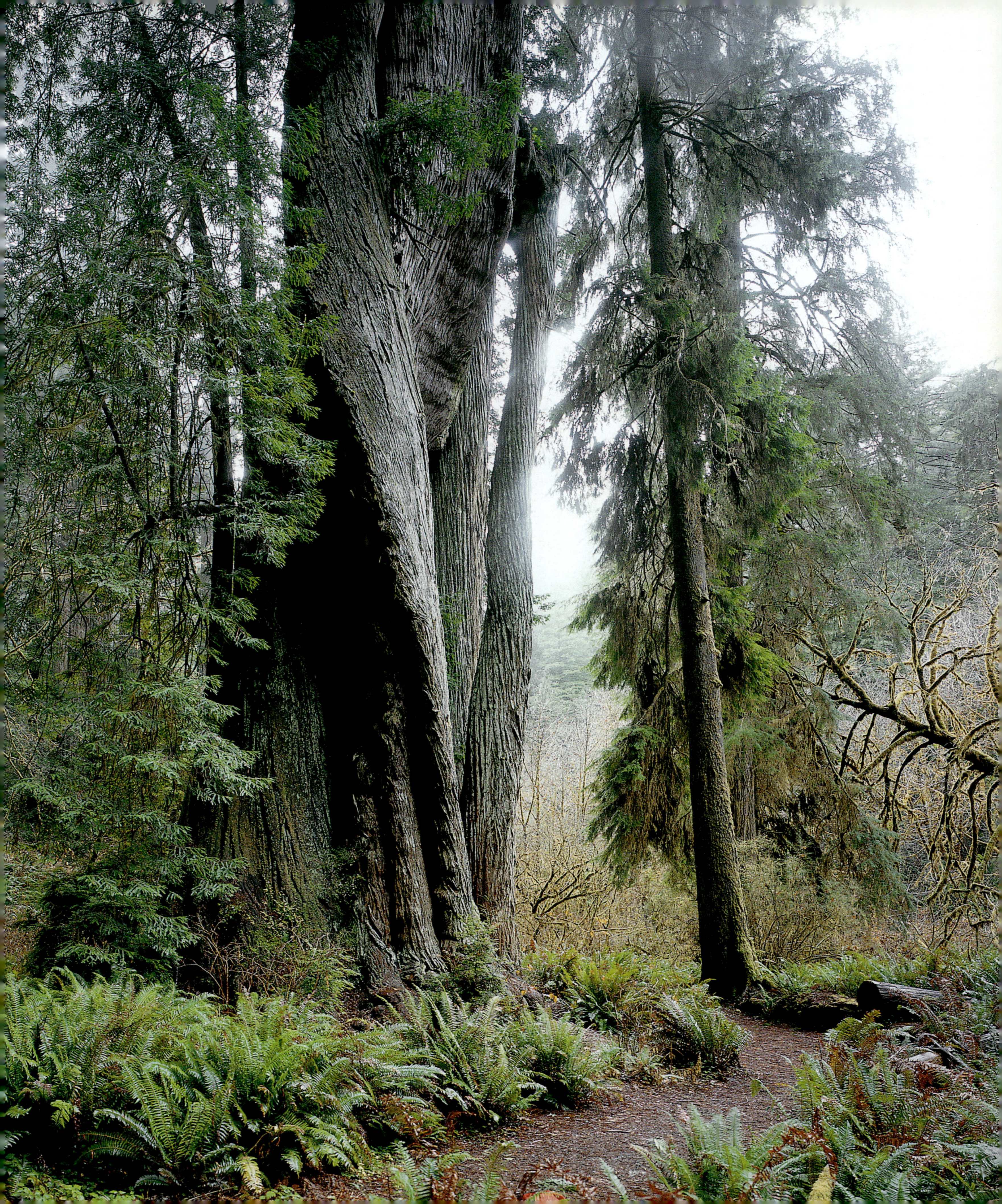

議会の森の甘美なる神酒(みき)

Nectar at the House of Representatives

この「女神」の章に政治の話を入れるのはおかしいのではないか、と思われるかもしれない。しかし、わたしを責める前に、写真のジャイアントセコイア(スギ科セコイア属の針葉樹 *Sequoiadendron giganteum*)をご覧いただきたい。エレガントで女性的な美しさがおわかりいただけるだろう。樹高およそ60mに達するシナモン色をした幹は、幹周りおよそ12mから15mほどで、一番低い枝のあたりに輝く緑のケープを羽織ったような姿をしている。「House of Representatives(議会)」などという不似合いな名前は、今を遡ること1世紀、政治家たち(もちろん男性だ)のくだらない虚栄心からつけられたにすぎない。

経緯を説明しよう。スコットランドからの移民で自然保護主義者のジョン・ミュアに刺激された自然保護活動家たちは、30年にも及ぶ連邦政府との激しい攻防の末、多くのジャイアントセコイアの貴重な森を伐採企業の魔の手から救い出すことに成功した。ここで紹介するジャイアントセコイアの森は、セコイア国立公園の名で1890年、国により保護されることになった。熊狩りで有名な第26代アメリカ大統領セオドア(愛称テディ)・ルーズベルトも、森林保護には熱心だった。政治家たちは、自分たちの太っ腹な決断(もちろん納税者が納めた税金でまかなわれるのだが)を称えるために、きわだって美しいジャイアントセコイアに次々と政治的な名前をつけたのだ。「リンカーン」「大統領」「上院議員」「議会」などなど。

3月のある日、わたしは運よく機会に恵まれ、朝の8時から雪深い森の中を歩いていた。カリフォルニア州ロッキー山脈の太平洋沿いに広がるシエラネバダの雪深い山々で、巨樹の森は、標高1800mのうまい空気を吸いながら、この上なく満足そうに見えた。春になれば、豊富な雨と日光がかわるがわる降り注ぎ、冬になれば、樹木の根っこが雪の重みでしっかりと支えられる(重量とサイズの割に根が浅く倒れやすいジャイアントセコイアにとって、重要なことである)。ここは、ジャイアントセコイアの楽園なのだ。

しかし、季節によって山火事が起こるのは避けられない。セコイアの巨樹を見ていると、黒く焼け焦げた跡が必ず目につく。タンニンを多く含み、石綿(アスベスト)のように燃えにくい樹皮に覆われているにもかかわらず、芯まで深くえぐられたように焼け焦げている。山の急斜面に立つ古木が芯まですっかり燃えてしまうこともある。なにかの拍子に折れて上から落ちてきた枝が幹の上に積もって、自然発火するという。しかしパークレンジャーはあえてその火を消さない。落雷などによる自然発火で始まる局所的な火事や、大きな幹のまわりの低木を焼き払うために起こされた人為的な小規模の火事は、むしろ必要なことだと経験で知っているのだ。消し止めてしまうと、後々の大惨事につながる(何十年も火事のない森には乾燥した枯れ枝などが蓄積し、いったん火がつくと手のつけようがない大規模で壊滅的な火災に発展する可能性があるのだ)。さらに山火事は、ジャイアントセコイアが発芽するためにも不可欠だ(山火事により発芽し、成長したセコイアの若木も、ほとんどが次の山火事で焼失してしまうため、およそ1000年かけて1本のセコイアの巨樹が残せる子孫はたったの1本ほどであるらしい)。火事になると、森のライバルのマツやモミ(樹皮が薄く、タンニンではなく燃えやすい樹脂を含んでいる)の若木が焼き払われる。あとに残った灰の上に、火事の熱で毬果を開いたジャイアントセコイアの種子が落ち、ちょうどよい種床となる。

こうした小さな山火事が起こるのは、レンジャーや旅行者が森にあふれる夏の間だけだ。わたしが訪れた3月には、だれもいない森の中にかすかな陽光が降り注いでいた。雪に覆われた美しい女神たちの足元に立っていると、自分も神になったかのような不思議な気持ちになる。そう、甘美な神酒を少しばかり飲みすぎてしまった神に。

右ページ:カリフォルニア州、セコイア国立公園のジャイアントセコイア、「議会の木」。

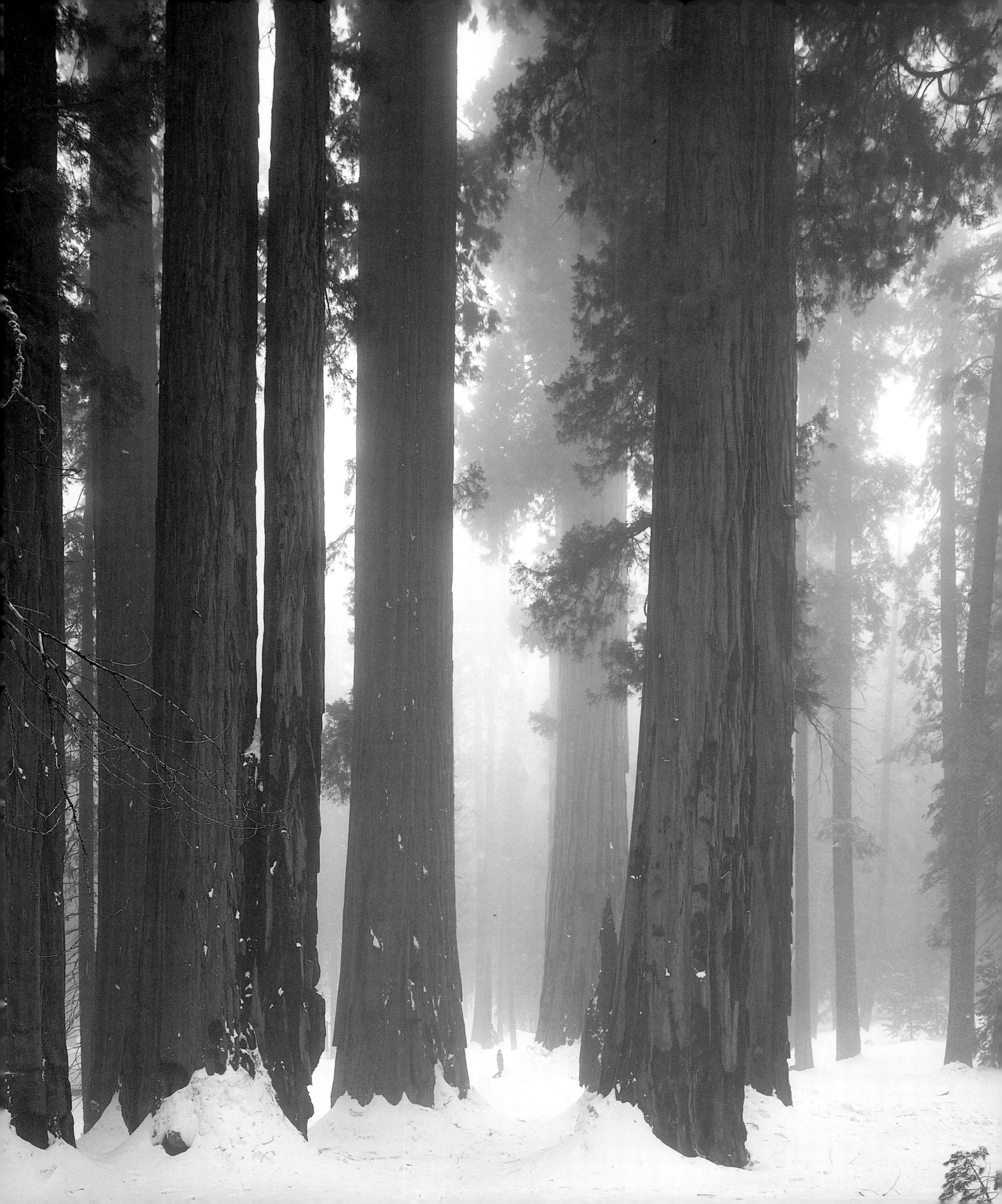

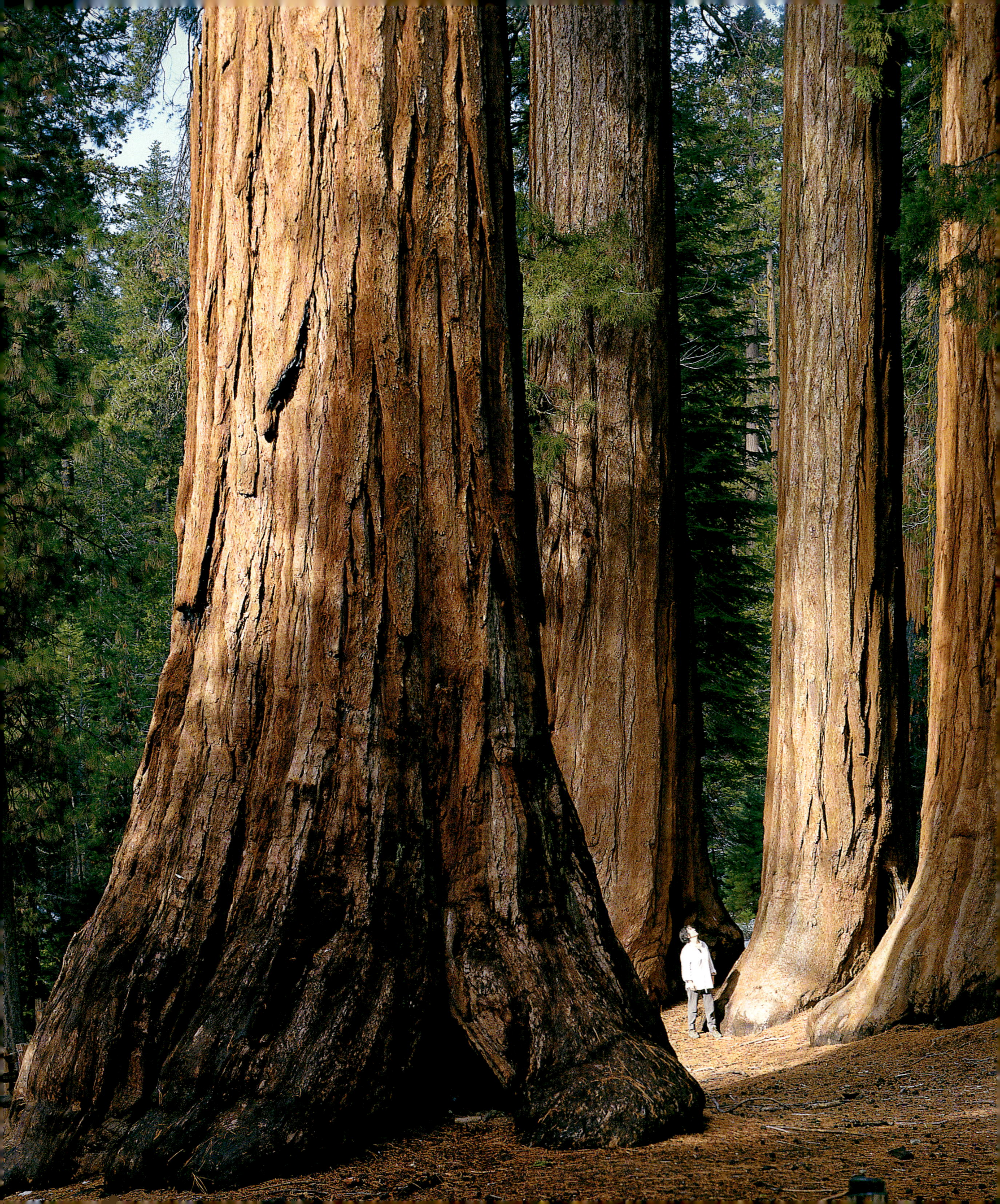

独身貴族と3人の貴婦人
The Bachelor and the Three Graces

　カリフォルニア州、ヨセミテ国立公園の南側の入口から入ってすぐのところに、もっとも美しいとされるジャイアントセコイアの森がある。スペイン語の「蝶々」の意味からマリポサ・グローブと呼ばれている。500トンもの巨樹が立ち並ぶ森にしては、違和感をおぼえる名前だ。もともとは、19世紀初頭にスペインやメキシコからやって来た探検家たちがシエラネバダ山脈の麓（ふもと）に見つけた美しい松林につけた名前なのだ。この頃ジャイアントセコイアの森は、山奥深くにすっぽりとかくれていたため、先住のネイティブアメリカンたちしかその存在を知らなかった。ヨーロッパの開拓民たちが、マリポサ・グローブの北約80km、現在のカラベラスビッグツリー州立公園の地で、セコイアの森をはじめて発見したのは、1852年になってからだ。連邦政府がメキシコからカリフォルニア州を奪取してから10年後のことである。そういうことなら、なんとなくいい名前のような気がしないでもない。マリポサの樹木の多くは、驚くほど上品な立ち姿をしている。なかでも「独身貴族と3人の貴婦人」として知られる4本の木は格別だ。

　わたしが左の写真を撮ったのは、11月も半ば、この冬最初の嵐が来て、去った後のことだった。足元にはぬかるみがところどころに残り、ボロボロにはがれ落ちた樹皮や空になった毬果（きゅうか）が木の根元あたりに散らばっていた。標高1800mともなると、陽光が差しこんでいても空気が冷たく、あたりはひっそりと静まり返り、見捨てられた森という感じが漂っている。夏のベストシーズンになると、ヨセミテ国立公園は旅行者でごった返す。毎年、世界中の人口の半分ぐらいが自然の驚異を一目見ようと旅に出ているような気さえしてくる。グランドキャニオンや巨大な滝、そしてこのマリポサにもやって来て、みな自然に対する畏敬の念を抱いて帰っていく。なにも最近に限ったことではない。南北戦争の最中、1864年にこのヨセミテの森で足を止め心をふるわせた最初の白人の中に、かのリンカーン大統領もいた。彼はヨセミテの森を「国の森林保護区」として宣言した。1880年代になると、マリポサは「もっとも有名な木」──根元をくり抜かれたワオナのトンネル・ツリー──のある森として知られるようになった。このトンネルの木は、駅馬車が通り抜けられるようにくり抜いて穴をあけたものだ。こんにちでは、こうした巨樹に対する畏敬の念は、時代遅れの感がある。しかし1880年代は、伐採企業からコースト・レッドウッドやジャイアントセコイアを守ることが、政治家たちにとって絶好の宣伝材料だった。1890年、ヨセミテの森が国立公園として指定され、その数年後にマリポサ・グローブもこれに加わった。

　ありがたいことに、「独身貴族と3人の貴婦人」は、あまり干渉されることなく放っておかれている（簡素な柵があるだけで、よっぽど熱心なファンでない限りだれも近づかない）。その立ち姿が上品に見える理由のひとつに、巨大すぎないこと、そして古木というほど歳をとっていないことが挙げられるだろう。多くの有名なジャイアントセコイアは、必ず巨樹か古木のどちらか（あるいは両方）だ。この「独身貴族と3人の貴婦人」は、まだまだ青春を謳歌している。朽ち葉色の灰色がかった樹皮、なまめかしい曲線、豊かな髪のような明るい緑色の針葉。樹齢はだれも知らないというが、彼らがこの美しい丘の中腹で仲良く共同生活を始めてから、おそらくまだ700年あまりだろうとわたしは思っている。

左：カリフォルニア州、ヨセミテ国立公園に立つ「独身貴族と3人の貴婦人」。

怪 物
GRIZZLIES

カリフォルニアの歌……
次第に淡く、ついには消えゆく森の精、あるいは消えゆく木の精たちの合唱、
土のなか空のなかから呟くように運命を告知する巨大な声、
アメリカスギの密林のなかで息絶えてゆく巨木の声。
「さようなら、わたしの兄弟たち、さようなら、おお、大地と大空よ、
さようなら、君ら隣人である海よ川よ、わが寿命は尽きた、最後のときがきた」

ウォルト・ホイットマン「アメリカスギの歌」(『草の葉』酒本雅之訳より)

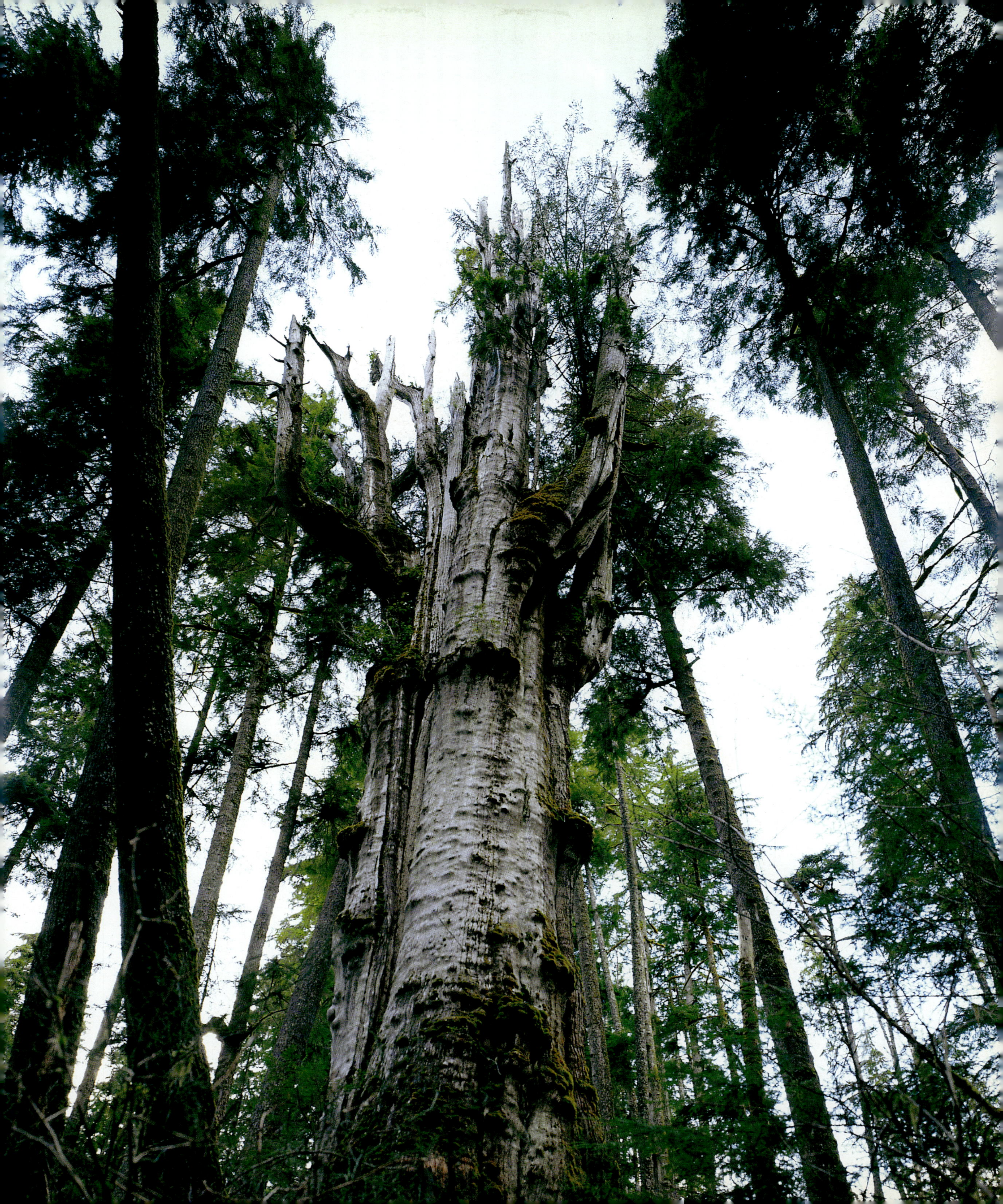

トーテムになったシーダー
The Cedars They Turned into Totems

イギリスの作家トールキンのファンタジー『指輪物語』にすばらしい場面がある。森の守護者である巨大な半人樹の「エント」たちが邪悪な魔法使いサルマンに立ちむかう場面だ。エントたちは自分の根っこでサルマンの城を壊しはじめる。サルマンが森の木々を大量に伐り倒し、エントたちもとうとう腹に据えかねたのである。今の時代にも、このようなエントたちが少しでもいてくれたらどんなにいいだろう。が、いるといえなくもない。レッドシーダー（センダン科の広葉樹 *Thuja plicata* ／別名アメリカネズコ）がそれだ。これほど奇怪な姿と驚くべき大きさとをあわせもった木というのは、ほかに例がないだろう。太平洋沿岸のアメリカ先住民たちが、一番大きいものを選んで、トーテムポールを造ったのもうなずける。

先住民たちは、平和なときも、争いのときも、あらゆる場面でこのレッドシーダーの木を役立ててきた。芳醇な香りのする、この赤みを帯びた木材は腐りにくく、住まいのテント小屋や戦いに使われるカヌーが作られた。その根からは、カゴや、ボウルや、釣具が作られた。先住民にとっても、木にとっても不運だったのは、この木がヨーロッパ風の建物を造るのにこのうえなく適していた点だ。新参の移住者たちは、この太平洋沿岸に沿った多雨地帯のシーダーの原始林を1600kmにわたって伐採してきた。そのため、今ではほとんどが若木である（このヨモギギクに似た強い香りのする古代シーダーの森の匂いを嗅ぎたいなら、カナダとの国境を北に越えなければならない。が、そこでもシーダーの森は急速に消滅しつつある）。しかし、何本かの巨木が今でもかろうじて残っている場所もある。多くは海岸沿いの国立公園の聖域の中で守られているものだ。特に、ワシントン州にあるオリンピック山脈の西側に多い。本書のために、対照的な2本のシーダーを訪れてみた。

まず、クイノルト湖のシーダー。体積が500m³にもなり、レッドシーダーの世界チャンピオンに認定されたばかりだ。ワシントン州に住む著名な巨樹ハンターのボブ・ヴァン・ペルトに伴われ、小さな峡谷をよじ登ると、アメリカツガの若木が立つ、足場のやわらかい台地に、壮大なシーダーが身を潜めていた。ここの老樹の森は、伐採者の魔の手を逃れていた。

クイノルト湖のシーダーは、まるで巨大なハイイログマのようにそびえていた――いや、それよりも、トールキンの小説に登場するエントにたとえたほうがいいかもしれない。しかし、月明かりの中を独りで歩いていて、このシーダーに出くわすとしたら、楽しい出会いというにはほど遠い。まるで骸骨が笑っているかのようだ。樹皮はほとんどはがれ落ち、巨大な幹に開いた2つの暗い空洞には強い匂いが立ちこめ、遺体の埋葬室を思わせる。

次に訪れたのは、海岸に沿って48kmほど行ったところにある、カラロックのシーダーだ。こちらの方が、はるかに人を温かく迎えいれてくれる雰囲気がある。体積では、世界で5番目、幹周りでは、15.2cmの僅差で世界一である。ゴシック建築の建物のように、明るい光が苔むした広い割れ目から差しこみ、アーチ天井のようになった内部を明るくしている。何年も前に、むこうみずなアメリカツガの種子が、この木の幹の地上から6mほどのところに着床・発芽し、もうひとつの種子が後に続いた。今ではしっかり成長したアメリカツガの木2本がそこに生えており、骨のようなごつごつした根を地上まで垂らしている。まるでゴシックの尖頭アーチを支えるフライングバットレス（飛梁）のようだ。

前ページ：米ワシントン州クイノルト湖のレッドシーダー。これもトールキンの描く「エント」のひとつ？

上：世界最大の幹周りを誇るレッドシーダー。クイノルト先住民居留区のカラロックにて。

右ページ：人々を温かく迎えいれるようなカラロックのシーダーの幹の洞穴。

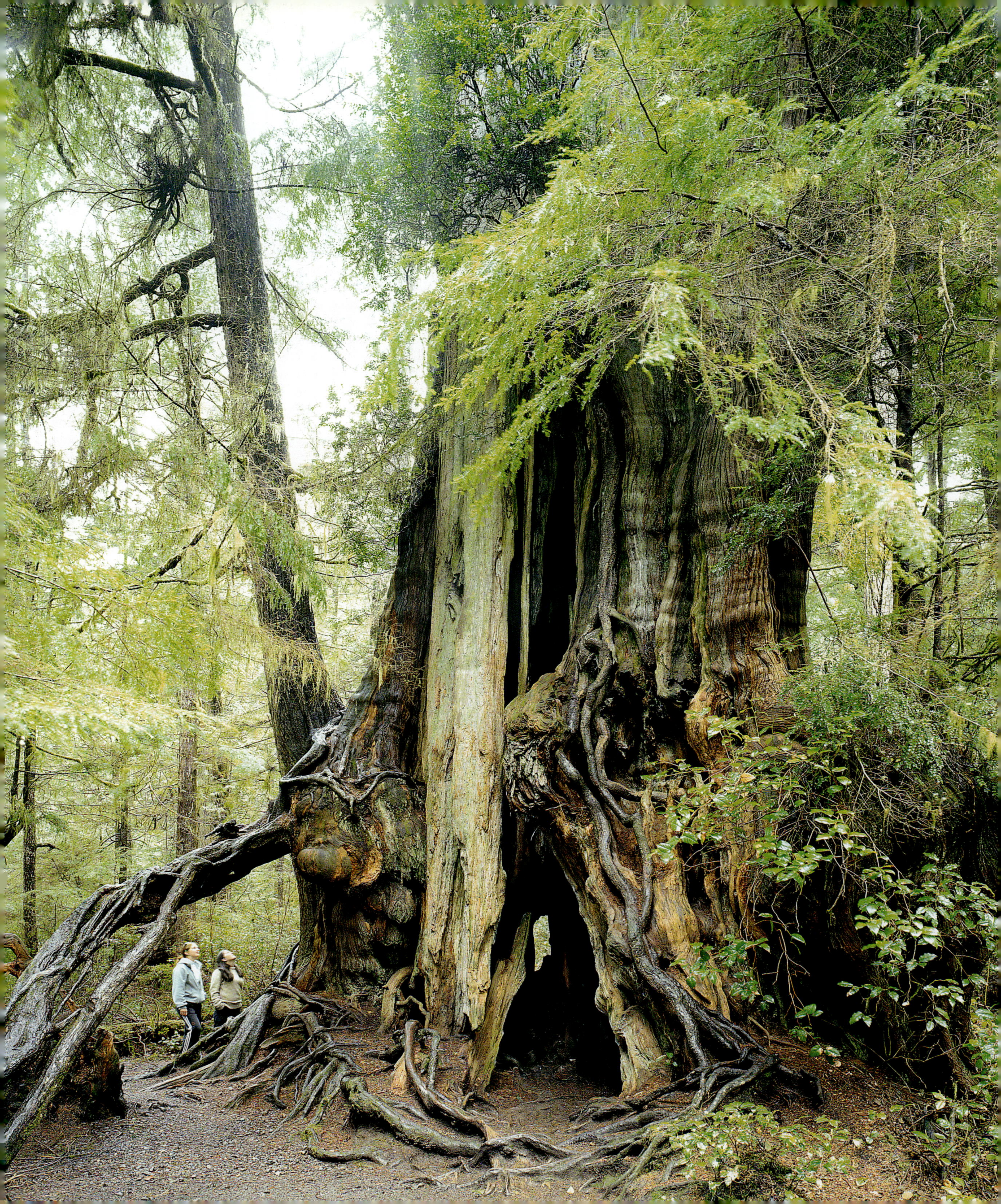

北欧神話の巨人トロール
The Tree That Looks Like a Troll

オーストラリアで天空にも届くような木といえば、すべてユーカリ（フトモモ科ユーカリ属の常緑高木 Eucalyptus）の仲間である——ニューサウスウェールズ州とタスマニア島で見られるマウンテンアッシュ（Eucalyptus regnans）、ウェスタン・オーストラリア州のカリー（Eucalyptus diversicolor）、タスマニア島のブラウントップ・ストリンギーバーク（Eucalyptus obliqua 茶色の服を着たような樹皮という意味）とホワイトガム（Eucalyptus viminalis）などがそうだ。以前は、これらの種類の中から100mに軽く手が届きそうな木が育っていた。中には107mを超えるものが、1本、2本はあったと多くの専門家が認めるだろう。今では、100mに達すると確認されているものは1本もない。残念ながら伐採業者たちも認めている事実だ。ありがたいことに、上述の4種は降雨量の多い地域に広く分布していたので、過去の記録にはわずかに及ばないものの、伐採をまぬがれたかなり大きな木がまだまだ残っている。

レッドティングル（Eucalyptus jacksonii）は、それほど幸運には恵まれなかったようだ。ウェスタン・オーストラリア州ウォルポールの街にほど近い渓谷でカリーの木に囲まれる形で残ってはいるものの、数はごく少なく、絶滅がもっとも危惧される種である。かつては、この木から立派な家具が作られていた。聞いたところでは、今では大木と呼べるものは両手で数えられるほどの本数しか残っておらず、最大級の巨木の大半は山火事で失われてしまったそうだ。

2001年11月、最悪の事態を考えながら、わたしはウォルポールに向かって車を走らせていた。「巨人の森」には、森を見下ろすように作られた遊歩道があり、歩きながら、鳥になった気分で世界屈指の樹海の眺めを堪能できる。州政府はかろうじて残っているレッドティングルの保護に遅まきながら乗りだしていた。しかし、巨樹の大半はカリー（ユーカリの一種）の木であり、わたしが写真を撮りたいと思うほど心を動かされる大きなティングルの木はここには1本もなかった。

西に何キロか進むと、「グレート・ティングル」へ通じるという農道を見つけた。さほど期待したわけではなかったが、今にして思えば、それはまさに「啓示」だったのだろう。北欧神話の巨人トロールを思わせる姿で、老齢のティングルがそこに立っている。優雅なカリーの木に較べて何世紀も長生きしそうで、猛々しく、醜く、また雄々しい。わたしは車を降り、森を歩いてみた。イギリスの作家トールキンが見たらきっと創作意欲をかきたてられたに違いない。前方に見える巨人トロールは、その中でも最大であった。幹周りが胸高で19.8mあり——これは今までわたしが見たユーカリの中でもとびぬけて大きいものだ——てっぺんから足もとにかけて山火事によってできた裂け目が走っていた。木のてっぺんからは大きな羽根飾りのように枝が伸びていたが、その幹には、空に向かってぽっかりと大きなくぼみが口を開けていた。オーストラリアの地に降りたってから、これほどのスケール感やパワーある存在に圧倒されたのは初めての経験だった。わたしは何かしら崇高なものの前にいる感じがした。ヨーロッパ随一と謳われるライン河の滝に感動したという詩人ゲーテも、おそらくこんな風に魅入られたように立ちつくしていたのだろう。

右ページ：ウェスタン・オーストラリア州、ウォルポール近くの巨大なレッドティングル。今ではもう伐採できるほどの量はない。

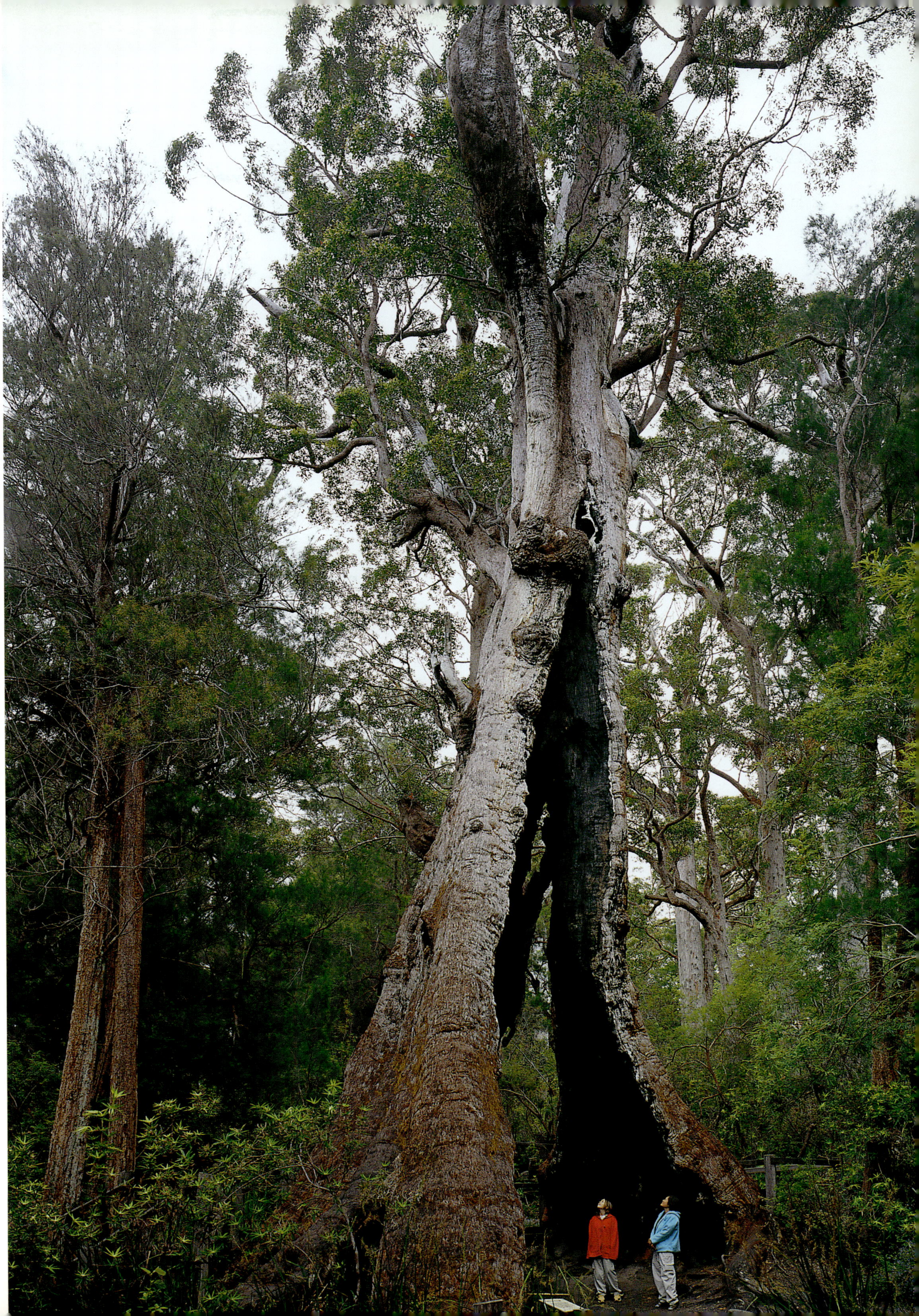

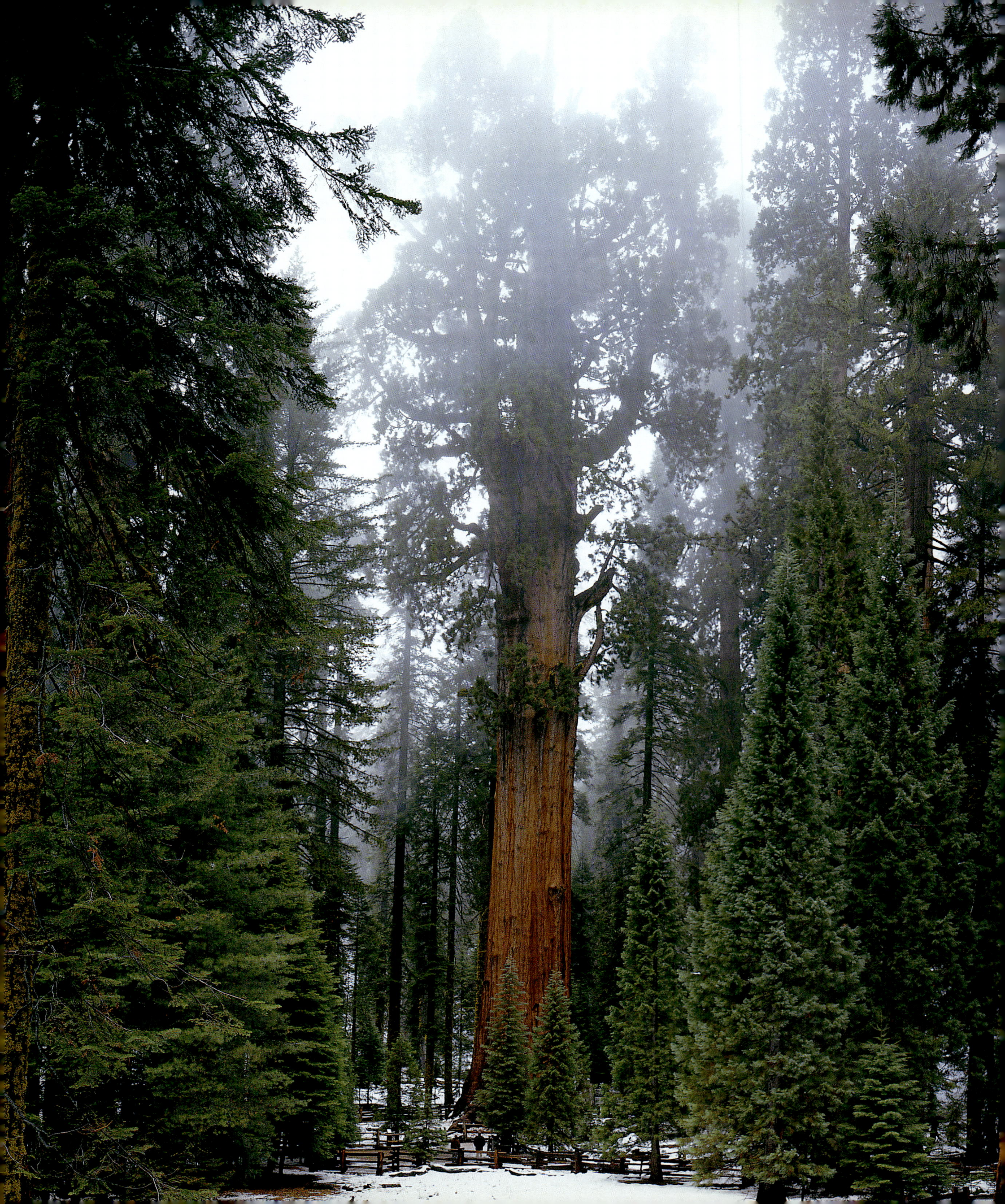

シャーマン将軍対グラント将軍、シエラの決闘

Sherman v. Grant in the Sierras

世界最大の木がなぜ南北戦争の北軍司令官、ウイリアム・T・シャーマンにちなんで名づけられたのか不思議に思う人もいるだろう。シャーマンは北軍司令官の中でも「悪魔」と恐れられた将軍である。カリフォルニア州セコイア国立公園にやってきて、その名前をもらった木を見ればおのずと答えがわかるはずだ。

どんよりとした曇り空の11月のある日、わたしはこの地にやってきて、誇らしげに立っているこの83.82mもある将軍の木を見上げていた。じっと見つめていると、雪雲が下りてきて、その怪物のような上腕部を覆いはじめた。「この木の枝は、ミシシッピー以東のどんな木の幹よりも太いんですよ」。わたしについた地元のガイドは、こともなげにそういった。

シエラネバダ山脈にある66の森林には、太古の森から生き続けるジャイアントセコイア（スギ科の常緑針葉樹 *Sequoia giganteum*）が何百本も植生しているのが見られるが、この「将軍」がもっとも猛々しい様相を見せている。このまわりにある木は、いずれも高くなるにつれて細くなっているが、幹の推定重量が1385tもあるシャーマン将軍は、まるで第二次大戦中の重戦車の面持ちで見物人を見下ろしている（ご存知のように、シャーマン戦車は同じくシャーマン将軍の名前に由来する）。下から見上げると、この幹の18.3mの太さは地上およそ9mから46mあたりまで、あまり細くなっているようには見えない（実際は少し細くなっているのだが、それでも3.6m細くなっているだけである）。この荒々しい生き物のすべての細部があますところなくこの木らしさを表現している。嵐で小枝をひきちぎられた灰色の枝は、まるで巨大なブロッコリーの茎のようだし、嵐でひどく損傷したてっぺんの部分は、先端から15mもの長さのぎざぎざのついた釘が飛びでているかのように見える。サイズで世界一を争えなかったとしても、醜さでは十分世界チャンピオンになれるだろう。

シャーマン将軍のライバルでもある北方の隣人、グラント将軍のたくましい曲線と比べてみるといい。キングズキャニオン国立公園の巨木、グラント将軍もいくぶん灰色がかってはいるが、それは1000年以上にわたって冬を耐えしのいできた老兵としてはごく自然のことである。しかしながら、実に悠々と気張った様子もなく自分の巨体を支えている。なめらかな円錐形をしたてっぺんとシナモ

左ページ：カリフォルニア州、セコイア国立公園の「シャーマン将軍」。まさにチャンプ。

ン色をした樹幹上部は、なんとか嵐の蹂躙を免れたようだ。豊かな葉が輝く緑色の滝のように垂れさがっている。1965年にリンドン・B・ジョンソン大統領が、国民のクリスマスの木に、シャーマン将軍でなくグラント将軍を選んだのも、なるほど当然の選択であった。

この2本の将軍のライバル関係は、1世紀半ほど前にまでさかのぼる。この争いのせいで、カリフォルニア州の2つの郡の間であやうく平和が破られるところであった。グラント将軍の木は、1862年に発見された。フレズノ郡にある、後にキングズキャニオン国立公園となる森の中で、だれの目にも最大の木であった。一方、シャーマン将軍の木は、1879年に発見され、トゥレア郡の、やはり後にセコイア国立公園となる森の中で、ほかの木々を圧倒していた。

どちらの方が大きいのか？　新たな南北戦争の勃発を避けるため、両郡の当局は、1921年、この問題の仲裁を調査団に委ねることにした。慎重な計測が行われた結果、驚くべき事実が判明したのだ（この計測結果は、現代の巨樹ハンターたちの手により、レーザー装置を使って確認された）。

どちらの木も、樹高と幹周りにおいてナンバーワンではなかったのである。チャピオンの栄誉は、シエラ山中のあまり知られていないセコイアの木が獲得することになった。樹高は、シャーマン将軍が83.8mに対し、グラント将軍が81.4m、幹周りは、グラント将軍27.8mに対し、シャーマン将軍が25.9m。チャンピオンの木の登録を行っている市民団体アメリカン・フォレスツが判定に使用する複雑なポイント制によると、グラント将軍の方が大きいということになる（すべてのセコイアの木の中で最大ということではないが）。しかし、シャーマン将軍の体積は1,559.2m³で、グラント将軍の1,357.8m³よりも大きい。チャンピオンが体積で決定されるのであれば、シャーマン将軍の方がチャンピオン、まさに"世界最大"ということになる。

わたしには、グラント将軍が無理やり栄誉を奪われたように思えてならない。

（注）この論争に困惑したアメリカン・フォレスツは、通常のポイント制をこのケースには適用せず、シャーマン将軍の勝ちとした。

右ページ：準チャンピオンのグラント将軍。タイトルを奪われてしまったか？

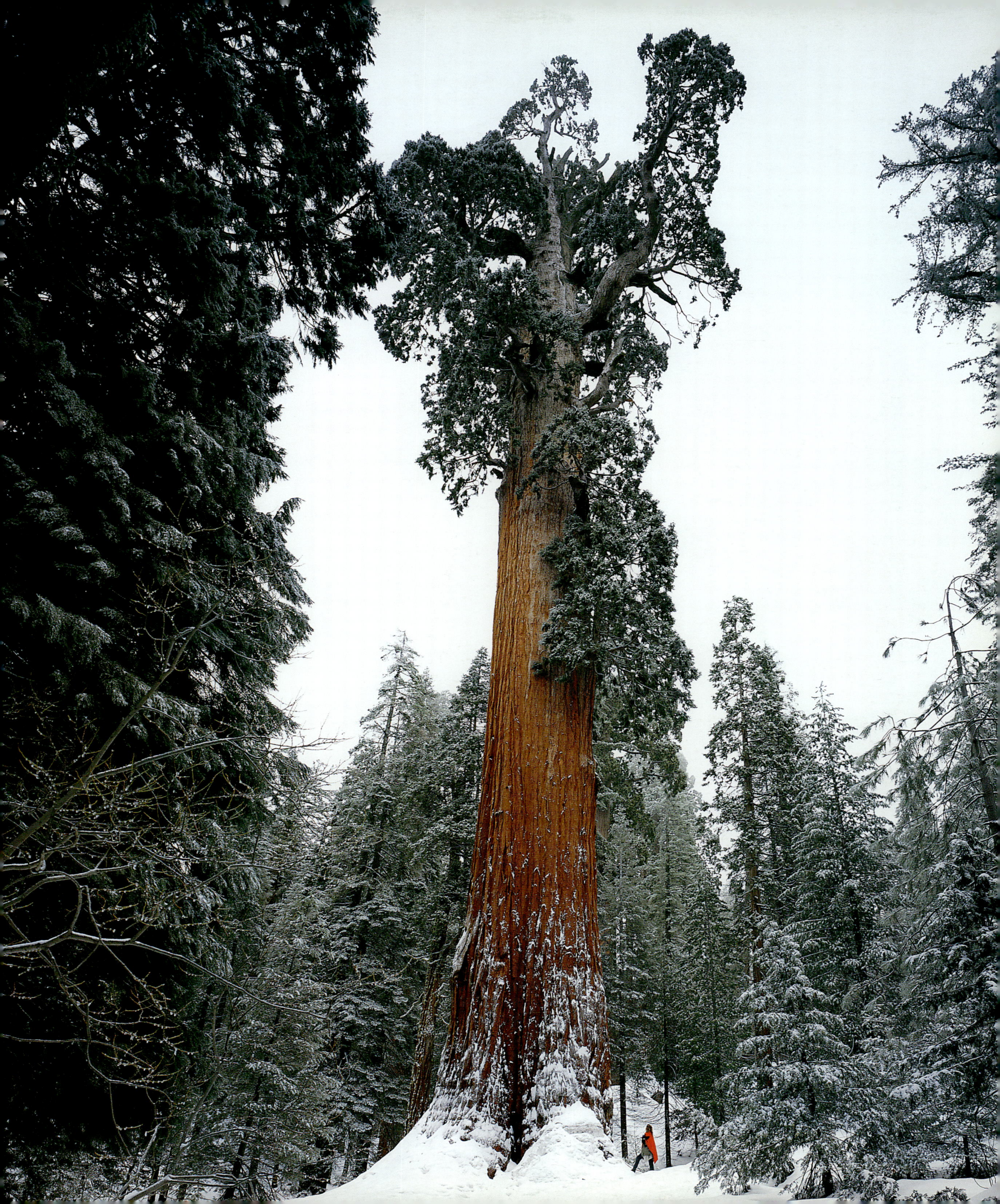

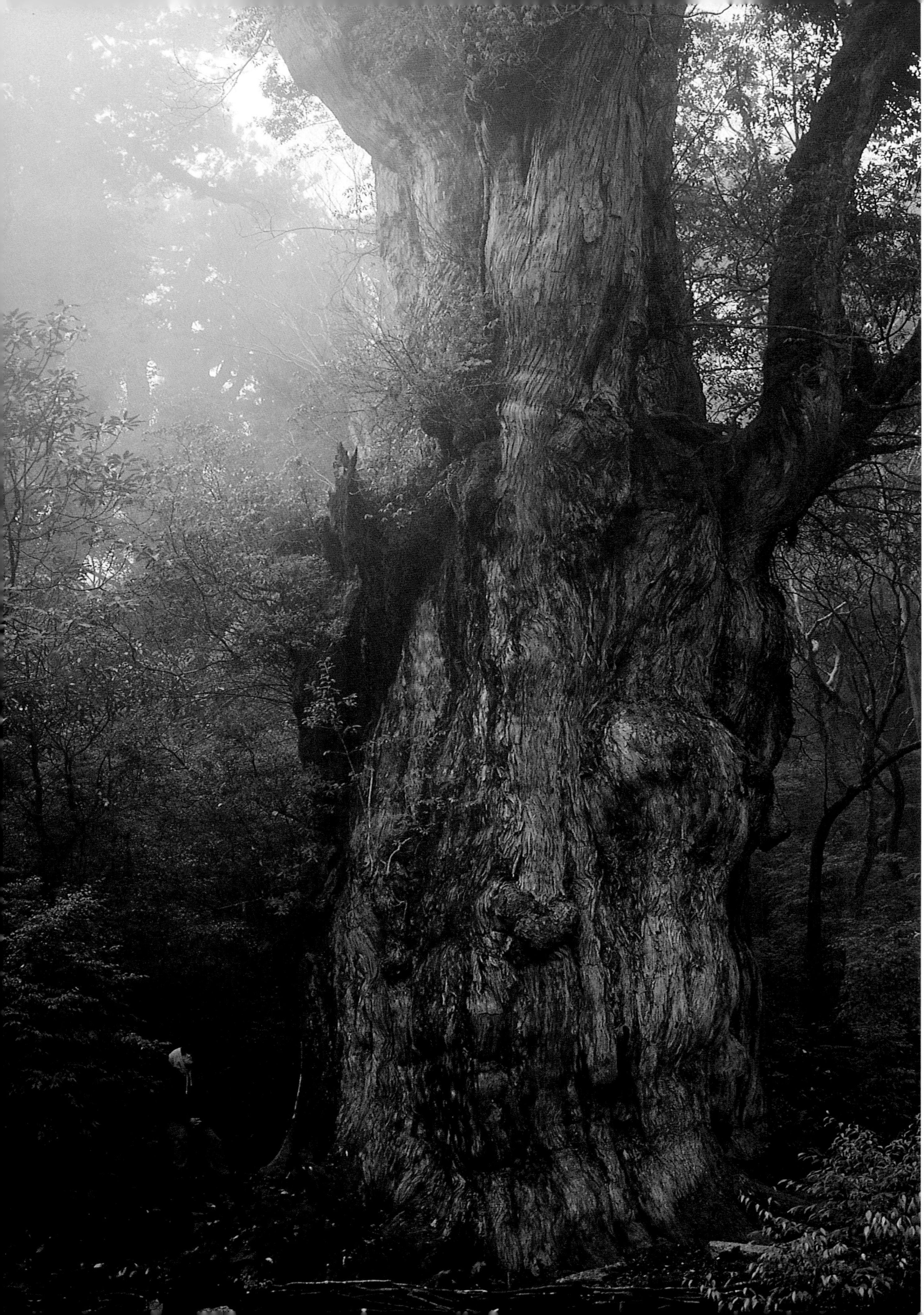

王様の足下で
At the Feet of the Emperor

すばらしい木々の下に座ってみたくて日本に来ました、と東京に住む友人に話したところ、にっこり微笑んで応えてくれた。「そうか。屋久島の大王杉までいけたらいいのに……」。

大王杉は、かつては屋久杉最大と思われていたため、この名がついたという。今では縄文杉が最大と確認されている。縄文時代からの生き残りともいわれ、日本では信仰の対象にもなっている。日本のスギ（日本の特産とされるスギ科の常緑針葉樹 *Cryptomeria japonica*）の中でも最長寿にして最大のこの木は、心がふるえるほどの畏怖の念を感じさせる。

列島の中央を縦断する急峻な山々を何百年もの間覆ってきたスギは、江戸（現在の東京）や京都の寺社、城などの建築にとって欠かせないものだった。日光の杉並木や神社のご神木を除いて、本州では古木のほとんどがかなり昔に伐採されてしまった。原生林をしのびたければ、絵画や版画で目にするしかない。しかし、東京から南西1000kmあまり、亜熱帯地方で島全体が山ともいえるはるかなる地、屋久島では、縄文杉が伐採の魔の手から免れた。平成5年に世界自然遺産の登録をうけ、縄文杉（屋久島は、屋久杉そしてヤクザルとヤクシカの宝庫）はやっとのことで安息の日々を迎えられるようになった。

11月下旬の午後、わたしがプロペラ機で到着した日は、雨雲がどんよりと島を覆っていた。2日後、暖かい太陽が顔を出すと、さっそく縄文杉へと出発した。わたしたちは、かつて伐採業者たちが敷いたトロッコの線路をたどった。上りは大したことはなかったが、渓谷をわたるときはいささか足がすくんでしまった。昔の線路のつるつる滑る枕木を、手すりもなく遙か下を流れる川を見ないようにしながら、足を運ばなければならなかった。

3時間半ほどでたどり着いた縄文杉は、霧の向こうからわたしたちを見つめていた。なんとすばらしい。こちらを見下ろしているのは、神々しいまでの巨木——やわらかい地面に立つ姿は、木という域を越えて岩のようであり、筋骨隆々とした枝々は、若い杉やクスノキのはるか頭上を覆っている。

樹高25.3m、根回り43.0m、胸高周囲16.4mの縄文杉は、日本、いやヨーロッパにおいても最大の王たる針葉樹だ。推定年齢は2000年とも7000年とも言われていて、そのほかについては、まだ謎に包まれたままだ。霧の中、王の足下に腰を下ろし、ふと考えた。だれか、幹に穴をあけて、年輪を数える許しを申し出るものはいないのか？——なんという愚かものめ。神の王たるものに年齢を尋ねるものではない。

左ページ：日本最古のスギにして、重々しい威厳を発する縄文杉。屋久島にて。

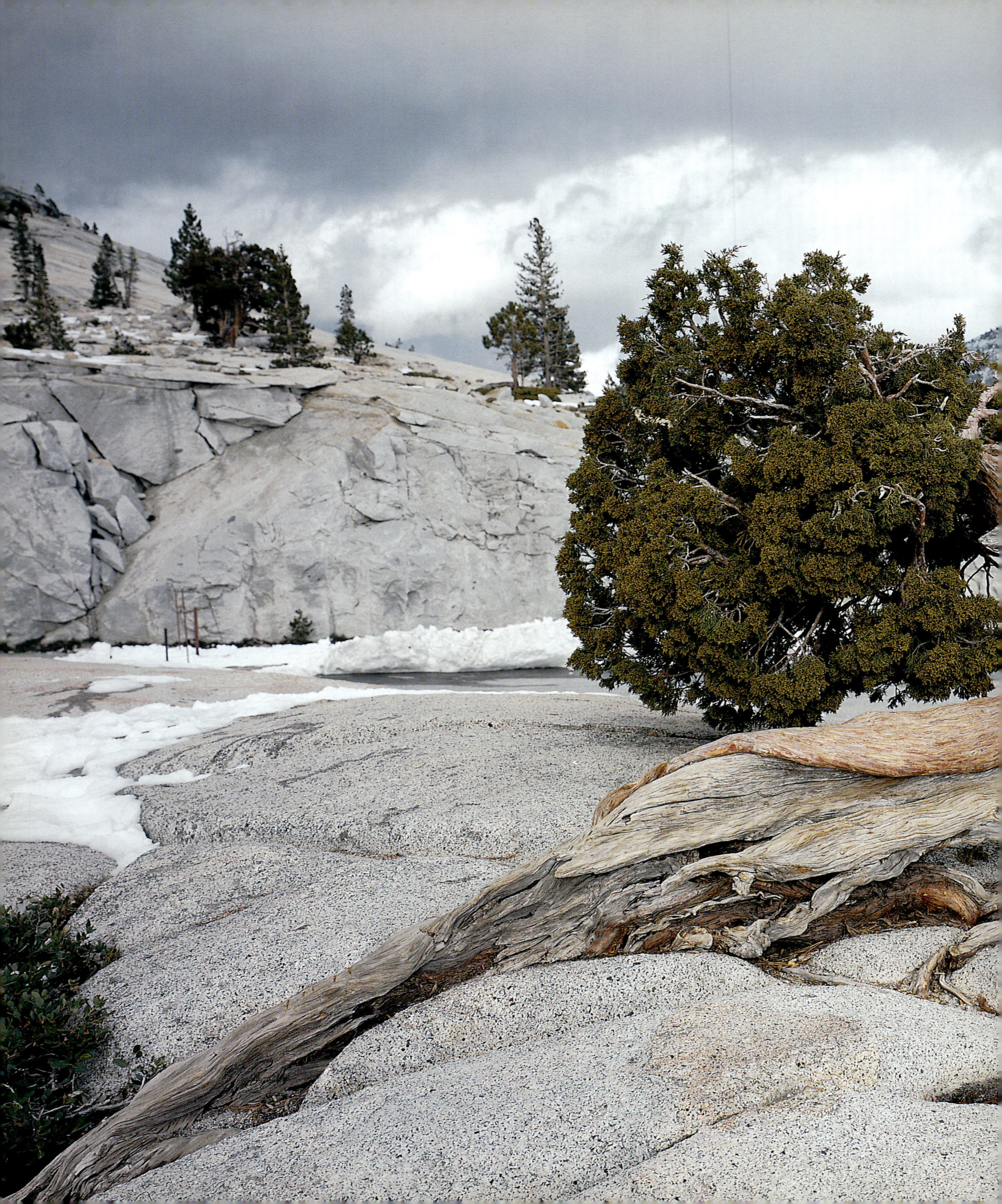

第 2 章
小 人
DWARFS

小人に栄えあれ
FOR FEAR OF LITTLE MEN

わたしは、モッカスのあの白髪の老人たちに畏怖の念すらおぼえた。
何世紀もの間、そこにたたずみ、じっと見守ってきた、
あの白髪で節くれだった、粗野で、よぼよぼの、腰の曲がった、
……歪んだ、猫背の、不恰好なオークの木の老人たちに。

フランシス・キルバート「モッカスのオークの木について」（『1876年の日記』より）

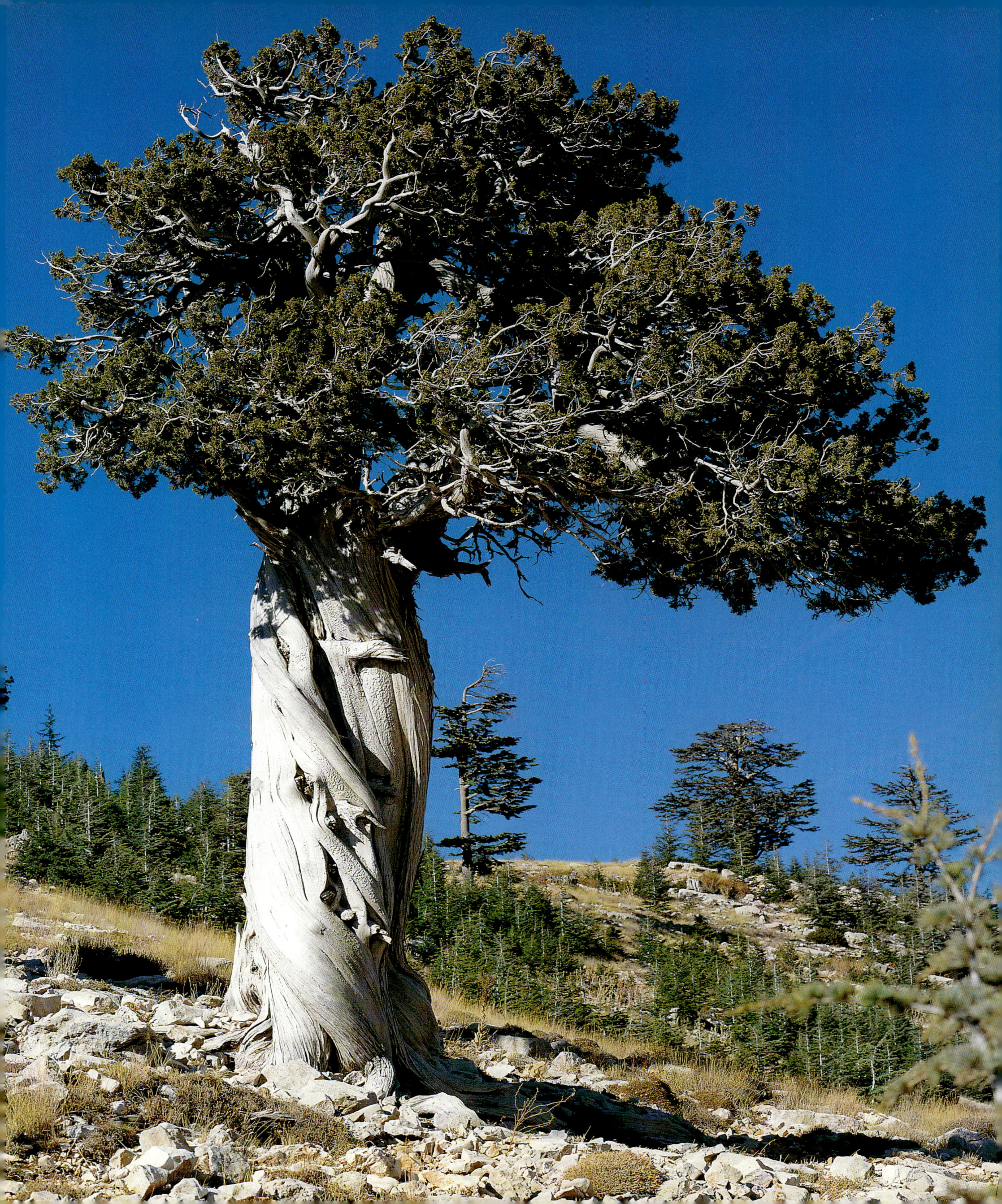

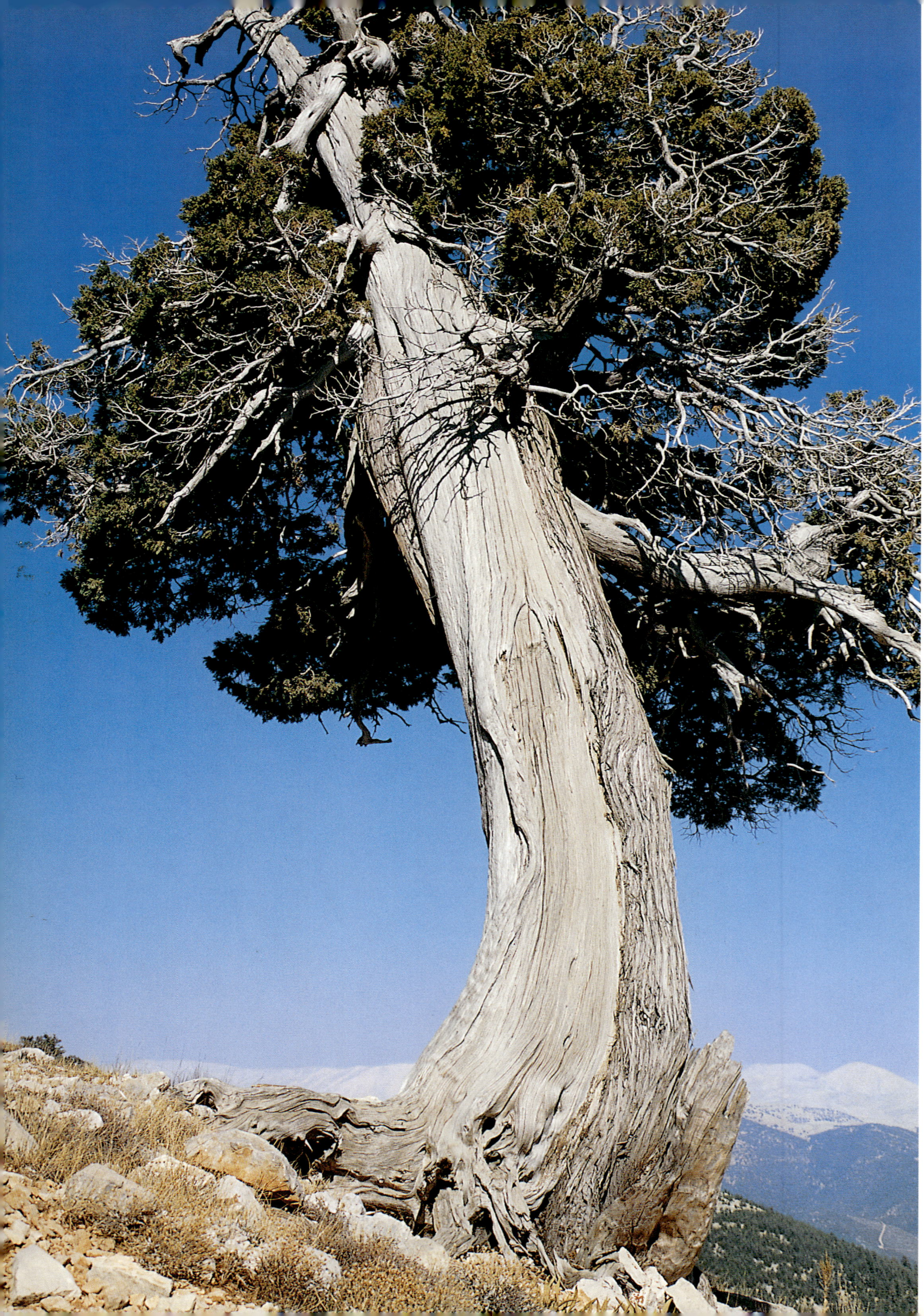

変わらぬ兄弟愛
No Love Lost Between the Brothers

　ガーデニングを愛する人々は、小人(ドワーフ)をおそれない。それどころか、自分の庭に喜んで迎え入れる。植物でこの小人にあたるのが矮小種(ドワーフ)である。数えきれないほどたくさんの種類の樹木が、ちっぽけな庭にも嬉々として根を下ろし、異形の姿を手に入れてきた。しかも、陶製のノーム(小人のような姿をした幸福を呼ぶ妖精)を置けるだけのスペースはきっちり残してくれるのだ。

　しかし自然界においては、矮小木(ドワーフ)も堂々とした風格を身につけている。有名なおとぎ話にでてくる小人のように(ここでは『白雪姫』に出てくる愛らしい7人の小人ではなく、『指輪物語』の勇敢なギムリを思い浮かべてほしい)、決してあなどることのできない力を感じさせる。数あるすばらしい長所の中で、とくにその耐久力には目をみはるものがある。

　2001年の秋、トルコ南部にあるタウルス山脈の標高1800m地点で石灰岩の間から自生している一群の古代セイヨウネズ(ヒノキ科ネズミサシ属の針葉樹 *Juniperus excelsa*)に遭遇したとき、わたしは矮小木のもつ風格を再認識した。なかには、北半球の山岳部に広く植生する普通種のセイヨウネズ(同上 *Juniperus communis*)のように群生した茂みにすぎないようなものもあれば(ネズの茂みについて悪口はいうまい。鼻にツンとくるネズの青い実がなければ、ジンの香りづけができないのだから)、だれが見ても巨樹と呼びたくなるような節くれだち、ねじれた幹周りが6m近くになるものもあった。北米に自生する古代セイヨウネズの年輪調査結果から判断して、これらの巨樹の樹齢は1000年ほどにもなるだろう。しかしわたしの目を引いたのは、巨樹でも茂みでもなく、矮小木──なかでも、むきだしの斜面に力強く生えている2本の矮小木だった。

　1月には氷雨に打たれ、真夏には熱風にさらされるという厳しい環境のせいで、どちらも表面の色が抜けて真っ白になっている。このような環境的要因が木の成長を止めてしまったのだろう。しかしそれ以外の点では、この2本の木はまさに正反対だった。小さい方の木は風雨で樹皮がはがれ落ち、むきだしになった地肌が東洋の象牙の彫刻を思わせる。かろうじてひとすじ残った樹皮が、細い血管のように根と枝をつないでいる。だがその木は、毅然として天に向かってまっすぐに立っている。これに対し、大きい方の木は似ても似つかぬ姿をしていた。幹は嵐で引き裂かれ一部が失われている。それでも、ただ生き残るだけでは満足しなかったのだろう。体をぐいと反らせて、まるでトルコ風のダンスを踊っているかのようだ。

　奇妙なのは、この2本の木が石だらけの同じ斜面にほんの数メートルの距離をおいて立っていることだ。近くにある同じ親木の種子から生まれた兄弟に違いない。しかし当然のことながら、兄弟であっても遺伝的な要素の差が現われた。だからこそ、これほど違った姿になったのだろう。

　それでもわたしには、この2本の木が強い兄弟愛で結ばれているように思えた。目立ちたがりでお調子者の弟をいつも見守っている生真面目な兄の方に、わたしは限りない共感をおぼえるのだった。

52,53ページ:花崗岩の上に生えたセイブビャクシン。カリフォルニア州ヨセミテ国立公園にて。

55ページ:標高1800mの山肌で平然と強風に耐えるセイヨウネズの木。トルコ南部のタウルス山脈にて。

上:山にはネズのほかにトルコ固有のレバノンスギの一種が見られる。

左ページ:兄弟のかたわれ。こちらの方が目立ちたがりの弟。

御影石の墓に住む王様
みかげいし

Bury Me in a Tomb of Granite

　タウルス山脈を訪れる1年前、わたしはタイオガ峠に向かって車を走らせていた。カリフォルニア州にあるヨセミテ国立公園の東端、標高2400mを超える峠だ。まだ11月3日だというのに、道路はすでに凍結している。この峠は毎年11月のはじめ頃になると雪のために閉鎖されるので、無事に峠越えができるかどうか不安だった。しかし、わたしはついていた。シエラネバダ山脈を迂回するために640kmものまわり道をしなくてすんだというだけではない。峠の頂上付近で、セイブビャクシン（ヒノキ科ネズミサシ属の針葉樹 *Juniperus occidentalis*）の矮小木に出会えたのだ。米国で見られるネズの仲間は、乾燥した不毛の高地でもしぶとく生きのびることで知られている。それにしてもわざわざこんなところを選んで根を下ろすとは、極端なつむじまがりもいたものだ。この木と比べれば、近辺の乾燥した亜高山帯に君臨するモミやマツ類は豊かな土地で気楽に暮らしているといっていい。木は、だれかが最後の審判の日に墓から這いだしてきたかのように、2つの花崗岩の塊を押しのけるようにして立っていた。しかも極寒の風と花崗岩のせいで成長が止まってしまっている。いったいなにを好きこのんで、この凍てつく墓場をわが家と定めたのだろう。

　近くの斜面に散らばるほかのセイブビャクシンを見ても、謎は深まるばかりだった。むきだしの岩盤の上に転がる巨大な岩の横で、縮こまったように生えているものもある。鉤爪のような根をのばし、岩の裂け目に食い込ませている（52,53ページ写真）。ほかの木も、目の前の峡谷につづく岩棚の上で苦しい姿勢を強いられている。幹の部分が朽ちていて、非常に高齢を感じさせるものもあった。樹齢が1000年以上のものもあっただろう。どの木もすべて、自ら招いたものとはいえ、極端なストレスを受けてきたことを物語っていた。

　ふと、この不毛の山肌にもかつては青々としたセイブビャクシンの森があったのかもしれない、という考えが浮かんできた。ほかの木はみな伐採され、発育不足の矮小木だけが生き残ったのではないだろうか（セイブビャクシンはイチイと同じように堅く、木目が細かくよい香りがするので、高価な家具の材料になる）。ヨセミテの東部に詳しい友人に尋ねてみたところ、それは謎でも何でもないとの答えが返ってきた。今度ばかりは伐採業者による乱伐が原因ではなかった。ここがシエラの樹木限界線、森が終わり山肌がむきだしになる地点にあたるからという、しごく単純な理由だった。このあたりの標高では、あらゆる樹木がわずかな機会をとらえ、生存能力ぎりぎりのところで生きている。しかもセイブビャクシンは背が低く、樹皮が薄くて燃えやすく、十分な日光を必要とするという弱点を抱えている。もっと標高の低い場所では、図体の大きいマツやモミに媚びへつらい、せむしの道化師のように体をねじ曲げなければ生きていけない。しかしこの高さ、ほかに住むものもいない凍てつく御影石の墓の中では、道化師が王様になれるのだ。

右ページ：標高2400mを超える高地で、花崗岩の間に生えたセイブビャクシン。カリフォルニア州ヨセミテ国立公園にて。

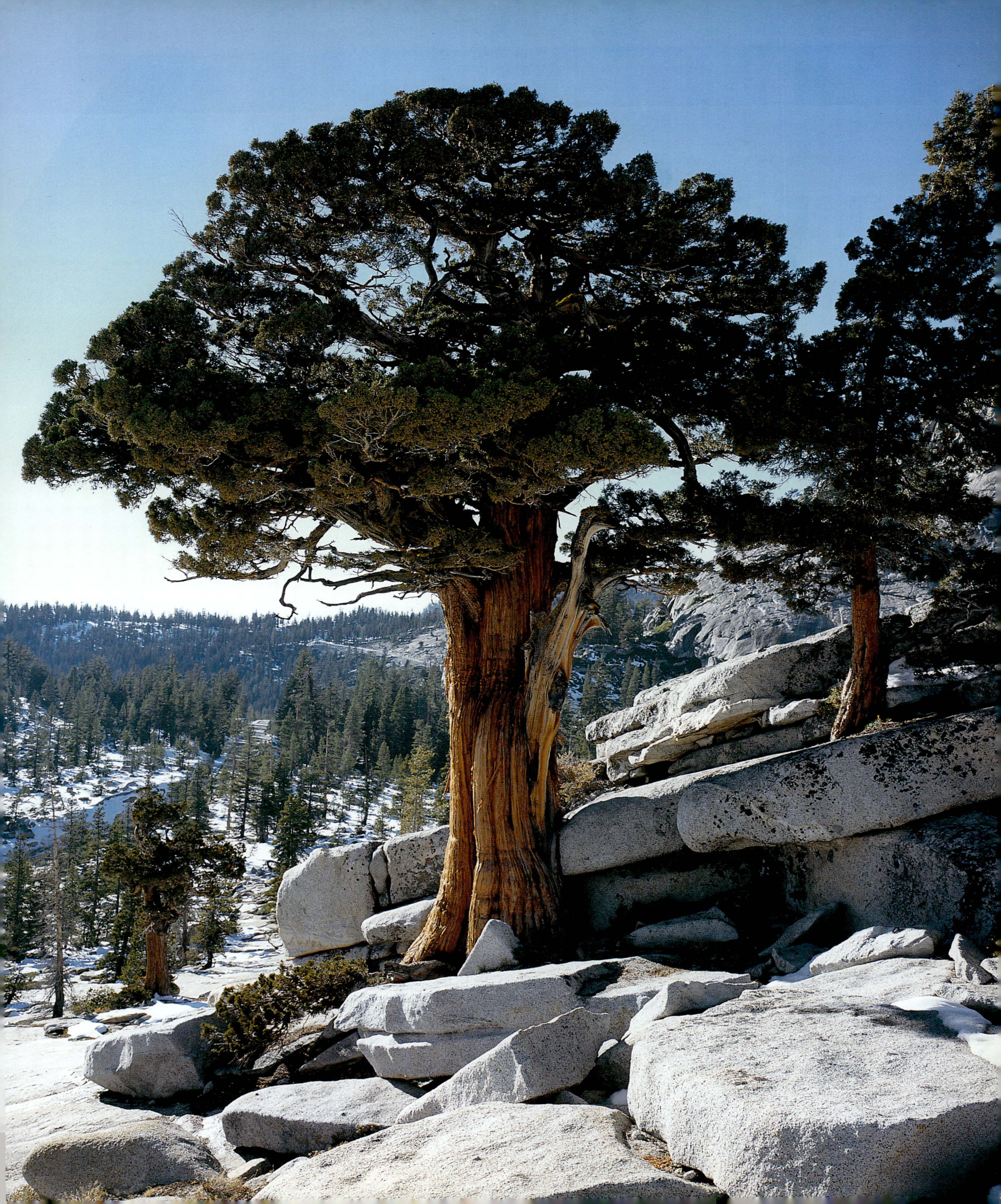

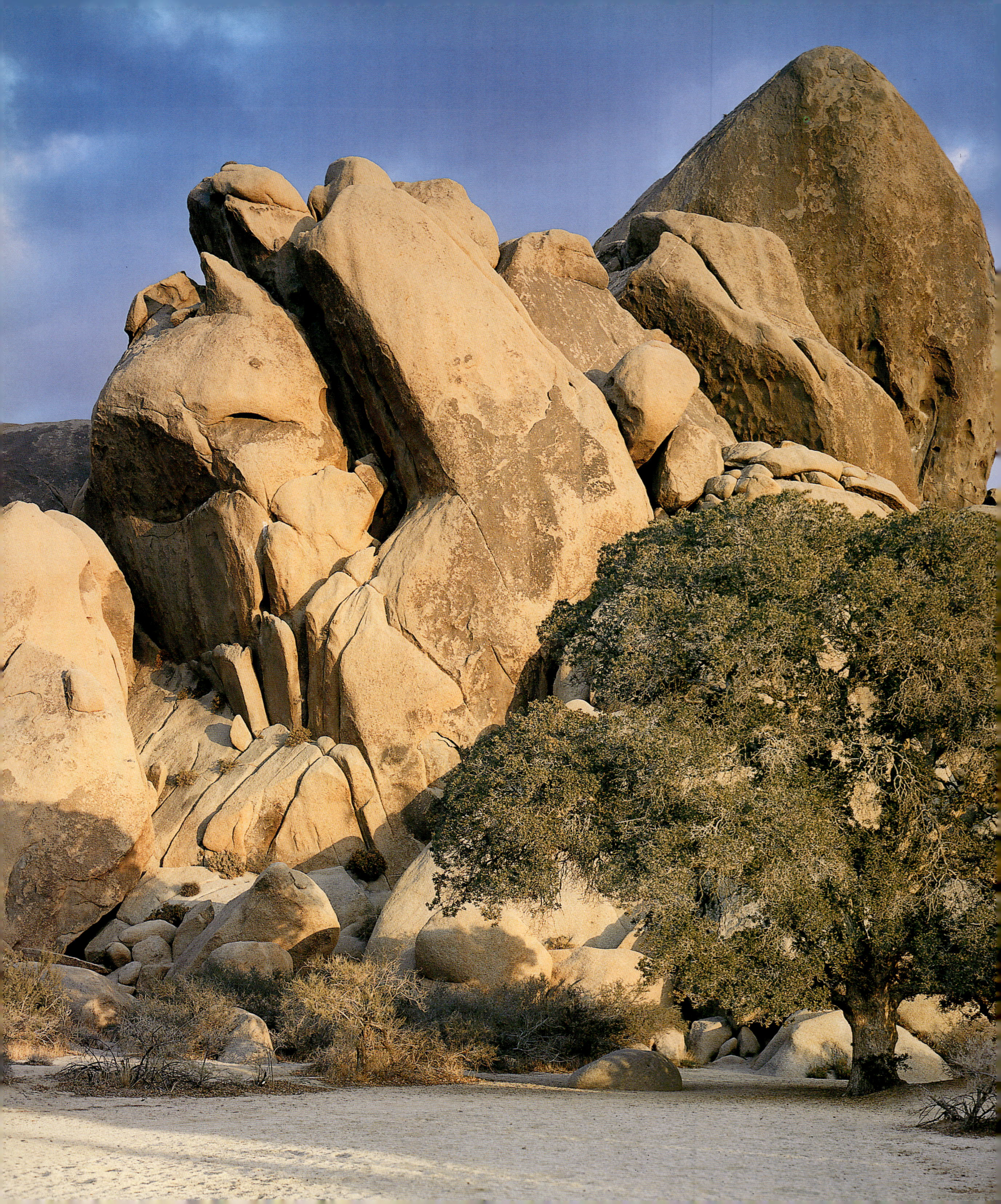

左ページ：ガラガラヘビに囲まれて、幸せに暮らすキャニオン・ライブ・オーク。カリフォルニア州、ヨシュア・ツリー国立公園にて。

ヨシュア・ツリー公園の
黄金の杯(ゴールデンカップ)

The Golden Cup of Joshua Tree Park

　わたしはかねてから、アメリカ合衆国深南部(ディープ・サウス)でライブ・オークと呼ばれている、常緑オークの大木に畏敬の念を抱いていた。スパニッシュモスに覆われ、オオコウモリの住処となっているライブ・オークは、南北戦争前に建てられた古い家々と同じく、蒸し暑いアメリカ南部の象徴だ。かつての奴隷制度全盛期に建てられた家々よりはるかに歴史のあるものも多い。ところがなんと、カリフォルニア州の灼熱の砂漠にあるヨシュア・ツリー国立公園で、天然のライブ・オークに遭遇したのだ。そのときのわたしの驚きを想像してみてほしい。なんといってもこの場所は、死の谷(デスバレー)からそう遠くないところにあるのだ。もっとも、同じ種類のライブ・オークではない。普通種のオークではなく、キャニオン・ライブ・オークまたはゴールデンカップ・オークとして知られているケルクス・クリソレピス(ブナ科コナラ属の広葉樹 *Quercus chrysolepis*)なのだ。木は明らかに、夏の灼熱の暑さによって成長が止まっていた。それでもこの砂漠の中、黄色い岩山に囲まれて毅然と立っている姿には、なにか奇跡的なものを感じた。手元のガイドブックには、運がよければこの地に住む3種類のガラガラヘビを見られるかもしれないと書いてあった。サイドワインダー、マダラガラガラヘビ、それにモハベガラガラヘビだ。そのときも、ヘビたちがしなびた茂みの中からわたしを観察していたに違いない。木のまわりには、ブリットルブッシュとクレオソートブッシュの小さな茂みのほか、水不足で成長できなかったキャニオン・ライブ・オークが何本もあった。ところが、この奇跡の木だけは澄みわたった空に向かって9mの高さに達し、丸みをおびた樹冠からわかるように完全に成熟し、見事に均整のとれた姿をしていた。

　この木の秘密は何なのだろう。ときどき雨が降り、カステラソウやサバクタンポポが砂漠を彩る3月に、またここを訪れてみたい。この木の下にはかくれた泉があって、その頃になると水が湧いてくるに違いない。どんぐりが実る夏もいいかもしれない。その優雅な名前のもとになった、黄金の杯が手に入るのだから。

モントレーの浜辺でのんびりと……
The Beachcomber of Monterey

　わたしは以前、拙著 Meetings with Remarkable Trees の中で、モントレーイトスギ（ヒノキ科イトスギ属の針葉樹 *Cupressus macrocarpa*）のことを「故郷を捨てて、旅立ちたがっている」と書いた。ほかの場所にある木の方が、原産地カリフォルニア州モントレーのものより発育状態がよい、という意外な事実を知ったためだった。だが、わたしはモントレーイトスギを誤解していたようだ。実をいうとわたしは当時、モントレーについては本で読んだことしかなかった。その後当地を訪れ、美しい浜辺でのんびりする機会に恵まれ、天然のイトスギがその地で実に幸せに暮らしていることを目の当たりにしたのだった。

　確かに発育状態はよくない。9000km以上離れたニュージーランドから太平洋の荒波を越えて吹きつける風のせいで、成長が止まってしまっている。この永遠にやむことのない試練に耐えぬいた天然のイトスギは、小規模な2つの個体群を残すのみ。樹高はもっとも高い木でも15m程度にすぎない。ほとんどの木は風によってねじ曲げられ、グロテスクな茂みと化してしまっている。ところが、モントレーイトスギの種子をモントレー以外の場所にまいたらどうなるか！　高さは36mにも達し、幹周りもそれにつり合った太さに成長することだろう。イギリスのコーンウォール地方やアイルランドには、さらに大きなものもあるくらいだ。毎年霜が降りてマグノリアの花がだいなしになるわたしの庭でさえ、土着のマツをはるかに凌ぐ高さに育っている。

　イトスギは、なぜモントレーを捨てなかったのだろう。いや、実をいうと、故郷を旅だったことがある。それどころか太古の昔には、温帯性の地域を広く支配していた。古代のモントレーイトスギの系図は、各地に残る葉の化石から読みとることができる。今からおよそ100万年前に氷河期が始まると、太平洋沿岸地域の巨樹たち——ウェスタンレッドシーダー、レッドウッド、ジャイアントセコイア、ダグラスモミ、そしてモントレーイトスギ——は、南カリフォルニアとメキシコの安全地帯に一時撤退した。間氷期がくると北方に進出し、氷河期になるとまた撤退する——この壮大な退避が、4回繰り返されている。そして1万2000年前に退避が終わり、巨樹たちが凍てつくシエラネバダ山脈と雨の降りしきる北部の海岸に戻ってきたとき、モントレーイトスギだけが消えていたのだ。その理由はだれにもわからない。カリフォルニアの海岸がしょっちゅう霧に閉ざされるように、古植物学でも答えは霧の中ということが多いのだ。いずれにせよ、少数のイトスギは故郷に残り、モントレーの浜辺でのんびりと日光浴をしている。しごく賢明な判断だったといえるだろう。

右ページ：カリフォルニア州モントレーの岸壁に立つイトスギ。

64, 65ページ：モントレーの浜辺に生えたイトスギ。わたしは、この木のことを誤解していたようだ。

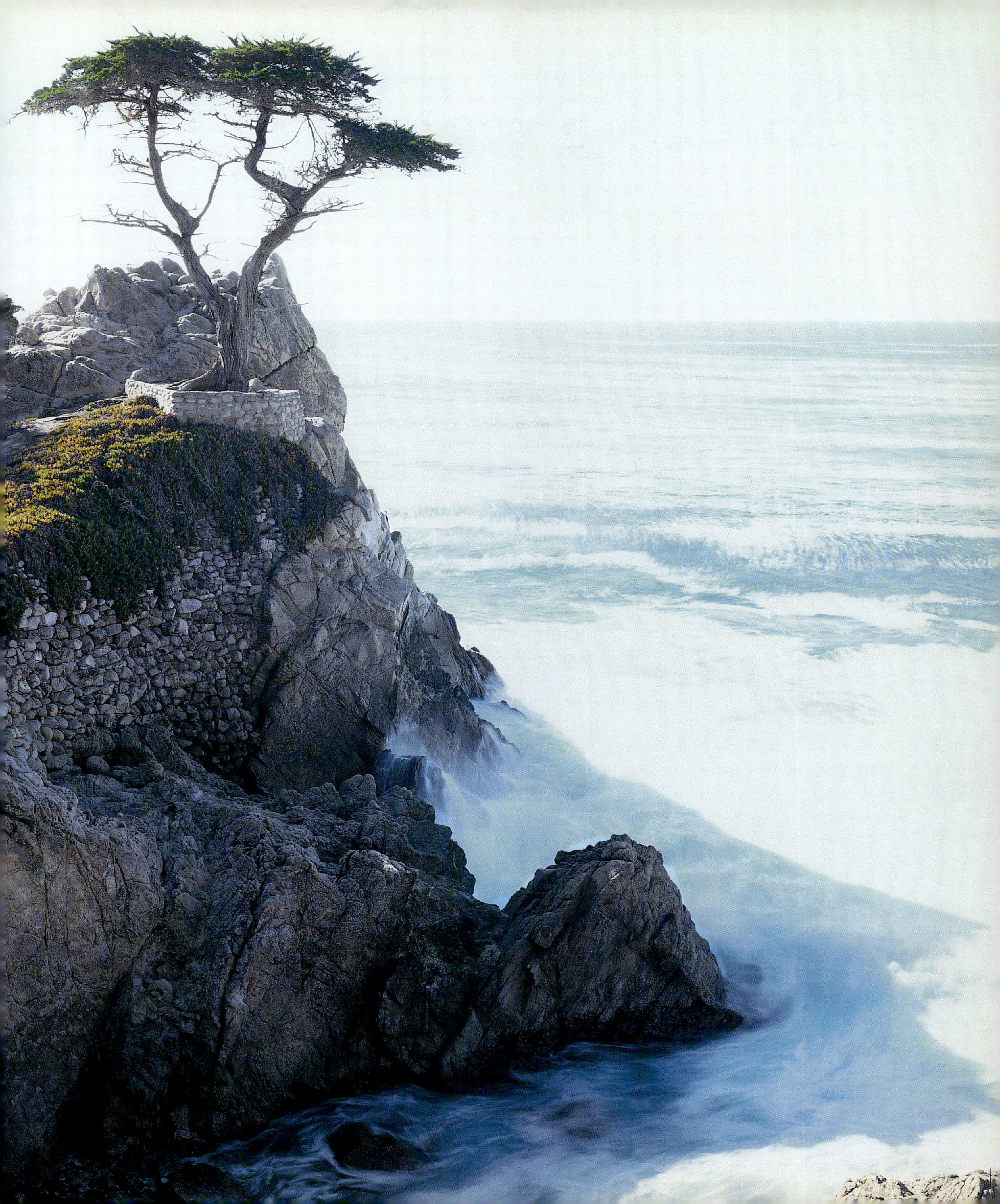

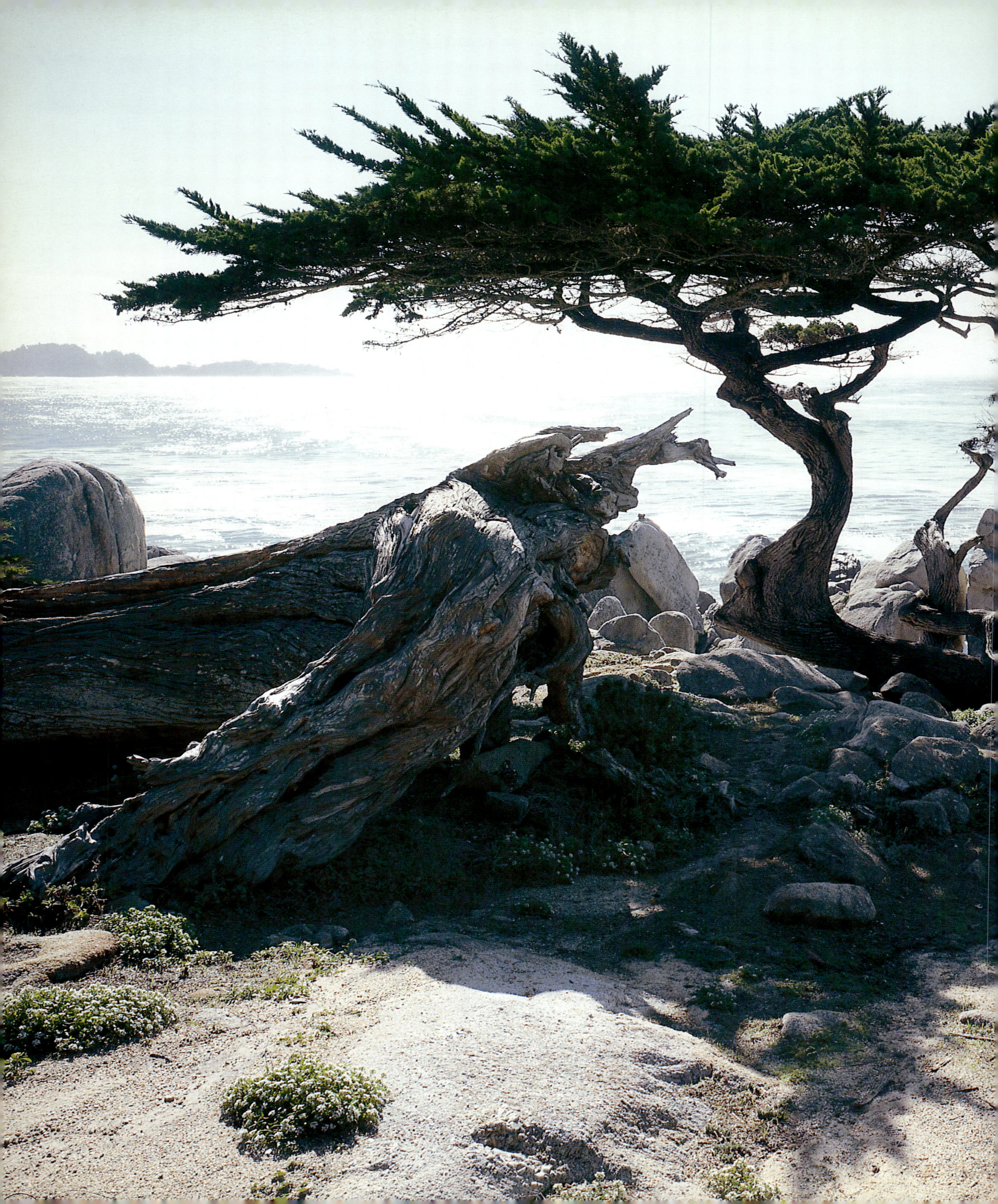

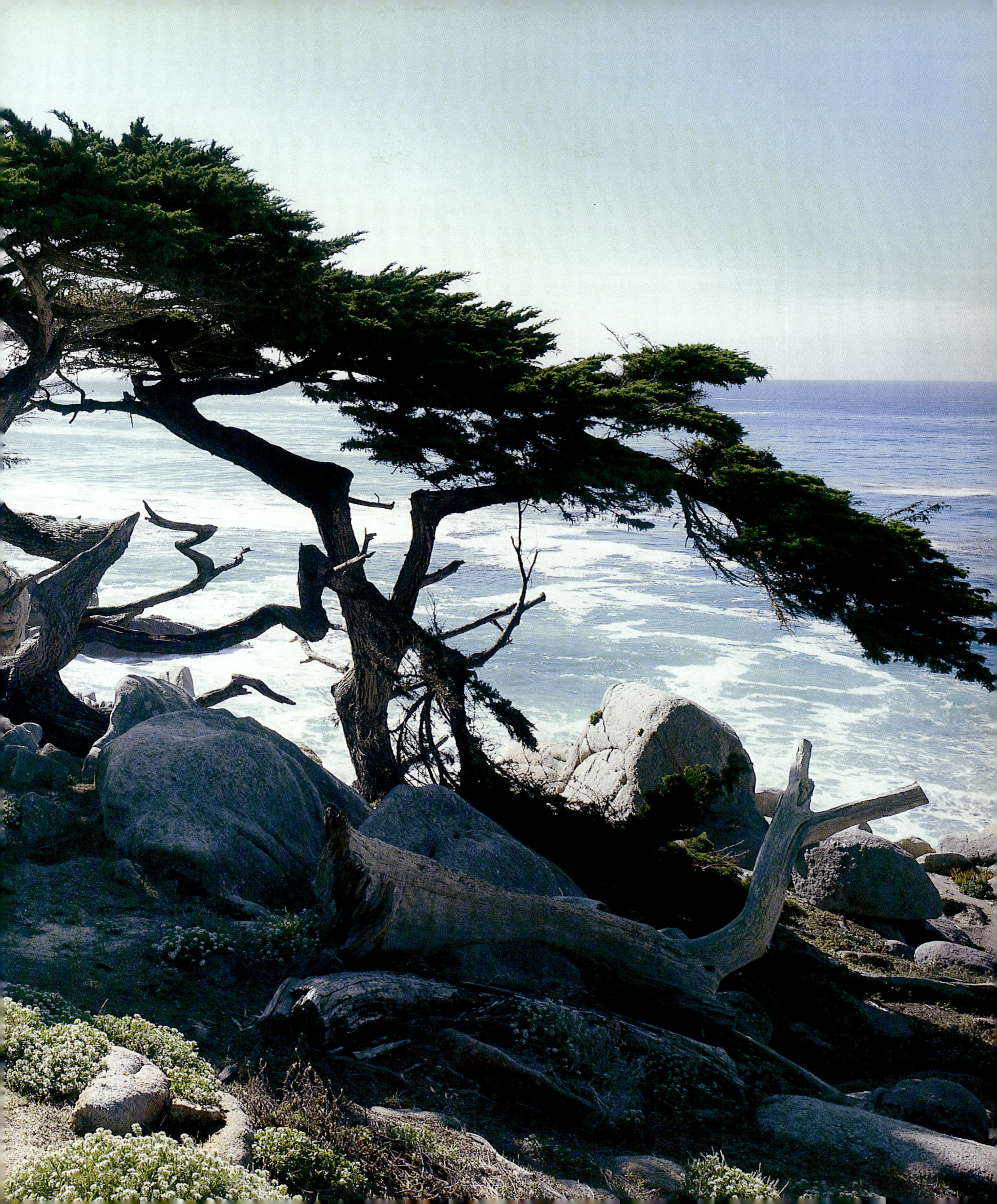

若さの秘訣
IN BONDAGE

小さな月桂樹の木よ、その根は
山を知ることはできないけれど、葉はおまえの世界を超えて
わたしの世界にまで伸びている
わたしの心に広がる、枯れることのない魔法の杖
芽吹きかけた、時の常緑樹

キャスリン・レイン「鉢植えの木」

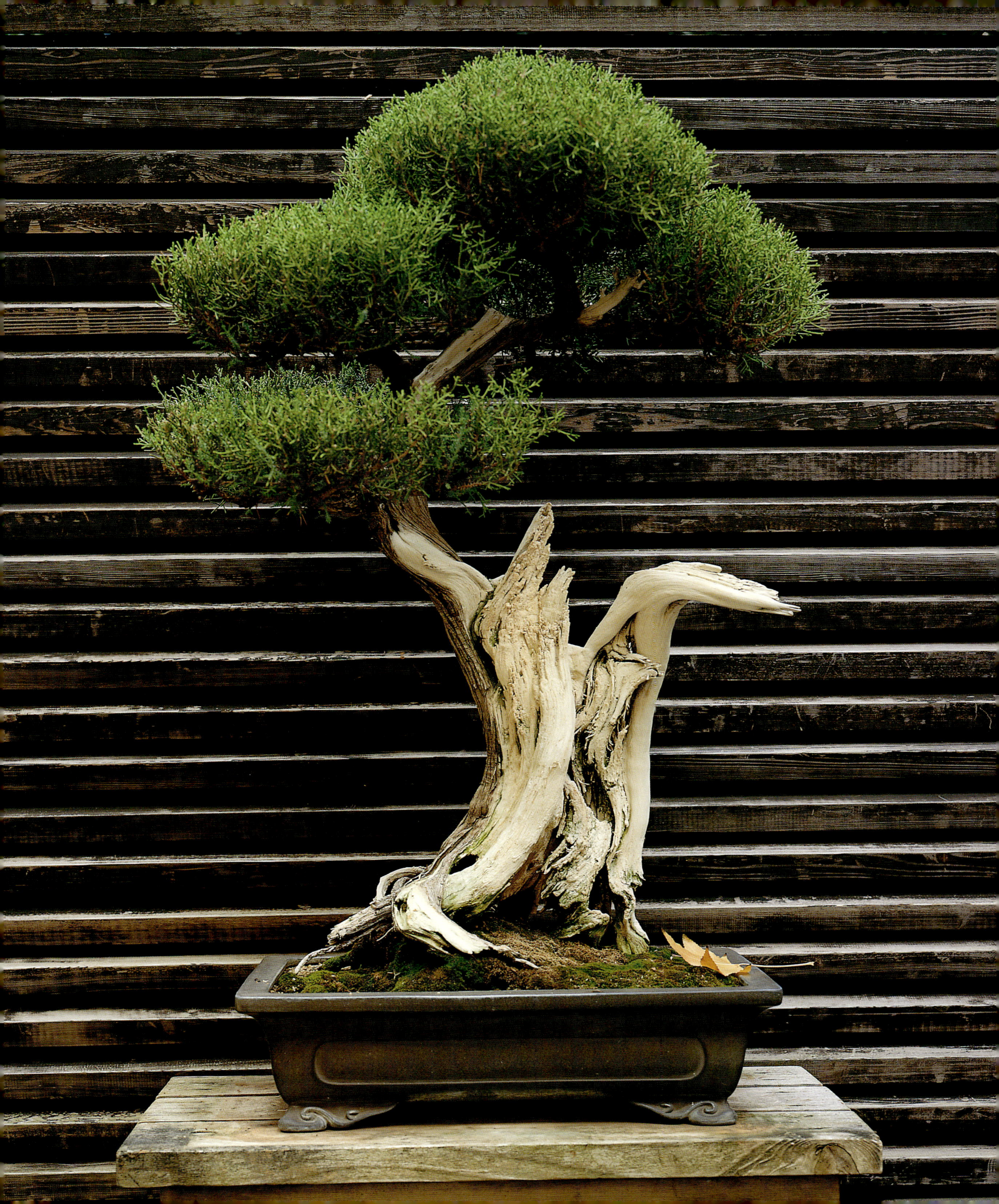

永遠の若さを得た盆栽たち
Tie up My Feet, Darling, and I'll Live for Ever

　1867年に江戸幕府が倒れ、鎖国が解かれたことによって、日本にはさまざまな影響がもたらされた。そのひとつは、意外にも盆栽が大流行したことだった。木を小さな鉢に植えて成長を抑制し、人為的に矮小木を作る盆栽の技法自体は、14世紀には中国から日本に伝わっていた。もっとも、盆栽の悪口をいう人はごく初期の頃からいたようだ。有名な随筆家、吉田兼好（1283〜1351年）は、「植木を好みて、異様に曲折あるを求めて目を喜ばしめつるは、かのかたはを愛するなりけり」と書いている。

　しかし、19世紀後半から20世紀前半にかけて日本を席巻した盆栽ブームは、とどまるところを知らなかった。同時期に湧きおこった、西洋の文物への憧れや熱狂に対する一種の反動でもあったのだろう。盆栽はもっとも日本的な芸術のひとつとして見直され、その道をきわめた人は、偉大な芸術家として尊敬されるようになった。このブームに取りつかれた人たちは、天然の矮小木を求めて山々を歩きまわった。ミヤマビャクシンを求めて石鎚山を登り、マメザクラを求めて富士山をめぐる、といった具合だ。これら天然の矮小木は、岩にねじ曲げられ、風と氷によって成長を止められた、野趣に満ちた存在だった。人為的な矮小木は、自然の状態を再現するような姿に作られた。小さな鉢に閉じこめられて数年もすると、野生種より成長の速度が遅くなり、野性味が増すようになる。

　わたしが選んだ2つの優雅な盆栽をご覧いただきたい。ロサンゼルスにほど近い、ハンティントン公園の日本庭園で撮影したものだ。1つめは、アメリカ出身ながら、日本の流儀で人為的に小さくされたセイブビャクシン（ヒノキ科ビャクシン属の高木 *Juniperus occidentails*）。次のはケヤキ（ニレ科ケヤキ属の広葉樹 *Zelkova serrata*）である。撮影は、ブナの葉が色を変える11月。根元に置いたイロハモミジの葉で、セイブビャクシンの大きさがおわかりいただけるだろう。

　盆栽の愛好家は、自分の忍耐強さと芸術性を誇りにしているし、わたしもそれらを賞賛してやまない。盆栽は、小さく美しくするために、小型の鉢か皿に閉じこめられる。昔、中国の婦女が纏足をしていたのと似ていなくもないが、本質的な違いがある。纏足の婦女たちが、自由を奪われた生活を強いられたのとは対照的に、盆栽は閉じこめられることによって、老化というくびきから解き放たれる。いわば、永遠の若さを手に入れるのだ。盆栽は数年に1度、古い根を切り取られ、古びた枝を刈り込まれる。このストレスによって、新しい根と芽が生えてくる。盆栽の専門家は、きちんと世話をすれば、事実上、不死を手に入れることができる――少なくとも、何千年も生きるだろうと考えている。

　ここまで書いたところで、イギリスの批評家、マックス・ビアボームの逸話を思い出した。年老いてはいるが、とても若くみえた文士にひとりのファンが声をかけた。「ビアボームさん、あなたはどうやら永遠の若さの秘訣を見つけたようですね」。ビアボームは悲しげにこう答えた。「いや、見つけたのは、永遠に時を刻んでいくという事実だよ」。

前ページ：カリフォルニア州、ハンティントン公園にあるセイブビャクシンの盆栽。適度の拷問が長寿の秘訣なのか？

右ページ：ケヤキの盆栽。巨樹よりも長生きするかもしれない。

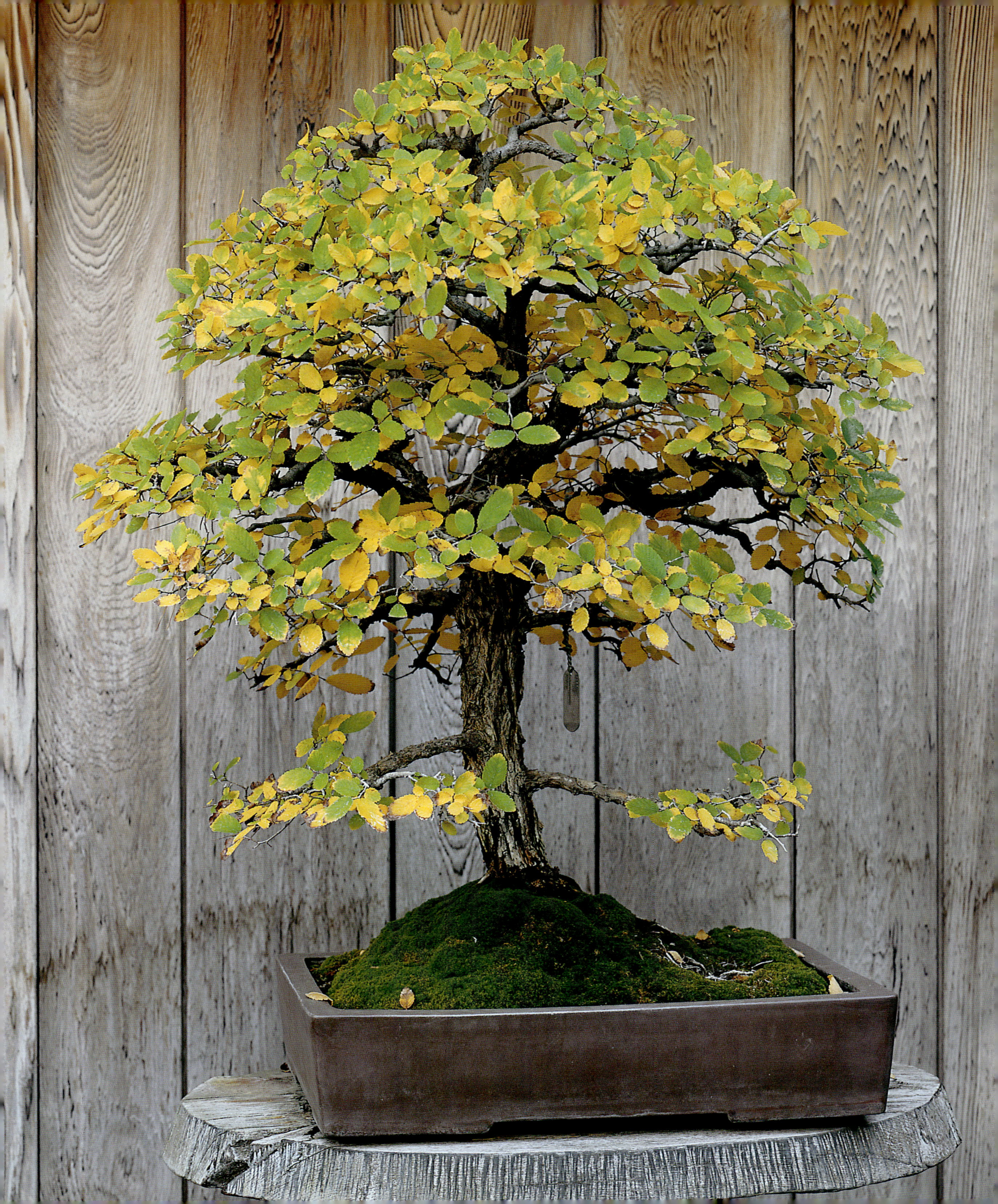

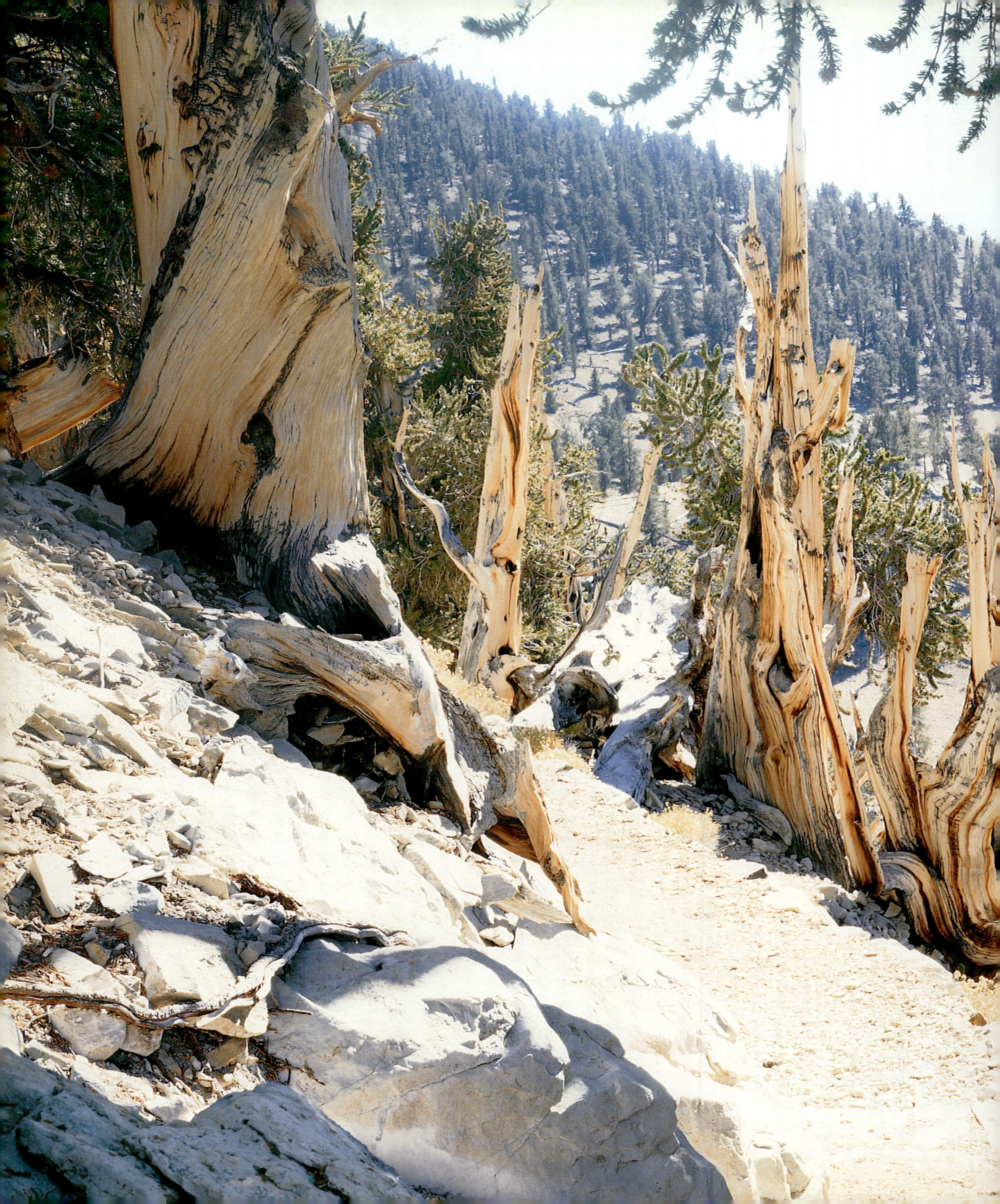

第 3 章
長 寿 者
METHUSELAHS

めぐりゆく生命
THE LIVING AND THE DEAD

……ある意味、この地に立ちつづけている最長寿のマツは、
死を目前に控えたまま2000年以上もの歳月を生きのびてきたのだ。
かつては全体を覆っていた樹皮も、今はかろうじて細く残るのみとなり、
そのわずかに残った樹皮の下で組織が成長を続けているにすぎない。
実際、この生命をつなぐ樹皮も、やがてゆっくりゆっくりと死に向かうのだが、
見たところ、少なくともあと500年は良い状態を保てそうな木もある。
しかし、おそらくそれ以上生きながらえることはできない。

「メトセラの小道」の発見者、エドマンド・シュールマン博士　（ナショナルジオグラフィック誌より）

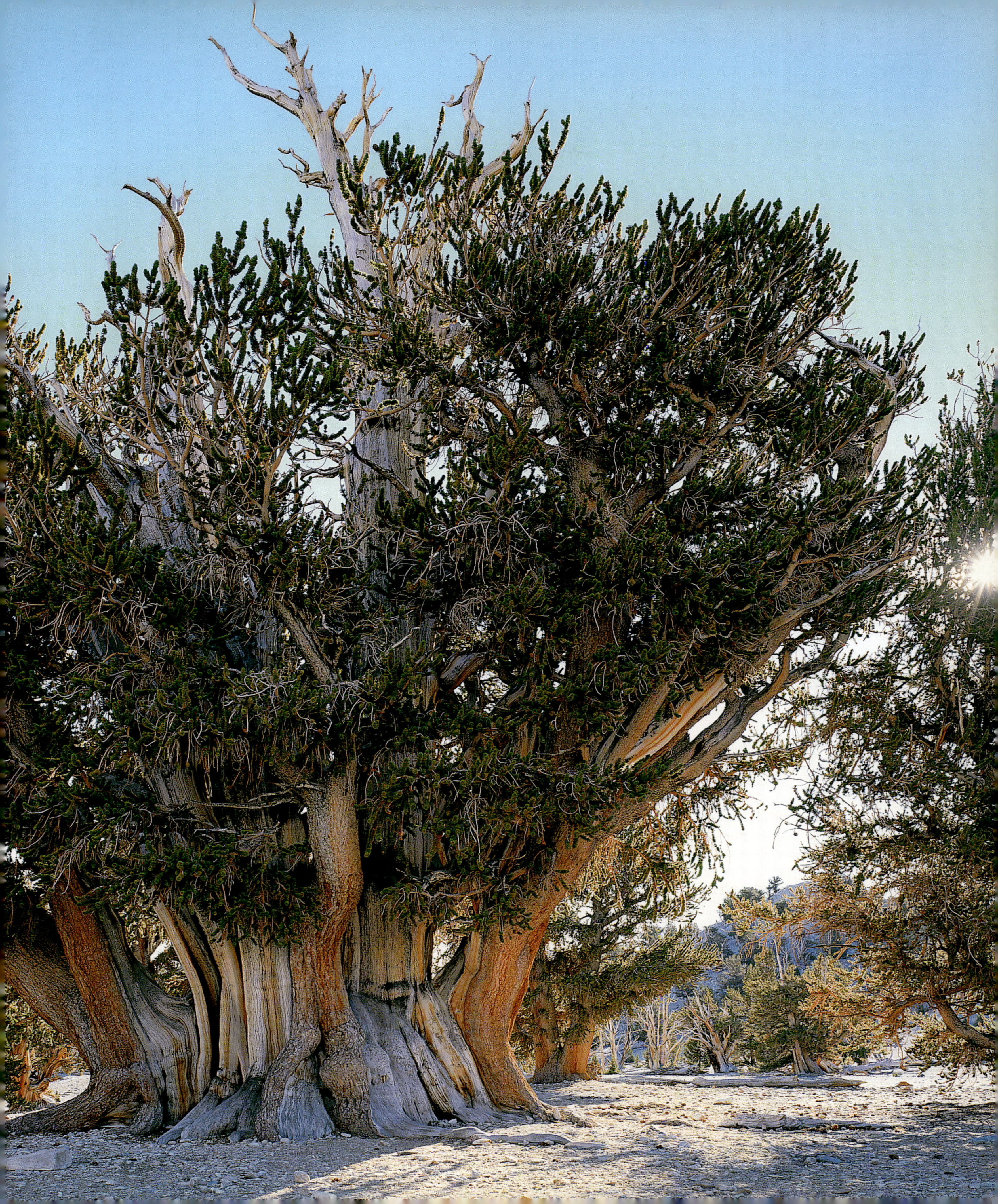

老人と山
The Old Man and the Mountain

　エドマンド・シュールマン博士が世界最高齢の木を発見したのは、カリフォルニア州のホワイト山脈、標高約3000mの地点だった。月面を思わせる白く不毛な斜面。偉大な発見の舞台として、これほどふさわしく、また不気味な場所はほかにないだろう。

　ここから1800m下には、オーウェンズ・バレーが広がり、虚ろな表情をみせている。かつては緑にあふれていた谷も、ロサンゼルス市に水を奪われて荒涼としている。かたや、1200m上方には、この谷をはさんで30kmのかなたに、雪をかぶったシエラネバダ山脈の山頂と尾根がまるで天にそびえる古城の尖塔と城壁のように輝いている。

　発見の場となったブリッスルコーン・パイン（マツの一種 *Pinus longaeva*）の木立は、シュールマン博士によって「メトセラの小道」と名づけられた。ここに、樹齢4600年を超える「長老」がいる。人類が知るかぎり世界最高齢の木だ。

　シュールマン博士がブリッスルコーン・パインの研究を始めたときには、世界最大の木であるジャイアントセコイアが、同時に世界最長寿の木だと考えられていた。すでに何千本ものジャイアントセコイアが伐採されてしまっていたが、その腐食しにくい性質のおかげで、年輪がくっきり見える切り株がまだたくさん残っていて、そのなかには、樹齢が3000年を超えるものもあったのだ。

　シュールマン博士が驚くべき発見をしたのは、1950年代半ばのことだ。博士は、長さおよそ90cm、鉛筆ほどの細さのスウェーデン製穿孔機を使って、ブリッスルコーン・パインの外皮から中心までの部分を何個も採取。それらを研究室に持ち帰り顕微鏡で年輪を数えたところ、サンプルを採取した木のうち17本が樹齢4000年を超えており、そのどれもがまがりなりにも生きている状態にあることがわかったのだ。

　意外にも木の大きさと樹齢に相関関係はなかった。そのかわり、長寿はストレスの大きさに比例するようである（人間も同じであればよかったのだが、シュールマン博士は過労のため49歳で亡くなってしまった）。最長老のブリッスルコーン・パインは、これ以上ないというくらいの苛酷な環境を住処としていた。冬になれば雪に埋もれてしまうか、氷粒まじりの強風に叩かれる。春と夏には照りつける太陽でカラカラに干上がり、わずかな雪解け水で命をつなぐのである。木の成長が可能なのは、1年のうちわずか数週間にすぎないという。こうしたストレスにより、ブリッスルコーンの体内時計は、生存に必要なぎりぎりのところまでペースを落とす（盆栽の場合もストレスによって同じ効果がもたらされるが、こうして人為的に新しい根と芽を出すことによって半永久的な不死になるという）。実際のところ、最年長のブリッスルコーンは、生と死のはざまを漂っている。幹が死んでもなお、残った枝が何千年も生き続けるのだ——根までつながったひとすじの樹皮を頼りに。

長寿者｜めぐりゆく生命　75

シュールマン博士が年輪による年代測定で新たな発見をしたことで、それまで放射性炭素で年代測定をしていた考古学者たちは、100年単位の計算ミスをしていたことが明らかになり、大きなショックを受けることになった。たとえば、3500年前のものといわれていたアイルランドの巨石遺跡は、それをさらに500年遡ることが証明されたのだ。

　シュールマン博士の研究はまた、ある悲劇を生むことにもなった。ユタ州で地理学を勉強していた学生が、博士が見つけた長老の木よりも高齢のブリッスルコーンを見つけてやろうと思い立ったのだ。彼は実際に、ユタとネバダの州境にまたがるスネーク山脈で、樹齢が4900年にもなる木を発見。だがそのとき、人から借りて使っていた穿孔機が木の中で折れてしまったのだ！どうしても穿孔機を取り出せず困り果てた彼は、地元のレンジャーからその木を伐り倒す許可をとりつけてしまう。かくして世界でもっとも長寿だった木は、今やネバダ州にあるカジノに飾られる、幹の輪切りを残すのみである。

　2000年10月の凍てつくような寒い日に、わたしはシュールマン博士のメトセラの小道に向かっていた。ピクニック気分どころではない。標高3000mの薄い空気にあえぎながら、14kgもあるリンホフ・カメラと三脚をかついで、小石だらけの凍りついた斜面を8km登るのだ。だがもちろん、その甲斐はあった。ねじ曲がった枯木の上に月がのぼった。そのときのわたしは、ドイツロマン派の画家フリードリヒが幻想的に描いた『月を眺める二人の男』のかたわれのように見えたことだろう。

　しかし、どれが例の長老なのだろうか。賢明なことに、当局はそれを秘密にしている。わたしは自分なりに目星をつけたが、それも秘密にしておこう。地理学の学生に知られると、まずいことになるかもしれないから。

73ページ：もっとも高い地点、標高3444mにある最大のブリッスルコーン・パイン。仲間のなかで、一番若い木でもある。

74,75ページ：メトセラの小道。この中に、世界最長寿を誇るブリッスルコーン・パインがある。ただし、どの木が最長寿なのかは公表されていない。

右：右側の木が枯れたのは、1000年前あたりか？　死してもなお、不屈の精神が宿っている。

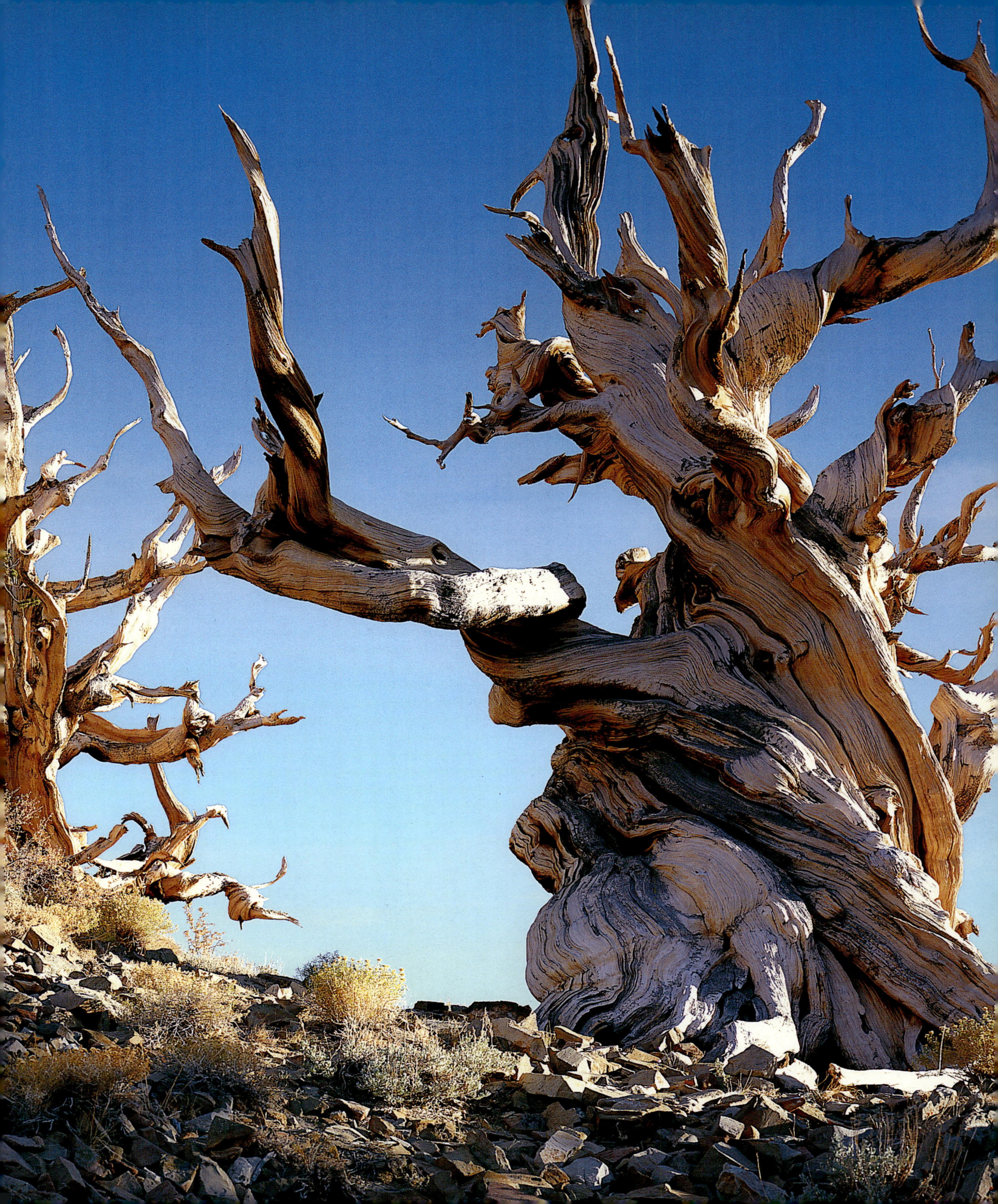

クヴィレッケンとグリーンマン

The Kvilleken and the Green Man

　トウヒとマツの若い森が細長くのび、湖が点在する美しい風景が通りすぎていく。わたしは夏のスコールに追われるようにして、スウェーデン南部のスモーランド地方を車で飛ばしていた。ヨーロッパ最大の幹周りを誇るイングリッシュ・オーク（ブナ科コナラ属の広葉樹 *Quercus robur*／別名ヨーロピアン・オーク）に会いにきたのだ。このチャンピオンの木は、赤い瓦屋根の現代風な農家のそば、大きな岩がゴロゴロ転がった囲い地の中に立っていた。ここは偉大なオークを見にやって来るわずかな観光客だけを相手にしているようなぱっとしない牧場だが、訪れる観光客に自家栽培したお茶を入れてあげれば、生計が立つのだ。

　クヴィレッケンは、チャンピオンといっても数字のうえだけで、圧倒的なスケール感や神々しさはない。確かにヨーロッパ最大の幹周り14.2mを誇るオークではある。が、その高さを超えると幹は急に細くなる。体積という点でも、今までイギリスやフランスやドイツで見たオークの大樹のような大きさはなかった。ただ、昔はたいそう美しかったに違いない。現在は首のまわりにさびた鎖が巻かれ、頭のてっぺんからつま先まで空洞になった、崇高な遺跡といった趣がある。何十年も前に嵐で高い所の枝のほとんどがもぎ取られ、心ある専門家が鋼鉄の鎖で応急処置をほどこしたのだろう。だがこのような処置は、長期的には悲惨な結果を生むことが多い。成長を続ける生木に鎖が食いこんでしまうからだ。それでもクヴィレッケンはしごく健康そうで、しかも確かな繁殖力を保っていた。わたしが訪れたのは8月だったが、いくつかの枝には丸々としたどんぐりが実り、枝には青々と葉が繁り、撮影準備をしている間、風にゆられてざわめいていた。心なしか、ポートレートを撮られることを喜んでいるように思えた。

　ところで、幹の空洞にひそんでいるのは、古代ヨーロッパの森の豊穣神グリーンマンではないだろうか（右ページの写真）。わたしの目の錯覚かもしれないが、この異教の神が微笑んでいるように見えた。

　驚くべきことは、クヴィレッケンがかくも大きく育ち、長生きしていることだ。樹齢は750年程度、ノルマンディー地方のアルヴィルにあるオーク礼拝堂と同じくらいだろうか。だがこの石だらけの土地は、アルヴィルとは比べものにならないほど痩せている。その昔、オークの木は、土壌の豊かさを測る目安として利用されていた。オークが立派に育てば育つほど、その土壌は肥沃で厚いというわけだ。それを考えれば、クヴィレッケンはこの貧弱な土地で、なんとも立派に育ったものだ。

　いや、単に、肥沃な土地で育ったオークの大樹は、農地の拡大や森林管理のために、伐り倒されてしまっただけなのかもしれない。だとすればクヴィレッケンは、その種子がたまたま痩せた土地に落ちたために運よく生きのびたことになる。どうかこのグリーンマンが長生きしますように。

上：スウェーデンのクヴィルにあるオーク。ヨーロッパ最大の幹周りを誇るが、それ以外の点では……。

右ページ：古代ヨーロッパ（ケルト）の森の豊穣神、グリーンマンが幹の空洞からのぞいている。

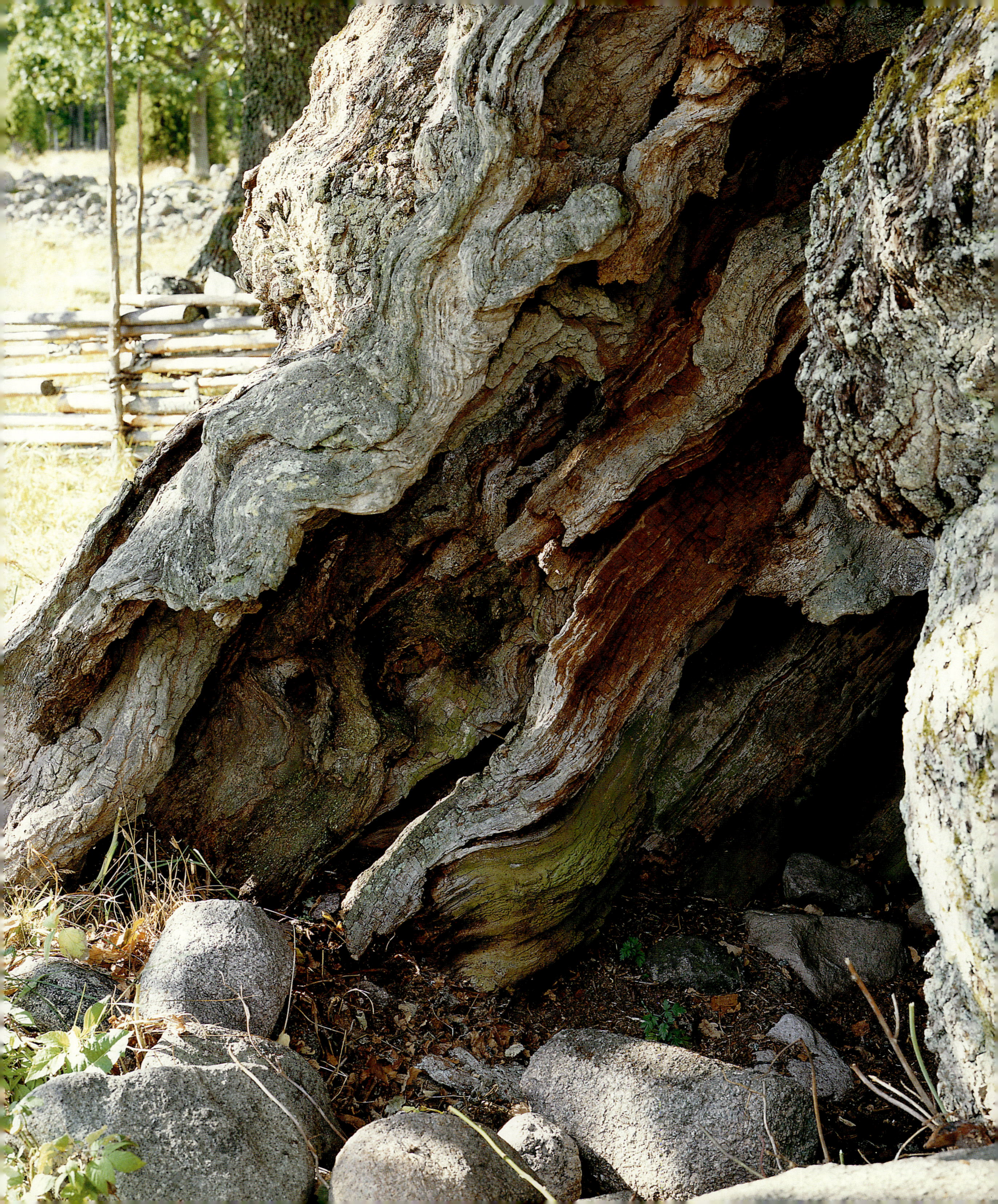

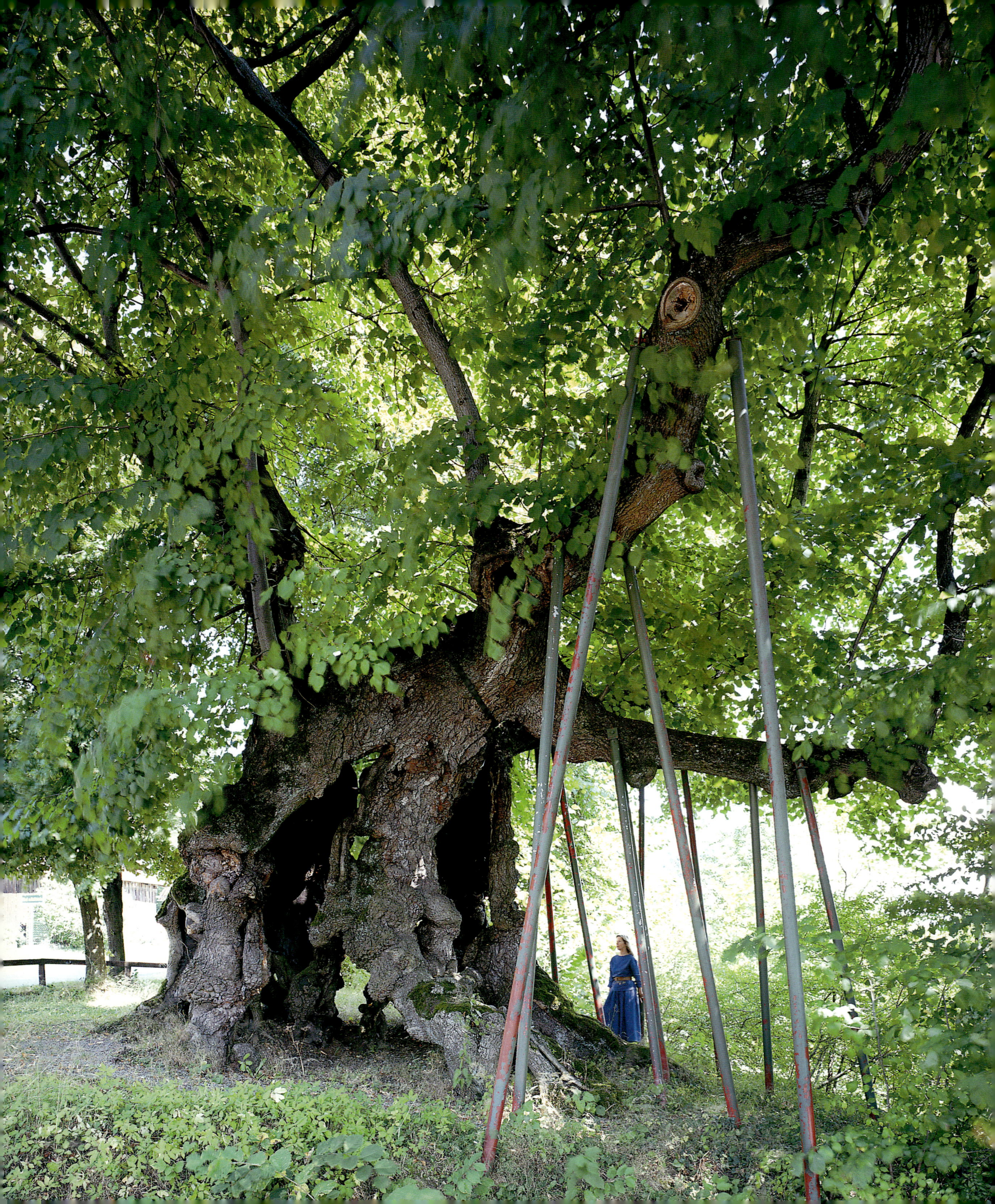

騎士パルチファルと聖杯

Parsifal and the Holy Grail

ドイツ南部のバイエルン州、レーゲンスブルクの北東にあるリート村の草地には、ナツボダイジュ（シナノキ科シナノキ属の広葉樹 *Tilia platyphyllos*／リンデンバウムの一種）の大きな老木が堂々と立っている。中が空洞になった幹の周りは、78ページのクヴィレッケンよりさらに太く、16m近くになる。クヴィレッケンもそうだが、同じ種のなかではもっとも太いチャンピオンに違いない。しかも、ただ太いだけではない。わたしがこれまで目にしたなかで、もっとも美しい木のひとつなのだ。

人と同じように木の世界でも、969歳まで生きたユダヤの族長メトセラのような長寿と、ギリシア神話に登場するトロイアのヘレネーのような不死の美しさを兼ねそなえたものは、めったに見られない。リート村のリンデンバウムは、その輝かしい例外だ。わたしが撮影したのは、2000年8月の朝だった。洞のある古い幹から、涌きでる泉のごとくあふれんばかりにのびた若枝が、朝日に輝きはじめていた。そのうえ、幹のなんと優雅なこと！ ルネッサンス初期にウッチェロが描いた青いドレスのお姫さまをねらうドラゴンがいれば、さぞ似合ったことだろう。

地元の歴史家たちはこの木の樹齢が1000年になると考えているが、わたしもその可能性は十分あると思う。リンデンバウムの仲間は、木材としてはやわらかすぎて耐久性に欠ける（そのやわらかさゆえ、イギリスの木彫家グリンリング・ギボンズは、花や果実や女神を彫るのにこの木材を好んで使った）のだが、この樹種の再生力には目を見はるものがあるからだ。30年前の嵐で多くの枝を失ったにもかかわらず、立派に再生している様子を見れば納得できる。もしオークの老木だったなら、そんな芸当をやってのけるだけのエネルギーは残っていなかっただろうし、長生きで知られるほかの樹種、たとえばプラタナスやヨーロッパグリなどは、古い幹のそばに新たな幹を生やすだろう。このリンデンバウムの仲間は、軽々と自己再生をやってのける。

この木に「ヴォルフラムスリンデ」というなんとも格調高い名前がつけられたのは、もう1世紀以上も前のことだ。聖杯伝説の騎士を主人公とする叙事詩『パルチファル』を書いた中世の吟遊詩人、ヴォルフラム・フォン・エッシェンバッハのリンデンバウムという意味だ。彼は、近くにあるハイトシュタイン城に長く滞在していたのだが、そこで魅力的な女城主、マルクグレフィン・フォン・ハイトシュタインと恋に落ちた。『パルチファル』を含めて、彼の叙事詩の多くは彼女に捧げられたものだという。そしてバイエルンの人々は、叙事詩のいくつかがこのリンデンバウムの下で書かれたと信じている。

先ほど書いた、ウッチェロのドラゴンのことは撤回しよう。青いドレスのお姫さまをねらうドラゴンは、この木には似合わない。必要なのは、ヴォルフラムの叙事詩をもとにしたワーグナーの歌劇の主人公にして聖杯探求の旅を続ける騎士パルチファルだ。きみの探求は終わりだ、パルチファル！ 聖杯は、この木の下に埋められている。

左：バイエルン州リート村にあるナツボダイジュ。ヴォルフラムは、この木の下で叙事詩『パルチファル』を書いたのだろうか。

ジュリアス・シーザーと
同じ時代を生きた木
They Say You Knew Julius Caesar

　イタリア領チロルにある「最後の谷」(イタリア語でヴァル・ドゥルティモ)は、絵葉書そのままの美しさだった。6月も終わりだというのに、アルプスの牧草地は野生の花々で輝いている。眼下に広がる平野部にある街の喧噪に慣れた耳では、森のさざめきを聞きとるのに、少し耳をすまさなければならなかった。明るい緑のカラマツのささやき、濃い緑のトウヒのつぶやき。静けさを破るものといえば、時折聞こえてくる、牛の首に付けられた無邪気な鈴の音くらいだ。

　わたしは2001年の快適な夏の日に、メラーノを出発して「最後の谷」に向かった。かねてから一目おいていたイタリア人の専門家が、谷で最後の村サン・ゲルトルーダの近くに、ヨーロッパでもっとも古い3本のカラマツ(*Larix decidua*)があると教えてくれたのだ。正確な樹齢もわかっていた。なんと2085年だという。ジュリアス・シーザー(紀元前100～44年)と同じ時代を生きたことも驚きだが、正確な樹齢が判明しているヨーロッパ中のあらゆる樹木のうち、群を抜いて最長寿の木ということになる。

　3本のカラマツは、急な斜面に身を寄せあうようにして立っていた。100mほど下には、牛舎と納屋をそなえた農家がある。村の人々は自分たちの太古のカラマツを誇りにしており、こころよく道を教えてくれた。しかし小さな牧場と国有林からなるこのアルプスの一帯で、古木といえるような樹木を見かけることは非常に珍しいのだ。このカラマツの兄弟が伐採を免れたのは、牧場を雪崩から守るためだった。もともと4本のカラマツがあったのだが、70年前にそのうちの1本が風で倒されてしまった——あるいは伐採されたか、燃えてしまったか。いずれにせよ、残された切り株の年輪をどこぞのだれかが数えたところ、全部で2015あったそうだ。これが、残る三兄弟の樹齢の根拠である。2015に70を足せば、なるほど2085年になるというわけだ。

　3本のうち最大の長男は幹周りが6m近くになる大木で、発育状態も一番よい。幹の一部は空洞になっているが、まだ上の方には細い若枝がいくつものびている。次男は樹冠の一部を失っているが、ちょうど膝元のあたりから、若いカラマツが育ってきている(その木から生まれたに違いない)。まるで母親の腹袋から顔をのぞかせたカンガルーの子供のようだ。いちばん小さい末っ子は、腐食が進んでいる。幹の空洞の中に座って上を向くと、煙突の底から見上げたように、青い空を望むことができた。

　これらの木は確かに立派な古木といえるが、本当にいわれているほど古いのだろうか。それとも、専門家が山人(やまびと)の冗談にだまされたのか。樹齢の根拠といわれる4本目のカラマツの話には、どうもひっかかる点が多すぎる——空洞だらけなのだ。年輪を数えたのはだれなのか。本当に、1930年に年輪を数えたのか。なぜ、記録を文書で残しておかなかったのか。それに、4本目の幹にもほかの兄弟と同じように空洞ができていたとすれば、どうして年輪を数えることができたのか。

　わたしはヨーロッパの各地で、古いカラマツを何本も見てきた。オークやヨーロッパグリ、とりわけイチイと比べると、カラマツは腐食するのが早いので、300歳でも大変な高齢なのだ。

　このカラマツ三兄弟は、確かに驚くほど古いと思う。正真正銘、奇跡的な存在だ。しかしわたしの推測では、ジュリアス・シーザーというよりも、ルネッサンス時代を生きたチェーザレ・ボルジア枢機卿(1475～1507年)の時代に近い。樹齢は、いわれているものの4分の1ほどだろう。

右:ヴァル・ドゥルティモにある3本のカラマツ。ジュリアス・シーザーの時代ほど古くはない。

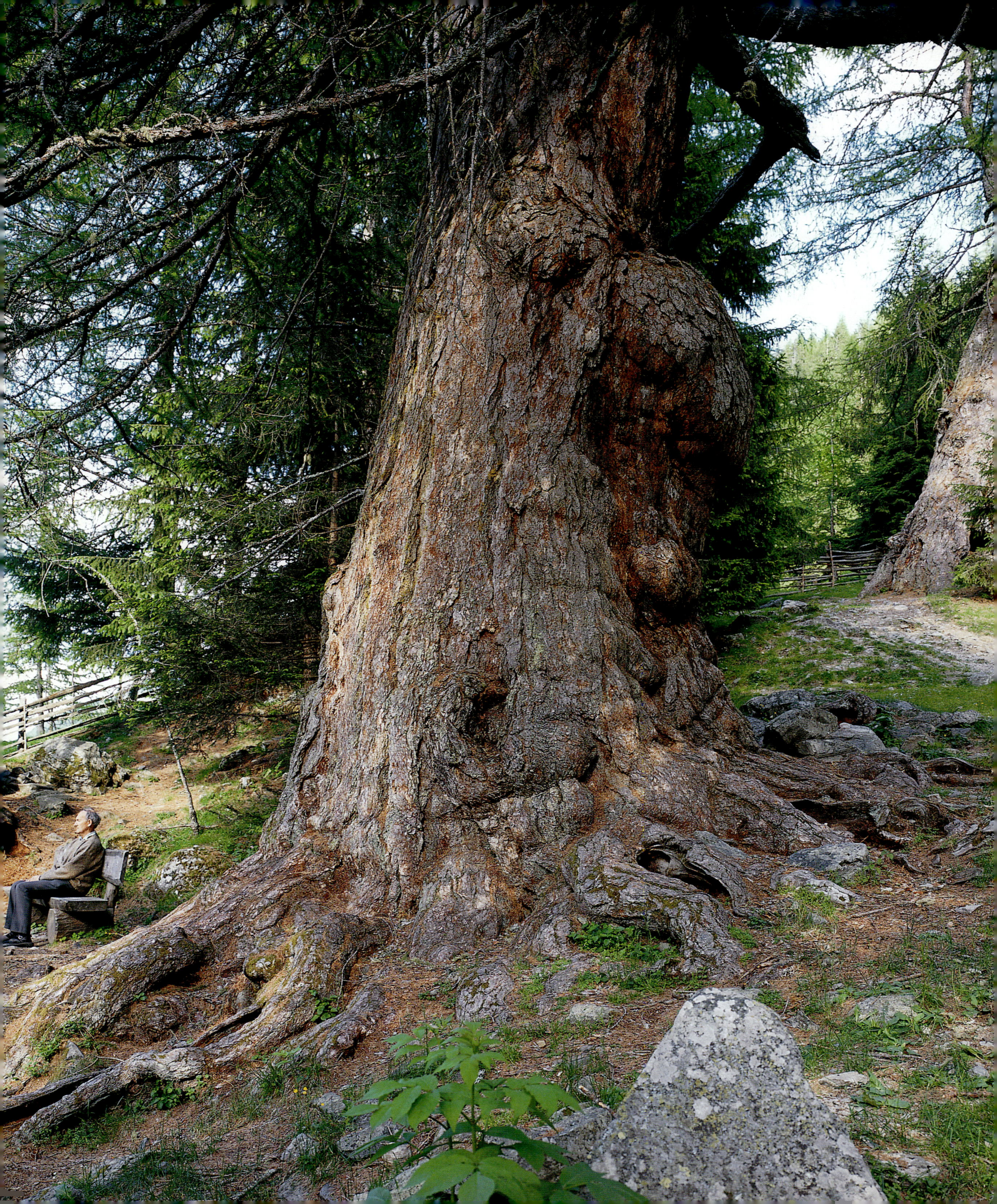

裁きのオーク

Justice under the Oak

　百科辞典の編纂にもたずさわったスコットランドの園芸家ジョン・ラウドンは、1838年に全8巻の大著『ブリテンの樹木と灌木』を出版した。その中で、16世紀の詩人グージが残した文章を引用して、ドイツ北西部のヴェストファーレン地方に一番低い枝までの高さが40mにもなるオークがあった、と述べている。さらに幹周りが27mを超えるオークもあったという。

　まるでユニコーンが出てくるおとぎ話のようではないか。樹高にせよ幹周りにせよ、ヨーロッパに現存する樹木には、それに近いものすらない。とはいえ、ヴェストファーレン地方は数々の高貴なオークが生まれていることで知られ、とりわけ有名なのが、エルレにあるフェーメ・アイヒェ（裁きのオーク）だ。

　この木がもともとゲルマン神話の（カラスを従者としていた）主神ヴォータンを祭る社だったと考えているものもいる。当地の老人たちは、現在もこの木をラーベン・アイヒェ（カラスのオーク）と呼んでいる。13世紀、神聖ローマ皇帝がヴェストファーレン地方にフェーメと呼ばれる地方裁判制度を設けた。自ら任命した代理人たちにより、敵対者たちを密かに裁判にかけるためだった。やがてこの不吉な慣習も廃れ、19世紀になると、すでに完全に虚ろになった裁きのオークは、祝典の場にふさわしいと考えられるようになった。1819年には、プロイセン皇太子が完全装備の歩兵30人にこの木をくぐり抜けさせ行進させたという。

　2000年7月、わたしはよく晴れた朝にエルレを訪れた。今ではなんの変哲もない郊外に立っているその木に、うす気味の悪い印象を受けた。1892年の記録によると、たるんだ下腹あたりの幹周りが12.5mあったという。当時で樹齢は1200年と推定され、ドイツ全土でもっとも古いオークとされていた。その下腹はすでになく、ボロボロの樹皮に覆われ、いくつもの支柱によってなんとか支えられている。それでも、複雑にねじれた枝々には緑の葉が繁り、たくさんのどんぐりが実っている。しかも、頭蓋骨のような幹と鉤爪のような枝からは、今でも異教的な恐ろしい雰囲気が漂ってくる。自分の命がかかった裁判を受けるとしても、この場所でだけは勘弁願いたいところだ。

上：ヴェストファーレン地方、エルレにあるオーク。正義のオークか、カラスのオークか。

右ページ：フェーメ・アイヒェの、恐ろしげな枝のようす。

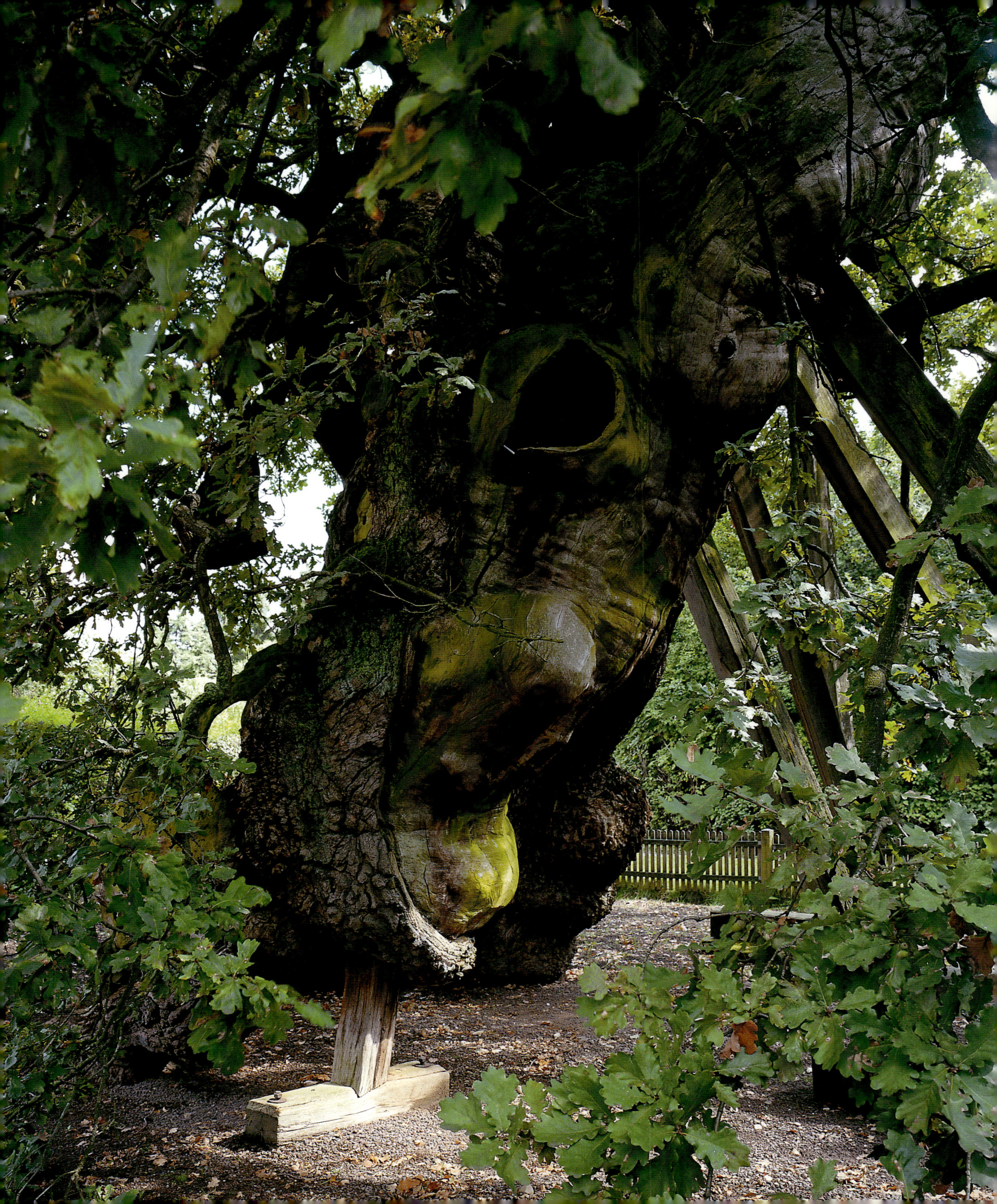

ドラゴンは新しい頭を生やしたのか？
Did the Dragon Grow a New Head?

テネリフェ島（アフリカ北西岸沖にあるスペイン領カナリア諸島最大の島）北部沿岸の町、オロタバに自生していたリュウケツジュ（リュウゼツラン科ドラセナ属の常緑樹 *Dracaena draco*）の大木が失われた。スペインのコンキスタドールたちがルネッサンス初期にこの島を征服して以来、何世紀にもわたって有名だった木である。わたしの心は沈んでいたが、160年前に描かれたある銅版画を手に入れると、思わず胸が高鳴るのを感じた。

右の銅版画と、次ページの写真を見くらべてほしい。この2つは、同じ木ではないだろうか。

オロタバのリュウケツジュの銅版画は、1840年頃に作成されたもの。わたしの写真は、2002年2月にオロタバに近いイコッドという町で撮影した。この木は現在、テネリフェ島の見どころのひとつにもなっている。このオロタバの木を描いた銅版画は、もうひとつ存在していた。アレキサンダー・フォンボルト男爵が、以前に描いたスケッチをもとに、1809年に発表したものだ。男爵は、オロタバにある樹齢6000年という巨大なリュウケツジュのみやげ話をたずさえ、長い旅から帰還したという。男爵の銅版画はかなり不正確だったようだが、その木が巨大だったことは間違いない。高さ18.3m、胸高の幹周りが10.7mあったといわれている。わたしが手に入れた1840年の銅版画は正確に描かれているようで、わたしの写真と奇妙なほどよく似ている。背景の離れ家、ヤシの木が点在する庭園、谷の向こうに見える険しい山々。これらはみな、同じものではないだろうか。リュウケツジュそのものも、よく似ている。いずれも滅びゆくモンスターといった風情で、銅版画の方には喉元に深い裂け目があり、写真の方も喉元に大きな傷跡がある。

問題は、最初の木、つまりフンボルト男爵がスケッチした木が、1860年代後半に嵐で倒れてしまったという事実だ。だから、わたしがイコッドでレンズにとらえたのは、別の木のはずだ。それとも、倒れた木がギリシャ神話に出てくるヒュドラーのように、嵐の後で新しい頭を生やしたのだろうか。これは、ワクワクする——いや、頭がクラクラするような仮説だ。

いずれにせよ、イコッドのリュウケツジュは、幹周りが9mにも達する大木だ。ただし、厳密にいうと木ではない。ほかのリュウケツジュと同じように、樹皮の下には同心円状の年輪は見られない。幹のように見えるのは、いくつもの根がパイプの束のようになっているためだ。リュウケツジュは、テネリフェ島を含むカナリア諸島と北アフリカに分布するが、ドラセナ属には60種の仲間がある。近縁種は、イエメンのソコトラ島やアフリカ南部に分布している。いずれの種も、血のように赤い樹液と鉤爪のような枝をもつ。雌のドラゴンを意味する属名がつけられたのは、そのためだ。

リュウケツジュは、どれくらい長生きするのだろう。フンボルト男爵は、樹齢6000年というとんでもない当て推量をして、もの笑いの種になってしまった。聖書にいう天地創造よりも古いことになるからだ。現代の植物学者たちによれば、この古木の寿命は600年くらいが限度だという。では、フンボルト男爵の木は、本当に新しい頭を生やし、わたしのカメラの前でポーズをとってくれたのか？

テネリフェ島から帰る途中、さらに調査をしたところ、謎が解けた。フンボルト男爵の木は、オロタバの町から5km東にある、同じ名前のオロタバ村にあったのだ。イコッドは、オロタバの町からおよそ16km西にある。仮説は仮説に過ぎなかったが、まあ、こんなこともある。

上：テネリフェ島、オロタバのリュウケツジュ。1840年に描かれた銅版画。

右ページ：テネリフェ島、イコッドに現存するリュウケツジュ。

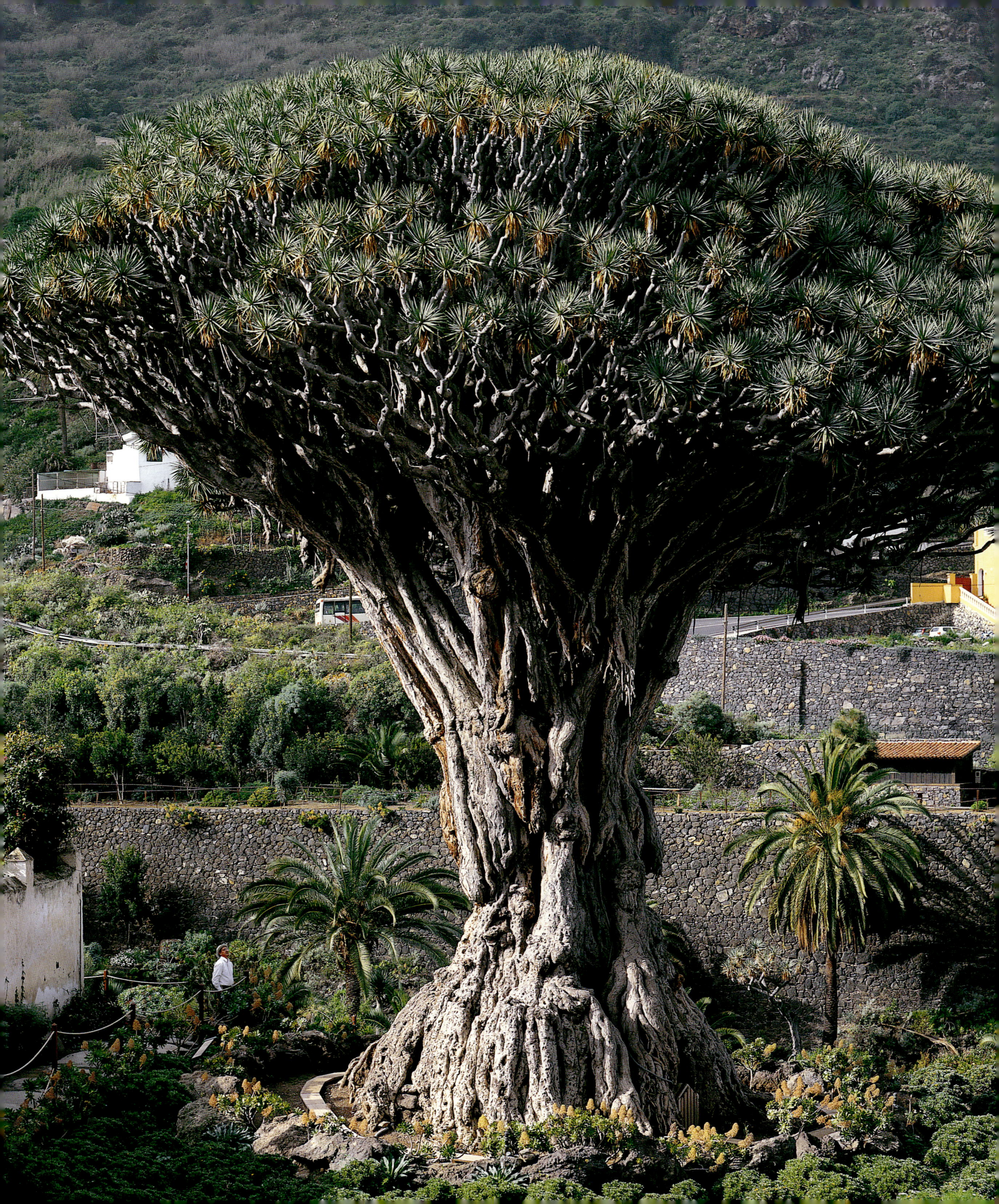

聖なる木
SHRINES

木は素晴らしい生き物だ……
斧をふるって伐り倒そうとする者にさえ
木陰をつくってやるのだから。

ブッダ （スリランカ、キャンディーの森林保護区の門扉に刻まれた言葉）

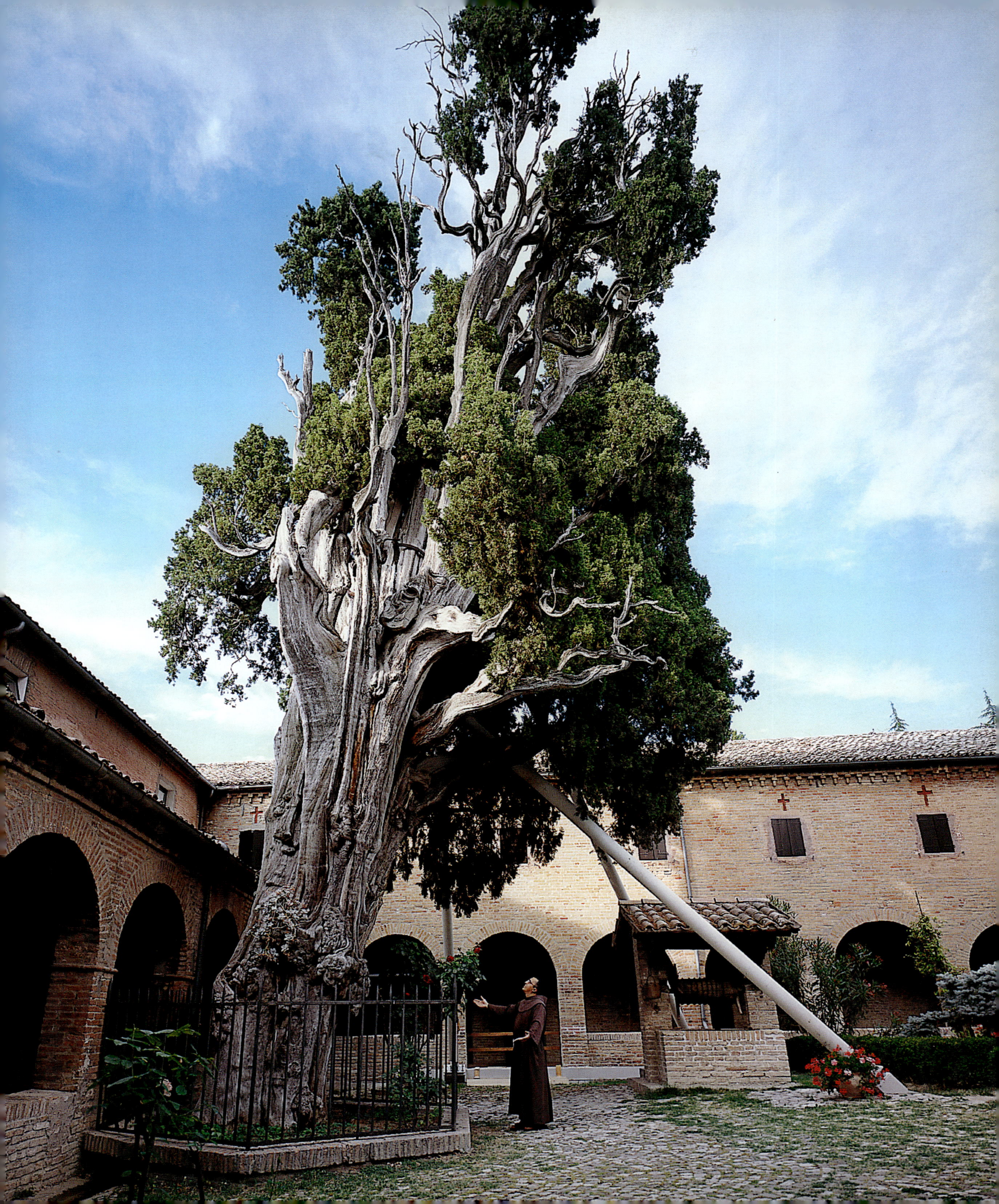

斜塔の起源は杖
First a Staff, Then a Leaning Tower

「古いイトスギのところへ行き、その木の下に立ちなさい」。聖フランチェスコが神の声を聞いたように、わたしにもそんな声が聞こえた気がした。イタリア東部海岸のリミニから8kmほど内陸に入ったところにヴェルッキオという町がある。わたしは、そこにあるフランチェスコ修道会の教会を訪ね、中庭の古いイトスギ(ヒノキ科の常緑樹 *Cupressus sempervirens*)の下に立ってみようと思い立った。この木はピサの斜塔のように傾いているのだが、危険はまったくない。30年前、大嵐に襲われたこの木は、今にも倒れそうなほど傾いてしまった。それが2000年12月、その地方の心ある建設会社が好意でクレーンを持ちこみ、長さ9mの鉄パイプ3本を支柱にして傾いた木を支え、中庭に固定した。

この木は、だれの目から見ても巨木と呼べるものではない。幹周りだって3mにも満たない。しかしヨーロッパ最古のイトスギのひとつであり、崇高な由来をもつ数少ない樹木のひとつでもある。この木は、1200年頃にアッシジの聖フランチェスコが自ら植えたという言い伝えがある。修道院を訪ねる人々の案内を担当するミケーレ修道士から聞いた話では、なんと800年も昔のことだ。カリフォルニア州の樹齢4000年のブリッスルコーン・パインからみれば、取るに足らない長さかもしれないが、オーク、ヨーロッパグリ、イトスギなど最長寿を誇る樹種も含めて、ヨーロッパの樹木としてはたいへん長寿である。ブラザー・ミケーレ、わたしはその言い伝えを信じる。それほど、この木には風格がある。まるで、老齢の貴族が松葉杖をつき、緑色のガウンを身にまとって痩せた胸のあばら骨をのぞかせながらも、子孫を残そうと果敢に頑張っているようだ(そういえば、枝には受粉のための毬果がびっしりとついている)。

高いところにある枯れ枝で、つがいのハトが夕暮れ時のおしゃべりを始めた。ハトは、聖フランチェスコ修道会の象徴である。ミケーレ修道士の案内で、教会の内壁に描かれたフレスコ画を見る。そこには、1200年、聖フランチェスコがイトスギを植えている場面が描かれていた。この絵自体はかなり新しく、おそらく古い作品を複製したものだろう。ミケーレ修道士は、聖フランチェスコが新しい修道院を創始するためヴェルッキオにやって来た時、彼の理想に共鳴する者たちが樹木を集めてたき火を始めたことを話しだした。

聖フランチェスコは、伐り出したばかりのイトスギの枝で作った自分の杖を、火の中に放りこんだという。翌朝、燃えつき灰になったたき火跡から、フランチェスコの杖だけが奇跡的に焼けずに残って出てきた。「よろしい。燃えたくないなら、生長しなさい」。そう言って、フランチェスコは杖を土に植え、そこが新しい修道院の中心となった。

フランチェスコのイトスギと同様、この修道院もかつては繁栄を謳歌した日々もあった。総勢40人の共同体になったこともある。今では、イタリアでのカトリック信仰の退潮とも相まって、共同生活をしているのはわずか4人にすぎない。しかし、ミケーレ修道士は一向に気にする気配がない。彼は、ハンサムで浅黒い肌(父親がアルバニア出身のトルコ人だそうだ)をしている。現在ヴェルッキオにいるのは自分たち4人だけだが、世界中には23,000人ものフランチェスコ修道会員がいると説明してくれた。彼はわたしのために果樹園でイチジクの実をいくつか拾ってくれた後、暇をみつけて1週間ほど静養に来たらとすすめてくれた。あの崇高な木の下で過ごす1週間。これ以上贅沢な休日をいったいどこで過ごせるだろう。

前ページ：イタリア北部のヴェルッキオにある樹齢800年の聖フランチェスコのイトスギ。「燃えたくないなら、生長せよ」。

右ページ：聖フランチェスコのイトスギの細部。この樹にはやはりハトがふさわしい。

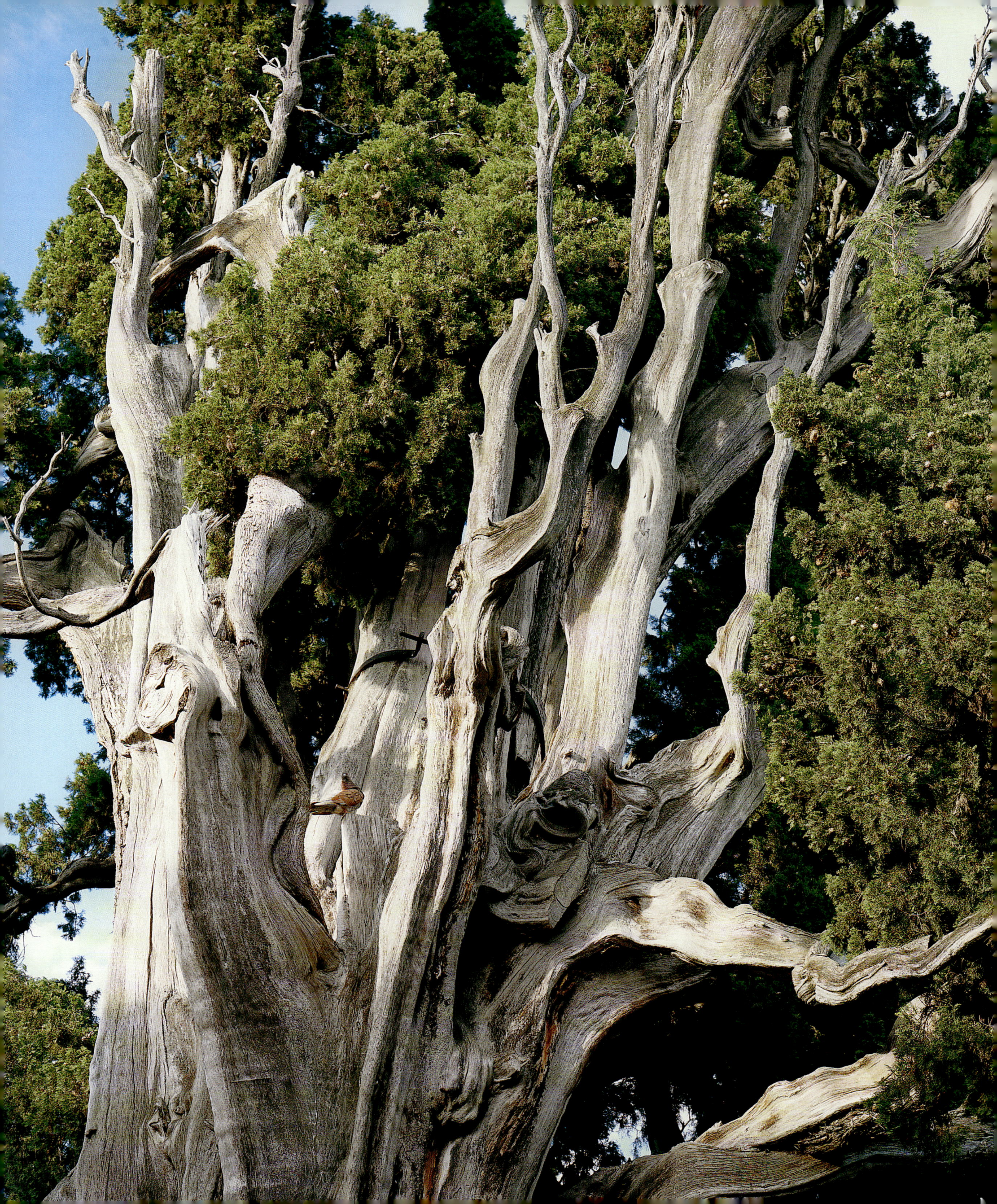

オーク礼拝堂はいかにして守られたか
How They Saved the Chapel Oak

　木が木でなくなる瞬間とは？　答えは、建物になったときである。フランスのルーアンの北西48kmほど離れたアルヴィルのオーク礼拝堂は、17世紀末に有名になった場所である。1696年、地元のデュ・デトロワ神父が、オーク（ブナ科ナラ属 Quercus robur／別名ヨーロピアン・オーク）の木にできた空洞に礼拝堂を造った。2階には隠者のための部屋まで造られた。平和の母、聖母マリアを祭る礼拝堂だったが、まもなく巡礼の地となった。特に毎年8月15日には、聖母マリア被昇天を祝うための儀式がとり行われた。だが、1793年にはこうした神聖な集会もほとんど行われなくなった。この頃、フランス革命後の恐怖政治の時代をむかえたためである。文化革命期の中国で紅衛兵がそうであったように、パリコミューンの支持者たちは組織的な宗教を根こそぎ破壊する権限を与えられていた。意気揚々と司祭館に火をつけ、次の目標としてこの木を選んだ。何かにとりつかれたように叫びながら、この木を目指して行進していたという。「あの偉大なオークの木へ。そして、あの礼拝堂を燃やすのだ」と。

　だが、ジャン・バプティスト・ボヌール校長だけは平常心を失わなかった。かたわらの壁に大きく「理性の神殿」と書いた看板をかかげ、木を守ったのだ。

　19世紀の初頭には、落雷のためてっぺんがすっかり焼け落ち、木の内部も人の手で傷つけられたり自然に傷んだりして、腐っていった。東側の樹皮は、ほとんどがはがれ落ちてしまった。その一方で、てっぺんの折れた部分には十字架のついた小塔をかぶせ、はがれた樹皮のかわりにオーク製のこけら板（板ぶきの屋根に使われる木瓦）をはりつけ、大枝が折れてできた傷口をひとつひとつ覆う保護策も施された。幹の内側の聖母礼拝堂は、1853年から1854年にかけて改修され（ナポレオン3世の皇后ウジェニーからシンプルな聖母の木像が寄贈された）、2階にあった隠者用の部屋は改造されてカルバリー・チャペルになった。1854年10月、ルーアンの大司教は、すっかり化粧直しをした礼拝堂を祝福して、この機会のために書かれた歌詞「神なる汝を」と讃美歌を寄贈した。

天地の創造主はハンマーを使わずに建造した
新しい記念建造物の壁、そして屋根を
この美しい礼拝堂、この聖母マリアを祭る祭壇は
まっすぐに立っている、世紀を経た樹木の中に

　150年の年月を経た今、わたしはここにたたずんでいる。そして、この「世俗的な木」の内側が、現在なんとも立派になったものだと感心していた。1990年代初頭、新世代の人たちが贅をつくしてこの記念建造物を修復したのだ。八角形をした建物の1階にある礼拝堂の内部には、リネンフォールドと呼ばれる布ヒダの彫刻を施した羽目板を新たにはりつけている。縦長の鏡を何枚も使ってたくさんの明かりを内部にとりこみ、天井の八角形の中心にはゴシック風の飾りをつけた。中に入ると、皇后ウジェニーから贈られた聖母像が、祭壇の上から迎えてくれる。わたしは、階段を上って2階の礼拝堂へ行った。なるほど、隠者にとっては、ここは優美すぎて落ちつかないだろう。

　立派な内部にもかかわらず、この木は無情にも衰えつつある。樹齢を知る手がかりとなる文書はどこにもない。しかし、この木が300年も昔からずっと空洞であったという事実から、少なくとも樹齢750年に達しているだろうと推測される（公式の樹齢「1200歳」は、世界中の名だたるオークよりも古く、信じがたい）。極端に年齢を重ねるということは、わたしたち人間同様、木にとっても非常に苦痛を強いられることなのだ。最近では木を痛めつけていた鉄の棒をはずして新しいこけら板をはったり、2本の大きな鉄支柱で支えるなどの工夫がされている。彼らがこの礼拝堂を慈しむ気持ちに対して、わたしも賞賛を惜しまない。しかし、このオークの木にとって生き長らえることの苦痛が耐えがたいものとなったとき、尊厳死が与えられることを願っている。

右ページ：仏ノルマンディー地方のルーアンにほど近い村にあるオーク礼拝堂。ボルトやケーブルで固定され、板をあてがわれている。

IL EST DEFENDU SOUS PEINE D'AMENDE
D'ESCALADER LA BALUSTRADE
DU CHÊNE, D'EN ENLEVER LES FEUILLES
PROCES VERBAL SERA DRESSE POUR LES
CONTREVENANTS
A NOTRE DAME DE LA PAIX
ERIGEE PAR Mr L'ABBE
DU DETROIT CURE
D'ALLOUVILLE en 1696

仏陀の悟りの木からとった挿し木

The Tree from the Tree Where Buddha Sat

　2000年1月、スリランカは内戦に苦しんでいた。タミル人の独立国家を目指すタミル・タイガーが島の北部を制圧し、その自爆テロの標的を首都コロンボにまで拡大していた。わたしの心配は、この島の北中央部のアヌラーダプラにあるインドボダイジュ（クワ科イチジク属の常緑樹 Ficus religiosa）が見られるかどうかということだった。この菩提樹は、あらゆる点からみて世界中で一番信仰を集めている木である。というのも、この菩提樹は、その起源をたどっていくと、仏陀がその木陰で悟りを開いたとされる木からの挿し木にたどりつくからである。それにしても、わざわざこの血みどろの戦争のさなかに、その木を目指して巡礼の旅に出るなど、狂気のさたではなかっただろうか。

　コロンボにいる友人は、心配ないという。確かにヒンズー教徒であるタイガーたちは、仏教支配による圧政の象徴としてこの木を爆破するつもりだった。だが、今は政府軍が当地の支配権を掌握しており、現地を訪問するならこの1月をおいてほかにないというくらいタイミングがよかった。

　わたしは命知らずの友人とともに、現地のタクシーに乗って出発した。スリランカを1日かけてドライブして命に別状ないとわかれば、テロなど気にならなくなるというものだ。2日目にアヌラーダプラに着いた。なるほど、確かに現地は政府軍の支配下にあった。わたしたちは、タクシーを降りてさらに1～2km歩かなければならなかった。途中、政府軍の検問を通るたびにやっかいな交渉をしなければならなかったが、寺院へと通じる境内を取り囲むハチミツ色の屋敷塀までようやくたどり着いた。監視兵は、わたしたちの入場を許してくれた。

　仏陀が紀元前6世紀にその木陰で悟りを開いたという菩提樹は、インド北部のガンジス川のほとりにあった。やがてその元木は枯れてなくなったが、紀元前2世紀、元木が枯れる前に、仏教に改宗したスリランカの王女が枝を切り取り祖国に持ち帰っていた。アヌラーダプラのインドボダイジュは、国民を改宗させるべく帰国した王女がそこに植えたものだそうだ。学名 Ficus religiosa（くしくも religiosa は「尼僧」を意味する）をつけられたこの樹種は、世界中の仏教徒の信仰を集め、その枝を薪にすることさえ禁じられている。

　わたしたちは監視兵の前を通って境内に入った。そのとたん、大きな失望を覚えた。古くも美しくもない赤い瓦の寺院のそばで、ただ経文が書かれた旗がはためき、お祭り気分を出しているにすぎなかったからだ。ひとりの老人が壁にもたれて経典を唱えていた。巡礼者の一団がわたしの相棒に、薄紅色のハスを差し出した。それにしても、世界中でもっとも信仰を集める木は、いったいどこにあるのだ。階段（写真右側）を上がってゆくと、樹齢200年そこそこと思われる幹が無数に伸びているのが目に入った。それらの幹の根元は、建物のコンクリート台座にかくれて見えない。本当に、これがあの仏陀の木から切り取って植えられた聖なる木なのだろうか。それとも、挿し木の挿し木、そのまた……。きっとそうだ。仏陀の恵みを授かったのは木の根っこなのだ。この世に生きとし生けるものすべてと同じく、この根もまた、仏陀により新しい幹を永遠に再生させるという恵みを受けたに違いない。

　境内の外では、インドボダイジュの若木がハチミツ色の塀をつたって上方に伸びていた。その幹の周囲で、何匹かの猿が追いかけっこをしていた。そして、わたしたちは当地に着いて初めて1頭の虎をちらと見かけた――いや、とてもとてもかわいいネコが、その根っこの木陰でこちらを見つめている姿だった。

右ページ：スリランカのアヌラーダプラにあるインドボダイジュ。紀元前3世紀より仏教徒の信仰を集めている。

次ページ：参拝者（右側）お供え用のハスをもってこの階段を上ると、インドボダイジュに通じる。

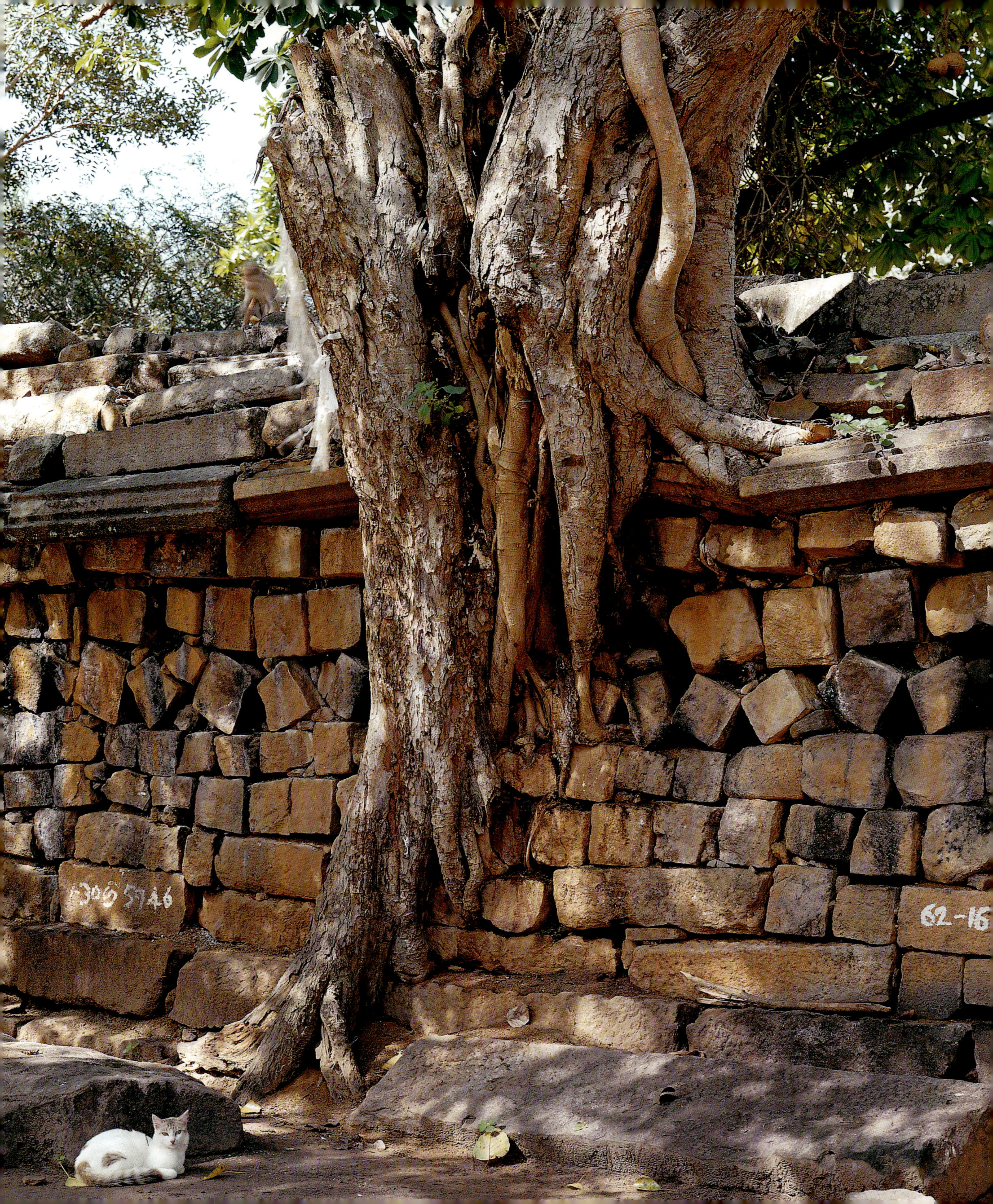
62-16

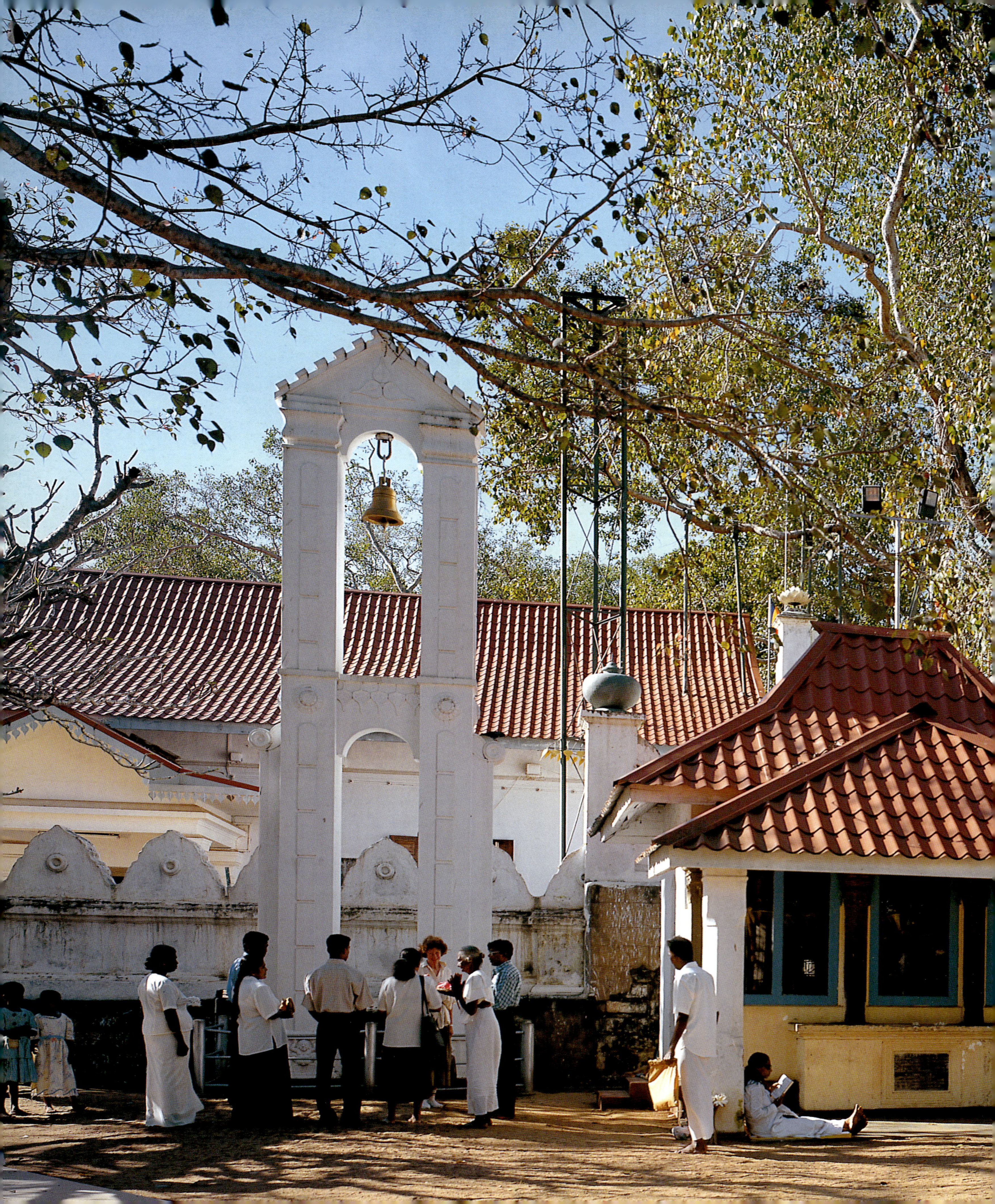

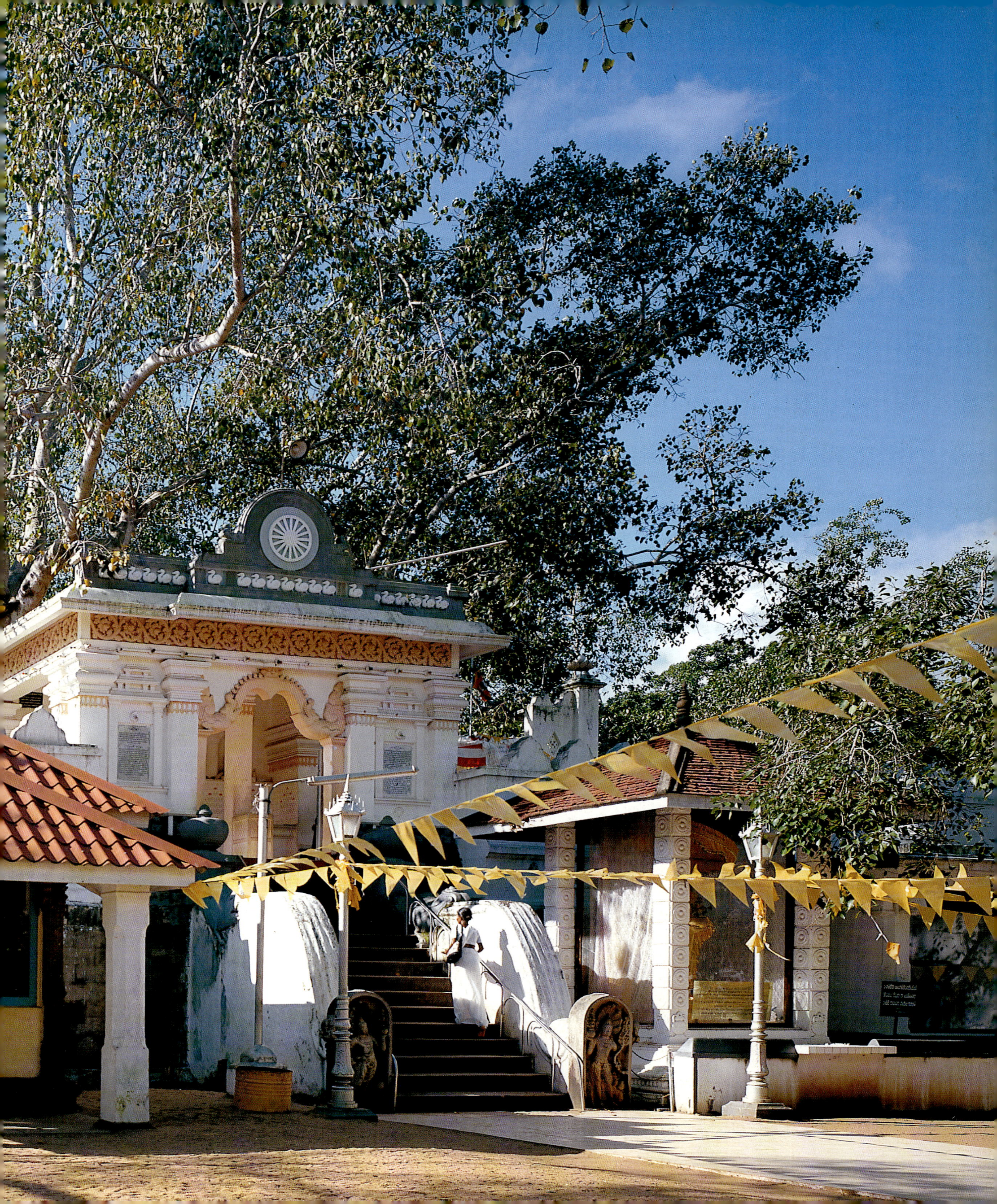

偉大なる医学の父の木
The Tree of the Great Healer

　ギリシアを訪れ、古代の遺物を見て感動したければ、コス島まで足をのばすのがおすすめだ。コス島に着いたら医神アスクレピオスの神殿跡ではなく、「医学の父」といわれるヒポクラテスの木、プラタナス（スズカケノキ科の落葉高木 *Platanus orientalis*／別名スズカケノキ）へと直行するといい。スリランカにある仏陀のインドボダイジュに次いで、世界でもっとも有名な木である。ビザンティン風ドームに覆われたトルコ風の噴水式水飲み場のある、優雅な四角い広場の中で、古くて傷だらけになっているが、その木は毅然として立っている。昔はギリシア風円柱で支えられていたが、数知れない地震で傾き、今では幹全体が大きな緑色の鉄骨枠で囲われている。

　かの偉大なる医学の父ヒポクラテスが、紀元前5世紀にこの木の下に座って弟子たちに医学を教えたと、何世紀にもわたって信じられてきた。わたしもそれを信じることにやぶさかではない。しかしそうすると、紀元前2世紀にはまだ若木だった仏陀のインドボダイジュより300年も古いことになる。そもそもプラタナスは比較的早く腐る樹種といわれているのだ。今では、樹幹のほとんどが古いヒョウタンのような空洞になっている。そのヒョウタンの東側から柵を飛び出して大きな枝が何本も伸びでているし、100年ほど前に西側の1本の枝から取木をした新しい幹が成長し、今では若枝ですばらしい緑のドームを作っている。そうはいうものの、今や空洞の莢と化した親木の樹齢が600年や700年を上回るとは、わたしにはとても思えない。

　仮にヒポクラテスの時代に、そこにプラタナスの木が実際にあったとしよう。もちろん、2500年も生き延びるはずがない。だが、その根は生き延びたのだ。あの仏陀のように、ヒポクラテスもまた、その木に再生の輪廻という恵みを与えたのだ。この古いヒョウタンも、偉大なる医学の祖の木の根から発芽した4世代目あたりだろうか。

　ヒポクラテスの熱心な信奉者たち──それに、コスの人々が飲むあの旨い辛口のギリシアワイン（レツィーナ）のおかげで、わたしはすっかり合点がいった。コスの人々の信じていることは正しい。いずれにせよ、それが間違っているとはだれも証明できない。

右：ギリシアのコス島にあるヒポクラテスのプラタナス。鉄骨枠で支えられている。

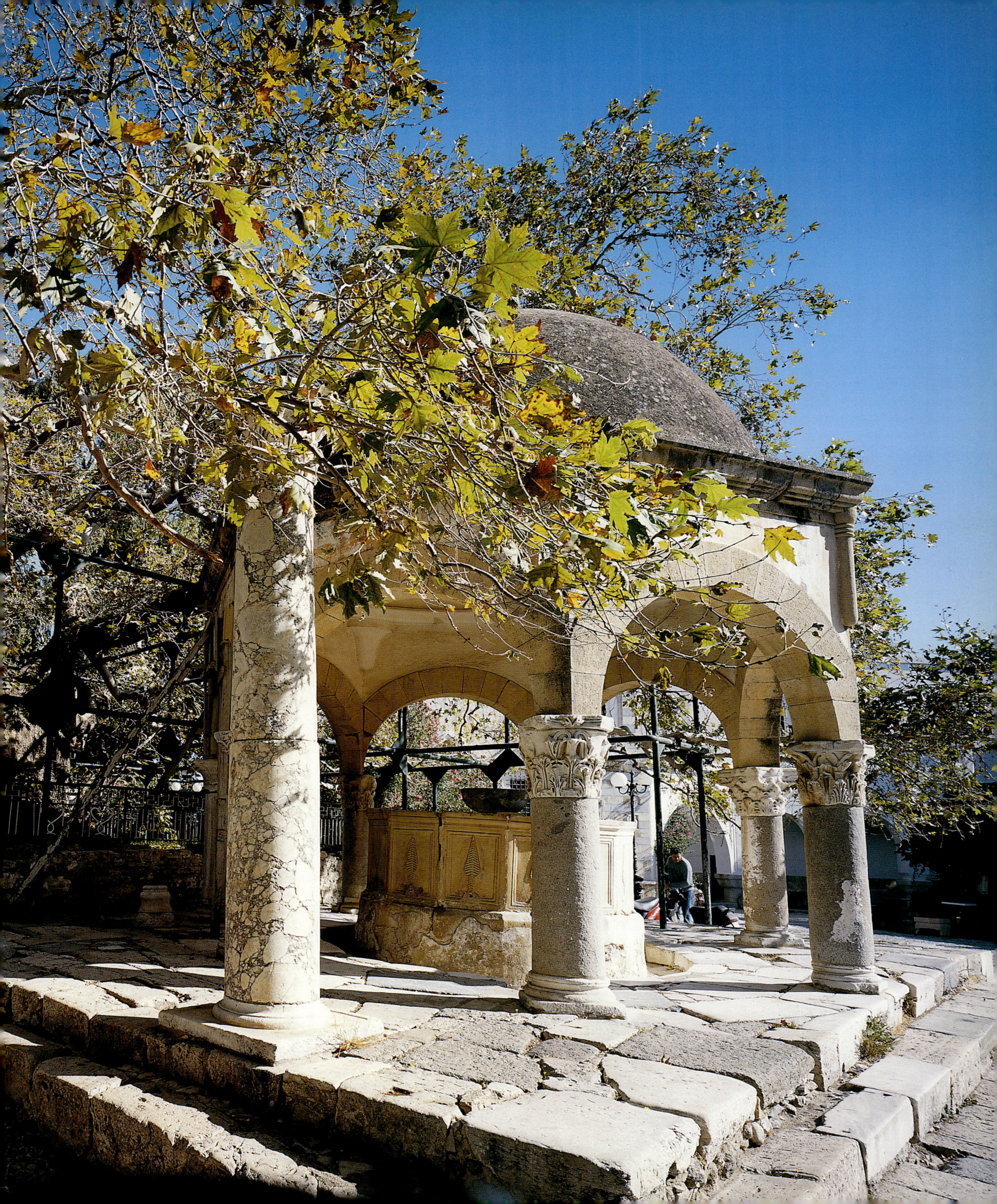

ミツバチには高嶺のユリノキ
Tulips Too High for the Bees

　2002年4月のある晴れた涼しい朝、わたしは、辛抱強い巡礼者たち（もちろん観光客である）がヴァージニア州のマウント・ヴァーノンに眠るジョージ・ワシントンに敬意を表すため、長い列をつくっているのを眺めていた。マウント・ヴァーノンは、ポトマック河畔にあるジョージ・ワシントン一族の私有地で、彼が自らの名前をつけた首都ワシントンの郊外に位置している。ここはアメリカ人にとって、もっとも重要な聖地であり、行楽地でもある。建国の父の家を見るために、彼らは嫌な顔ひとつせず待っている。1～2時間待ってようやく、小さな書斎や、召使いの給仕のもとに妻マーサと一緒に食事をしたダイニングルーム、ふたりが眠った簡素な寝室などを見ることができるのだ。

　しかし、アメリカでチューリップノキと呼ばれているこのなんとも美しいユリノキ（モクレン科の高木 *Liriodendron tulipifera*）に目をとめた人がいったい何人いるだろうか。この2本のユリノキは、ジョージ・ワシントンが1785年、西側の芝生の見栄えをよくしようと植えたもので、今ではその高さは40mを超えている。行列が少しずつ前進してこの2本の木の下を通りすぎるのだが、だれひとりとして見上げる者はいない。ジョージ・ワシントンほど資料も展示物も豊富な英雄はほかにいないというのに、この2本のユリノキの下にはその由来を示すものが何もないというのは実に不思議だ。かの偉人が残した最後の生きた形見だというのに。

　イギリス軍を撃破し、アメリカが自由を勝ちとった後、ワシントンは1783年には軍を引退し、農場主の生活に戻ろうと決意していた（あのローマ時代の英雄キンキナトゥスのように）。彼の望みは、ヴァージニアの起伏の多い4km²の農地で、黒人奴隷にも寛大な農場主として生活を送ることだった。アメリカ軍の最高司令官を務めた8年間、ワシントンはマウント・ヴァーノンに戻ることはほとんどなかった。その彼にもようやくタバコの作付けや牛の飼育、ポトマック川での魚獲り、そしてなんといっても家屋に手を入れ、庭造りをしたり、新しい木を植えるという楽しみが訪れたのだ。しかし、このような引退生活が長く続かなかったことはいうまでもない。首都ワシントンは、彼を必要としていた。大統領の任を預けられる人間が、彼をおいてほかにいなかったのだ。

　2本のユリノキは、ジョージ・ワシントンが権力と政治の世界から遠ざかったわずかの期間を象徴するアメリカ原産の木だ。彼が森から採ってきて植えた木のほとんどは、アメリカ原産である。おそらく近くの野原に自生している野生の樹木を移植したのだろう。それが、彼のいつものやり方だった。わたしは、2本のうち、より健康そうな大きい方の木をカメラに収めた。それは決して巨大とはいえないが、アメリカ本土以外の土地にはこれほど背の高いユリノキはないと思う。まさしく聖地に建つ聖堂ではないか。少なくとも、その価値は十分にあると思う。このユリノキを長寿の木の仲間に入れようというのは、わたしの勝手な独断だといわれるかもしれない。しかし、樹齢215年といえば、庭木としては長寿の部類に入る。わたしとしては、この2本のユリノキがさらに何百年も長生きしてくれることを願いたいが、可能かどうかは、はなはだ疑問である。すでに幾たびもの嵐で幹や枝が傷つきはじめているし、樹皮の表面に小さな穴があくと、その木はすぐに腐ってしまうからだ。

　幸いなことに、建国の父を英雄として崇拝する人たちがこのユリノキの重要性に気づき、苗木繁殖と販売を決めた。しかし、どうやって種子を手に入れればよいのか。ユリノキはあまりにも背が高いので、ミツバチでも受粉できない。それなら、40mのクレーン車を応援に呼んでしまえ！　というわけで、数百万の人がテレビ中継を見守るなか、1匹の"人間バチ"がクレーンで木のてっぺんまで運ばれ、見事に受粉を成功させたのである。

右ページ：1785年にジョージ・ワシントンが米ヴァージニア州のマウント・ヴァーノンに植えたユリノキ。

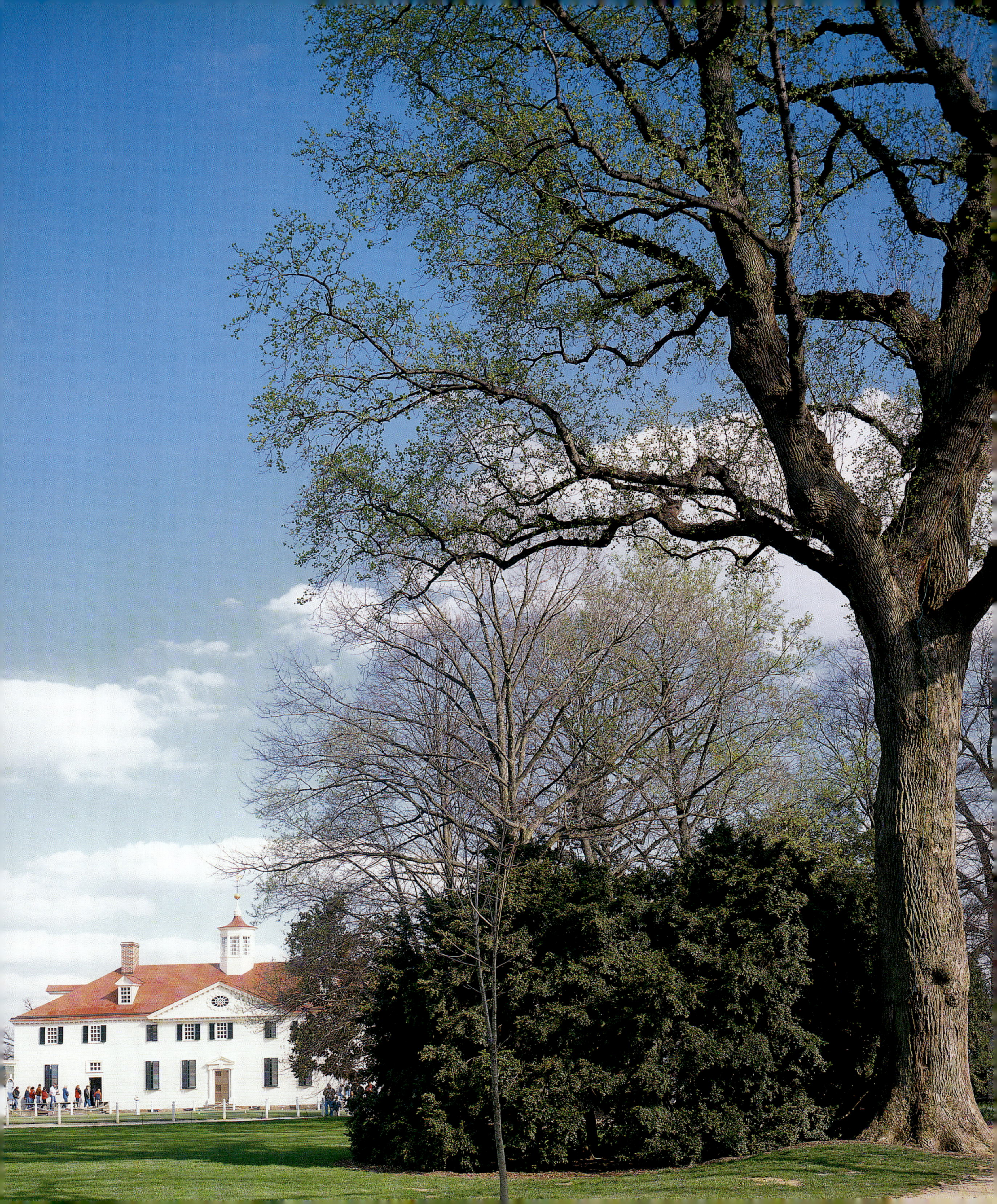

イチジクの木と9人の妻
The Tree with Nine Wives

　マダガスカルを統治した王や女王たちの古都アンブヒマンガ（青い丘）は、最近まで旅行者には閉ざされた聖地であった。木造の王の館、生贄を置くための石、ねじれたイチジク（クワ科の落葉果樹 *Ficus baronii*）、どれひとつとっても厳粛な集会や暗黒の儀式が行われる神聖な場所であった。ある日、王宮にある1本の木が枯れてしまったのだが、その姿があまりにも神聖だったために、伐り倒されず残され、メリナ王朝（1897年フランスの植民地統治により滅亡）の王たちをしのぶ新しいモニュメントとなった。

　こんにちのマダガスカルは、誇り高い独立国家だが貧しい国である。このためか、外国人旅行者のアンブヒマンガ訪問は歓迎される。城砦に向かう途中、毎晩大きな石の円盤をごろごろと転がして入口を閉ざすという有名な門を通過した。

　丘のてっぺんにあるのがアンドリアナムポイニメリナ王（在位1787-1810）の館である。目が暗闇に慣れてくると、間仕切りのない天井の高い木造の小屋であること、料理用の土鍋が部屋いっぱいに置かれ、屋根がおよそ9mあるローズウッドの幹材で支えられていることがわかる。丸椅子が1つと王と妃のためのベッドが置かれている。館の外では、王が裁判を行い神に生贄を捧げた構内に、古代のイチジクが影を落としている。

　わたしは、宮殿のすぐ下の2本の神聖な木のうち背の低い樹齢250年のイチジクを写真に撮った。王が主宰する厳粛な儀式の場では、この低い方を中心に12個の石座が円を描くように並べられ、12人の妻が座った。女子学生のガイドが、イチジクの木になかば飲み込まれてしまった石座のうち、かろうじて残っているものを数えて言った。「ご覧ください。まだ、9人分の空席がありますよ」。

　わたしは、この妃たちと神聖な木がどれほど残忍な儀式を目にしてきただろうと想いをめぐらせた。アンブヒマンガが首都としての機能を果たさなくなったのは1810年。しかしこの丘は、19世紀の最後の10年まで王家の静養地として使われた。ラナヴァローナ女王は、キリスト教に改宗した者を何百人となく火あぶりにした。わたしは宮殿の跡を歩きまわり、フランスがこの地を制圧するまでの数年間、イギリスの残した足跡を探してみた。女王ラナヴァローナ2世の夏の別荘で1つ見つけたのは小さな、むしろ粗末な感じのするマホガニーのサイドテーブルだった。1863年から1883年までマダガスカルにおけるイギリスの権益確保に努めたトマス・パケナム領事（不幸にも、わたしと同姓同名である）が、ヴィクトリア女王の名代として女王ラナヴァローナ2世に献上したものだった。フランス人がマダガスカルを手に入れたのも、無理からぬことだと思った。

右：マダガスカルのアンブヒマンガにある王宮の儀式用イチジクの木。9人の妻の座がまだ残っている。

長寿者｜聖なる木　103

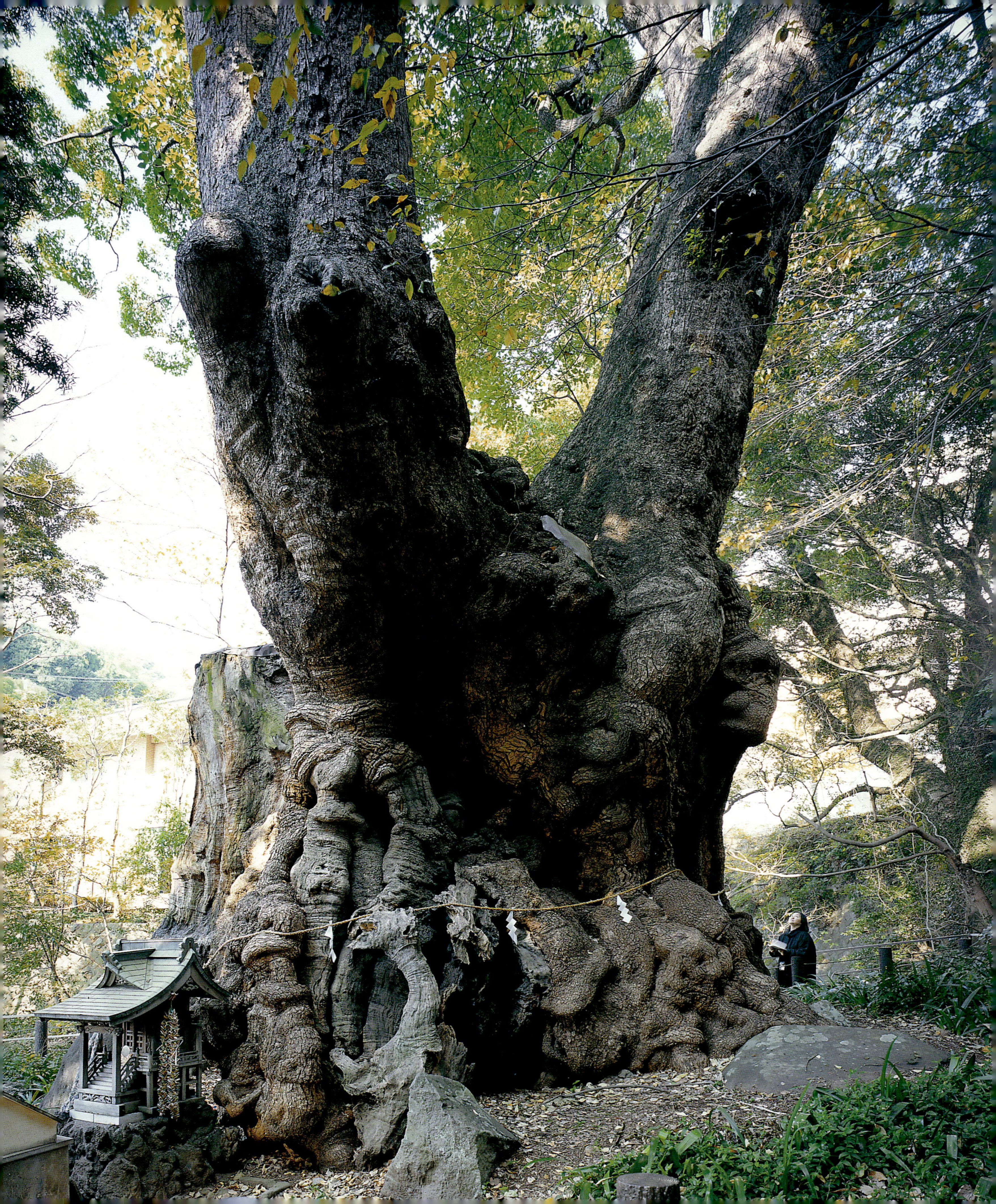

クスノキに深々とお辞儀を
Bowing Politely to the Camphor Trees

耳慣れない18世紀の「シャラワジ」(sharawadgi)という言葉が頭から離れぬまま、わたしは日本へ飛んだ。この言葉は「(いい意味での)ふぞろいな形」という意味だったと思う。石や木に見られる自然界のふぞろいな姿をそのままいかす東洋式庭園について解説するため、イギリスの外交官サー・ウィリアム・テンプルがエピクロスの庭について書いたエッセイの中で使っている。テンプルによる造語だという人もいる。ともあれ、ゆがんだ姿で知られるクスノキ(クスノキ科の常緑樹 *Cinnamomum camphora*)の巨樹を見るために、わたしは日本にやって来た。

クスノキは日本で一番幹周りが太い木である。巨大な常緑樹で、比較的温暖な地域の海岸近くに育つ樹木だ。わたしは、2001年の11月から12月にかけて、驚くほど静かに速度を上げる新幹線に乗って東京から西へ数百キロ移動し、クスノキを探しては写真に収めた。こうして、かの地で最大といわれるクスノキはほとんど目にすることができた。驚いたことに、これらの樹が見られるのは森林の中ではない。小さな街や都市近郊の、参拝客でにぎわう神社の境内で慈しまれているのだ。樹木に神聖な魂が宿ると考えられ、縄飾りや白い紙飾りがつけられている。日本人旅行者はバスツアーでこういった神社などを訪れ、木の魂に向けて黙祷したり、感嘆してじっと見入ったりしている。現代の日本人は欧米人たちとまったく変わらない服装をしているが、昔とかわらず微笑みながらお辞儀をするのをわたしはすばらしく感じた。ひとりの男性がとてもうれしそうに「2000年だって、2000年」とつぶやきながら、クスノキの前にある立て札を読んでいるのが目に入った。日本には、戦争や地震の影響や経済の急速な高度成長の荒波のために、古い建物はほとんど残っていない。それだけに、古代の樹木が西欧の場合よりもずっと大切にされるのではないだろうか。

もしかしたら、これらのクスノキは、神社が建立された7世紀や8世紀より前に発芽していたのかもしれない。それも信じがたいのではあるが……。クスノキには1000年以上も生きるだけの耐久力がないのは間違いないからだ。しかし、樹齢はどうあれ、これらの巨木は尊厳を保ったまま老いることが許されなかった。一定の大きさにおさまるよう、そして参拝客の頭上に枝が落ちないように、ねじれた枝や不恰好に曲がった幹はすべて切り落とされていた。こうして、あらゆる個性が奪われてしまう。古代の樹木に対しては、ときには尊厳死を与える方が慈悲深いのではないだろうか。

しかしほんの二度ばかり、わたしは圧倒的に強烈な個性をもつ巨木に巡りあうことができた。

東京の南西72kmほどにある美しい町、熱海で見たクスノキは、日本で2番目に大きい樹木である。そのクスノキがある来宮神社は、今では近くに2つの鉄道用の築堤などができてしまったが、小さな渓谷の横に建つ神聖な場所であることに変わりはない。わたしが驚かされたのは、何台ものバスを連ねてやって来た参拝客が、この巨

左ページ：熱海にあるクスノキ。日本で2番目に大きい樹木。木の周囲を回ると長生きできるといわれている。

木の周囲を黙々と回っている光景だった。1周するごとに寿命が1年延びる（もしくは願いごとが叶う）という説明を受け、わたしは時計と逆まわりに回って10年若返りを図った——と思いきや、この回り方だと、願いが叶わないといわれてしまった（編注：「どちらの回り方でも、1周回ることで願いはかないます」来宮神社）。このクスノキは1970年代に海岸を襲った津波のために多くの枝が折れてしまったが、2つの大きな幹が指のように開き、本幹はまるで断崖のようにそびえ立っているので、そばに建つ神社が小さく見えるほどである。

その近くに、若木の木立に半分かくれるようにして、もう1本の古代クスノキが生えていた。おそらく樹齢は巨大なクスノキよりも古いだろうが、大きさは数分の1。空洞になった幹には神社のミニチュアが祀られていた。

2つ目の出会いは、その2日後だった。わたしは、東京の南西960kmにある武雄市（佐賀県）で、神社へ通じる急な階段を登っていった。途中、ひとりの僧侶が近くにある「樹齢3000年のクスノキの巨樹」へ行く道を教えてくれた。武雄の町そのものは、わたしの知る北斎や歌麿の木版画の世界というよりは、むしろマクドナルドのチェーン店などがある平均的な市街地の風景で、郊外にはコンクリートの電柱が林立し、電線が錯綜している。めざす武雄神社は、そんな市街地を見下ろす森の中にあった。

このクスノキは、高さ約30m、幹周りが20mで、日本で6番目の巨樹である。しかし、それがこのクスノキの最大の特徴ではない。この樹は傷みがかなり進行していながら、並外れて美しかった。幹の凹凸が削り取られたり、幹や枝にチェーンソーがかけられた跡はなかった。これまで見てきたほかのクスノキの巨樹と異なり、神社の建物から奥まったところに、新たに植えられたヒマラヤスギと美しい竹林の中、安全な場所を与えられていた。幹は完全に空洞化し、本来なら樹齢を示すはずの年輪もとうの昔に消え失せているため、樹齢を推し量ることはできない。

木の外側には縄飾りがかけられ、このクスノキ自体が聖なる場所であることを示している。内側に、そっと足を踏み入れてみた。草に覆われた2つの土壇の上にかろうじてバランスをとって建っている荒廃した塔があった。内部には天神が祀られている。嵐で大枝がもぎ取られたときにできたギザギザの穴が、採光の役目を果たしている。祭壇があり、つきたてのお餅や花やろうそくが供えてあった。冬の太陽の光線が数条、ギザギザの穴から差し込み、透かし彫りを施した東洋風の窓から入り込む陽光のようだった。

これぞ「シャラワジ」だ。しかも、驚くべきスケールでそこに存在している。

わたしは、木の魂に向かって微笑みかけ、深々とお辞儀をした。

右ページ：佐賀県にある武雄の大クス——かろうじてバランスを保っている塔のようだ。

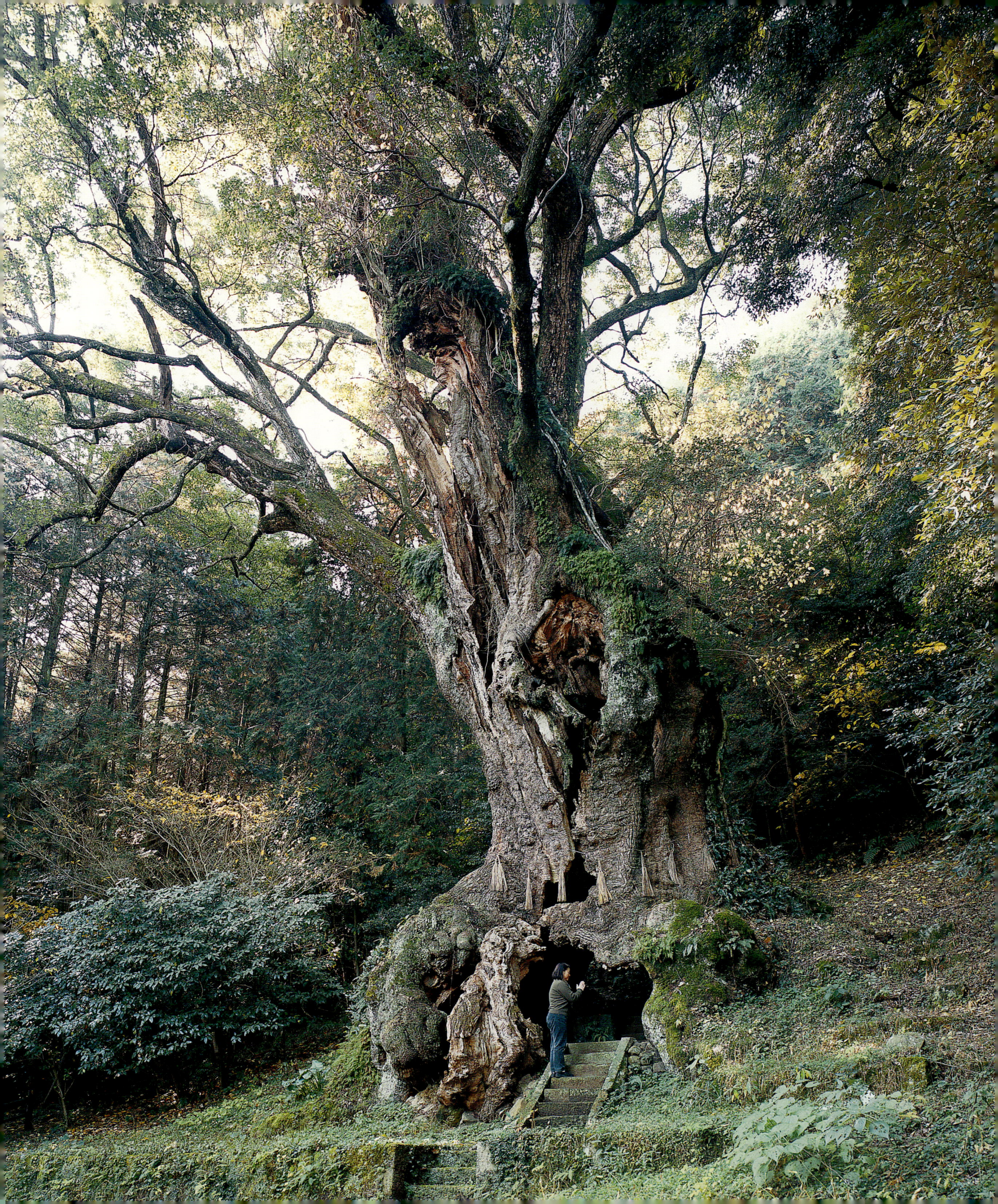

変化の神プロテウスの木に敬意を
Homage to a Tree Like Proteus

　佐賀県武雄から南に下ること96km、九州の南西端に位置する鹿児島から在来線に乗り、入り江沿いの曲がりくねった線路を揺られて行くと、目を見はるような美しい景色が広がる。イタリアのかの有名なナポリ湾の景色に優るとも劣らない絶景だ。前方には、青い海原の向こうに、ベスビオ山と見まがうほどの桜島が水蒸気を空高く噴き上げている。やがて、硫黄ガスが音を立てて噴き上がる荒涼とした火山の左手に、標高1700mの切り立った長い尾根が続く霧島山が姿を現わした。

　山の麓に、モミとマツの林にかくれるようにしてひっそりと霧島神社が建っている。山と同じ名前を冠する有名な神社である。ある晩秋の暖かい日の午後、わたしは林の中を歩き、階段を上っていった。この地方で名高いスギ（スギ科の常緑針葉樹 *Cryptomeria japonica*）の木があると聞いたからだ。

　熱海や武雄の古代クスノキや、この木の仲間である屋久島の巨大な灰色がかった縄文杉と比べれば、この木はまだ青二才にすぎない。しかし、高さおよそ33m、幹周り5.2mの立派な風格をそなえた若造である。ゆったりと弧を描く上枝と、なめらかでまっすぐ伸びた幹から察するに、それほど歳をとっているとは思えない。せいぜい樹齢300年ほどだろう。木の精霊が宿り、今が盛りであるに違いない。この日本原産のスギの種子が日本から欧米にはじめて持ち込まれたのが19世紀の中頃だった。だとすれば、欧米で見るスギと比べて、同じサイズでもこちらのスギの方がずっと古いはずである。わたしはこのスギを写真に収めた。だがこの写真では、日本についてやや誤解を与えそうである。日本では西洋と同じく、日曜日は休みである。日曜日の午後ともなれば、この木のまわりはお洒落に洋服を着こなした参拝者で埋めつくされる。彼らはワイワイガヤガヤとにぎやかにおみくじを引きながら、この木の精霊に手を合わせるのだ。しかしわたしの写真に収まったのは、いつになく静寂に包まれた木の姿だった。

　スギの親戚、つまりスギ科の仲間には、アメリカやメキシコ原産のレッドウッド、ヌマスギ、モンテズマヌマスギなどがあるが、これらの木よりも優れた適応力をこのスギはもっている。スギはもっとも進歩的な木といえる。特に感心するのは、プロテウス（ギリシア神話の神で、変化の達人）のように変幻自在に姿や色を変えることだ。日本では、何年もかけてスギの変種がいくつか作られ、多くが西欧に輸出された。その中に「バンダスギ」というのがあるが、これはてっぺんをぺちゃんこにした灌木で、先のとがった葉が濃緑色のコケの塊のようについている。「スピラリス」（「おばあさんの巻き毛」ともいう）は、明るい緑色の枝葉がらせん状に巻いている。「ヴィルモリアナ」というのは矮小木で、30年かけてもわずか50cmほどにしか生育しない。最高傑作は「エレガンス」だ。これは巨大なウミヘビのように背を盛りあげ、季節ごとにカメレオンのように色を変える。エレガンスのもじゃもじゃとした青銅色の枝葉に白い雪がかぶっている姿を見にくるといい。思わず心おどる光景だ。ただ、雪の重みで枝が折れてしまうまでの話だが。

右ページ：南日本の霧島にあるスギ。

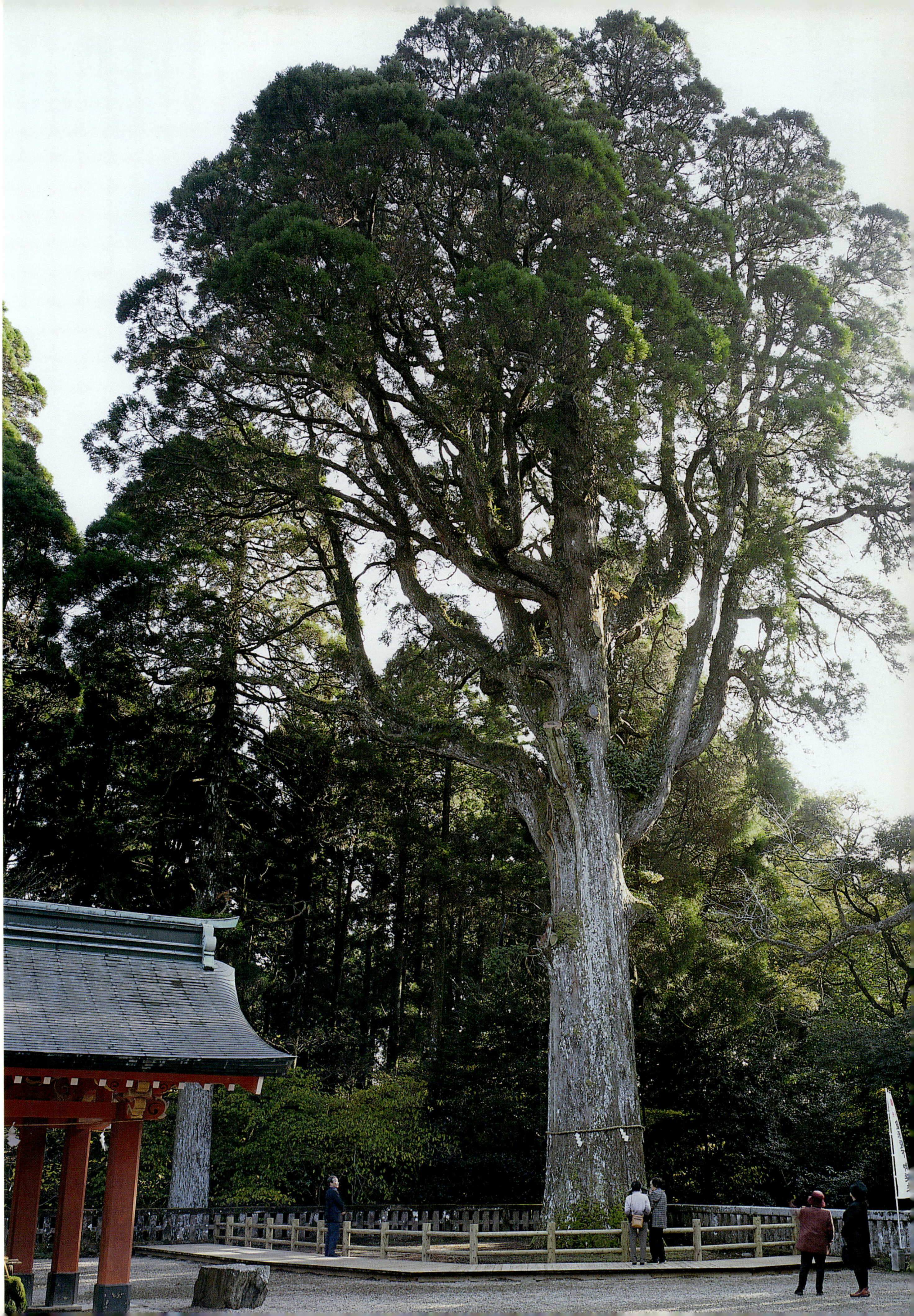

仏陀が悟りを開いた
もうひとつの木
The Other Tree under Which Buddha Sat

わたしが再度東京を訪れた2001年の12月上旬、歩道のイチョウ並木はまだ、黄金色の葉をたくさんつけていた。秋もいよいよ終わりを告げ、まもなく冬が訪れようという時期だったので、このイチョウの生命力には驚嘆した。日本の単調きわまりない歩道も、秋になると蝶の形をした葉柄の長いエキゾチックなイチョウの葉で光り輝く。皇居のお堀端にある公園では、ヨーロッパのセイヨウボダイジュやブナにも匹敵する巨大なイチョウを見ることができる。しかし日本でもっとも大きく、古く、しかも神聖視されているのは、寺社の境内に見られる古代イチョウである。

6世紀に中国から日本に仏教が伝わったとき、イチョウも一緒に持ち込まれた。当時の日本では、仏陀が悟りを開いたのは、インドやスリランカで見られる熱帯性のインドボダイジュではなく、温帯気候で育つ中国産のイチョウの下であったとされていたからだ。そのためイチョウは、日本では観賞用として用いられるばかりでなく、聖木として大切にされているのである（種子の銀杏もまた、中国や日本では珍味や薬として珍重されている）。西洋の植物学者がはじめてイチョウと出会ったのは、実のところ日本においてだった。1712年に、エンゲルバート・ケムプファーがはじめてこの木について記している。わたしたちが知っているこの木の英語名（ginkgo）は、明らかに日本語の名前のイチョウ（銀杏）の唐音読みから来ている。その日本名の由来も、扇形をした葉から連想してつけた「アヒルの足」という意味の中国語である。

東京を離れる前夜、わたしは日本最古のイチョウのひとつを見ようと善福寺の階段を上った。その先には、寺院を圧倒せんばかりに巨大に成長した自然の創造物があった。公式の測定値によると、幹周り10.4m、高さ20mに及ぶ。

境内にいた老僧に、樹齢を知っているか尋ねてみた。彼が指さした立て札には、親鸞聖人が仏教の新宗派を創設した1232年頃からのものであると書かれていた。まったく奇妙なことに、善福寺のイチョウの起源は、イタリアのヴェルッキオにある聖フランチェスコのイトスギの起源にそっくりである。日本の聖人である親鸞は、キリスト教の聖フランチェスコがその数年前に行なったのと同様に、新しい寺院が建つ土地に自分の木杖を植えたのだ。その木杖からは芽が出はじめ、やがて枝をのばし、ついには堂々としたイチョウに育ったという。

イチョウは、およそいかなる困難をも生き抜いて、たくましく成長する木といえる。この点においては、疑問の余地がない。原爆のきのこ雲が広島の空から消え去った後、爆心地から約1kmのところに1本のイチョウの木が焼け残った。幹はひどい傷を負ったにもかかわらず、やがてその根から新しい芽が萌え、今日では広島の奇跡として語り草になっている。

右：東京都港区元麻布の善福寺にあるイチョウの木。1232年に植樹されたといわれている。

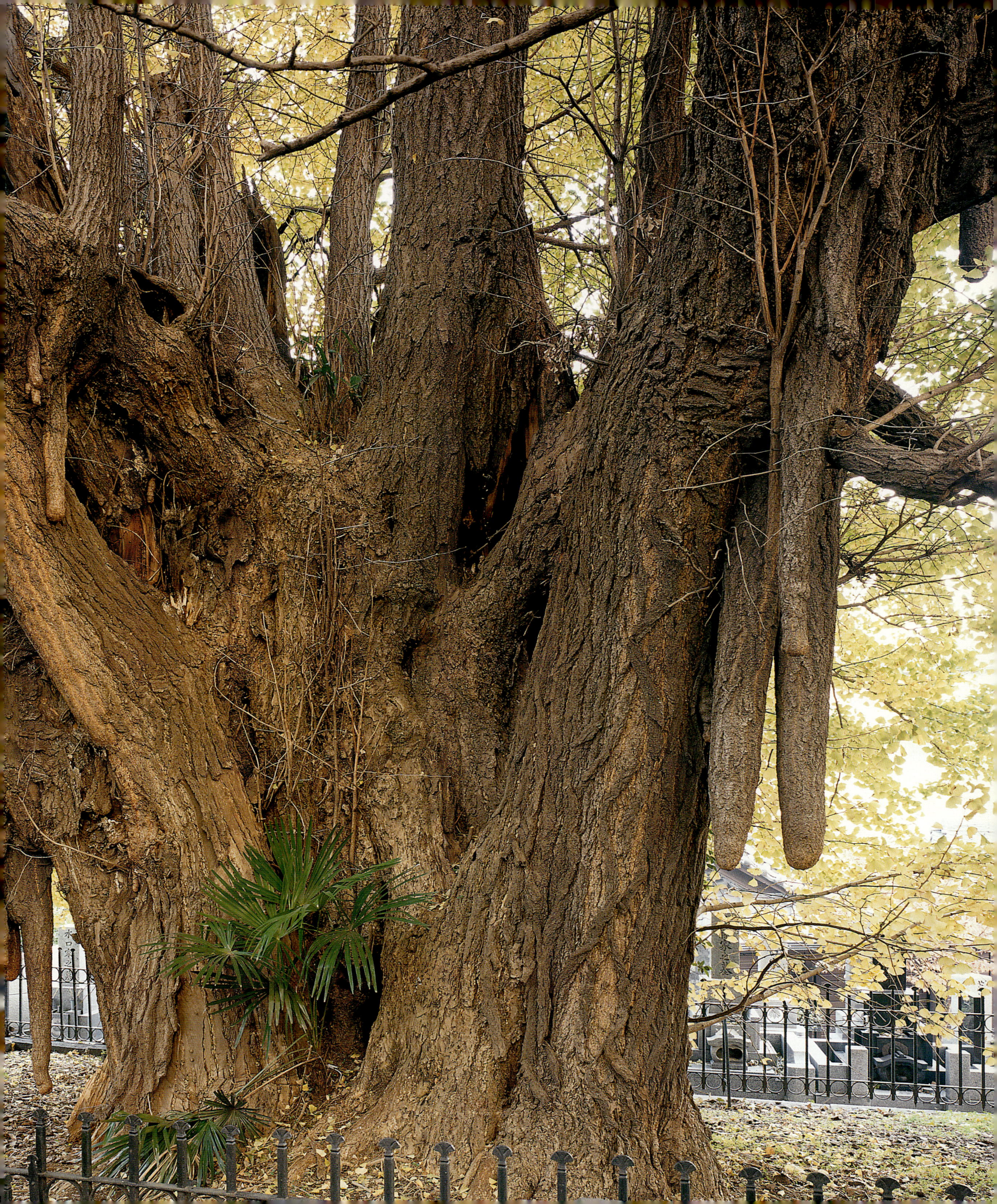

第4章
夢 語 り
DREAMS

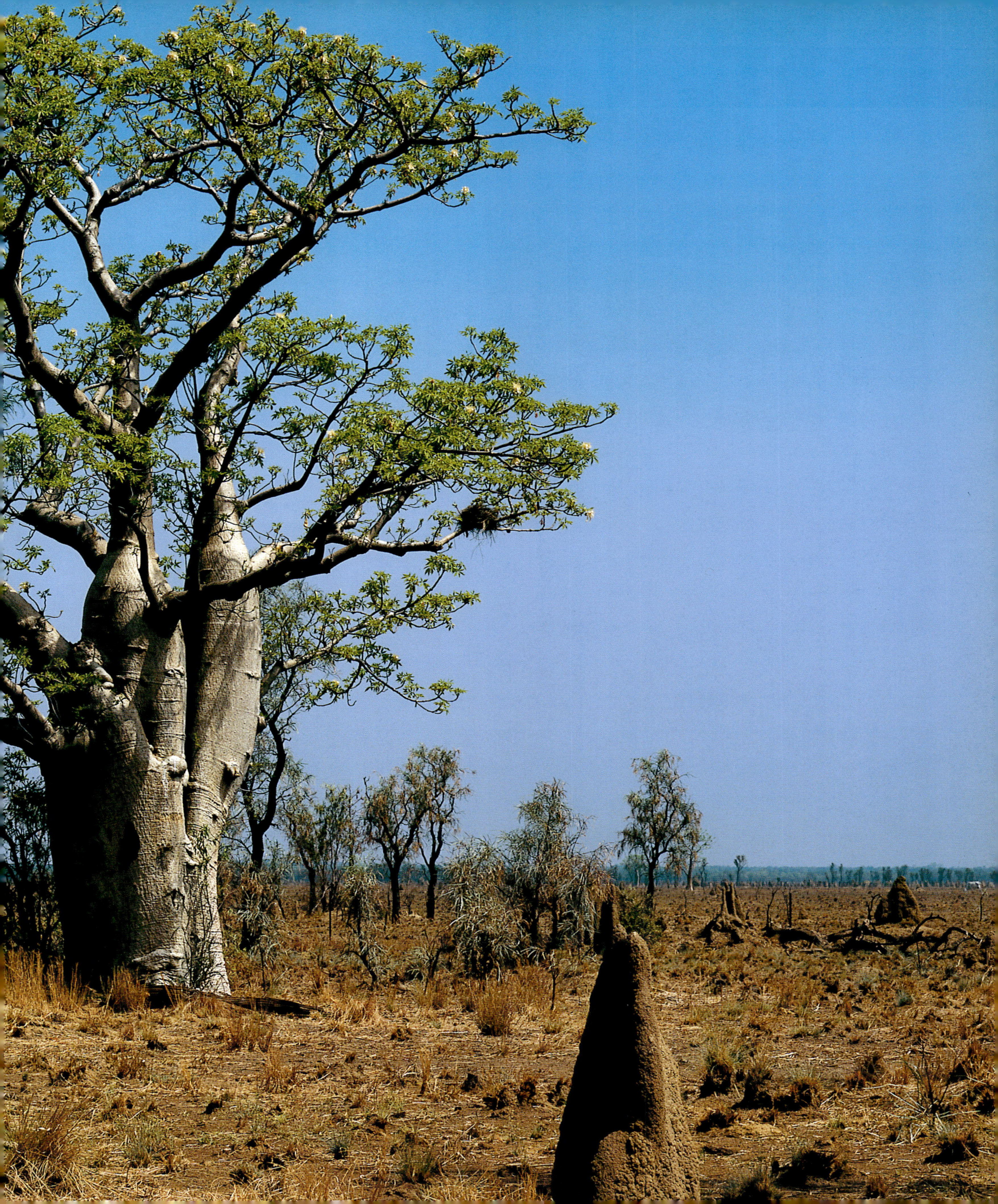

囚われの人
PRISONERS

プロスペロー(エアリエルに向かって):

これ以上文句を言うなら、柏(オーク)の木を引き裂き、
瘤(こぶ)だらけのその幹のなかにはさみこみ、
冬が十二たび過ぎるまで吠えさせてやるぞ。

ウィリアム・シェイクスピア「テンペスト」(『シェイクスピア全集Ⅴ』小田島雄志訳より)

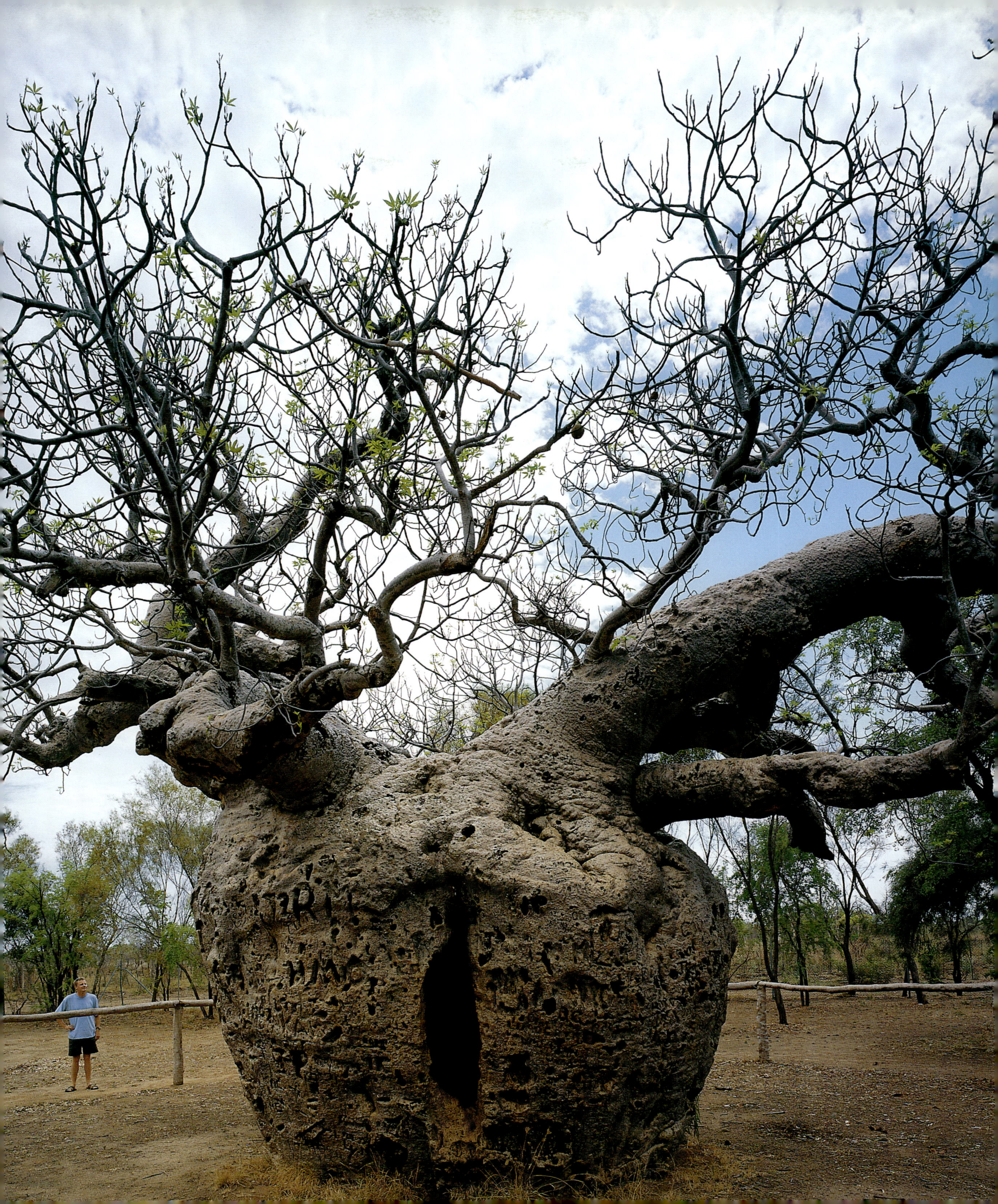

木に囚われた人々
The Men They Locked into Trees

　ダービーの町からブルームへ向かって車を走らせる。途中7kmほど行ったところに、灌木地帯の中に半ばかくれるようにして1本の木が立っている。良い意味でも悪い意味でも、オーストラリアでもっとも有名な木、囚人の木──ボアブとはウェスタン・オーストラリア州固有のバオバブ、グレゴリィ（キワタ科の高木 Adansonia gregorii）である。その幹は、中が空っぽの巨大な茶色い球体のようだ。以前はひどい落書きで目も当てられない状態になっていたが、今は幸いに小さな木製の柵で守られている。この木の空洞は、かつてオーストラリアの先住民アボリジニ用の牢獄として使われていた。本来は自分たちのものであるはずの土地（もっともな主張だ）で、アボリジニは家畜どろぼう呼ばわりされて捕まり、ダービーの裁判所まで連行される途中、この囚人の木に閉じこめられて、一夜を明かしたという。オーストラリア人観光客に語られるのはだいたいこのような物語だ。

　アボリジニたちが語りついでいる物語は少し違っている。彼らの祖先は木の中にではなく、この木の"影"につながれていたというのだ。ボアブの古木の多くがそうであったように、この囚人の木もアボリジニにとって神聖な場所だった。祖先の遺骨を安置する場所、つまり霊が眠る場所だったのだ。

　一見まったく異なる2つの物語だが、両方ともあながち間違いだとはいえない。事実、ダービーの北東およそ650kmに位置するウィンダムの町では、ボアブの空洞が仮の監獄として使われていた。しかしボアブは、いつもアボリジニの生活の中心にあった。オーストラリアの内陸部には、およそ1000kmにわたって何万本ものボアブが点在している。同属であるアフリカやマダガスカルのバオバブと同じく、中が空洞になってしまうため正確な樹齢を知ることはむずかしいのだが、おそらくもっとも古い木で樹齢1000年を優に超えるだろう。中には幹周りが25mにも及ぶ巨木もある。そこにぱっくりと口を開けた巨大な空洞は、幾世代にもわたってアボリジニの人々を守りつづけてきた。同じ1本の木が食料庫として、宿舎として、集会所として、信仰の場として──そしておそらく監獄としても。

　ダービーに戻ってから正餐の木を訪れた。この木にまつわるエピソードは心なごむものだ。かつて、家畜商人たちが家畜を州都パースや、さらに遠方の地へと輸送するために、キング湾の港へと引き連れていった。道すがらこの木の下に家畜を囲い入れ、食事のために休憩をとったという。わたしも木陰でハムサンドをほおばりながら、頭上に広がるボアブの花に心を奪われた。その白い花のまわりには、芳しい香りに引きよせられた蛾がひっきりなしに飛び交っていた。

112,113ページ：ウェスタン・オーストラリア州北東部ダービーにほど近い丘に咲くボアブの花。

前ページ：ダービーの囚人の木（プリズン・ボアブ）。

右：ダービーの正餐の木。

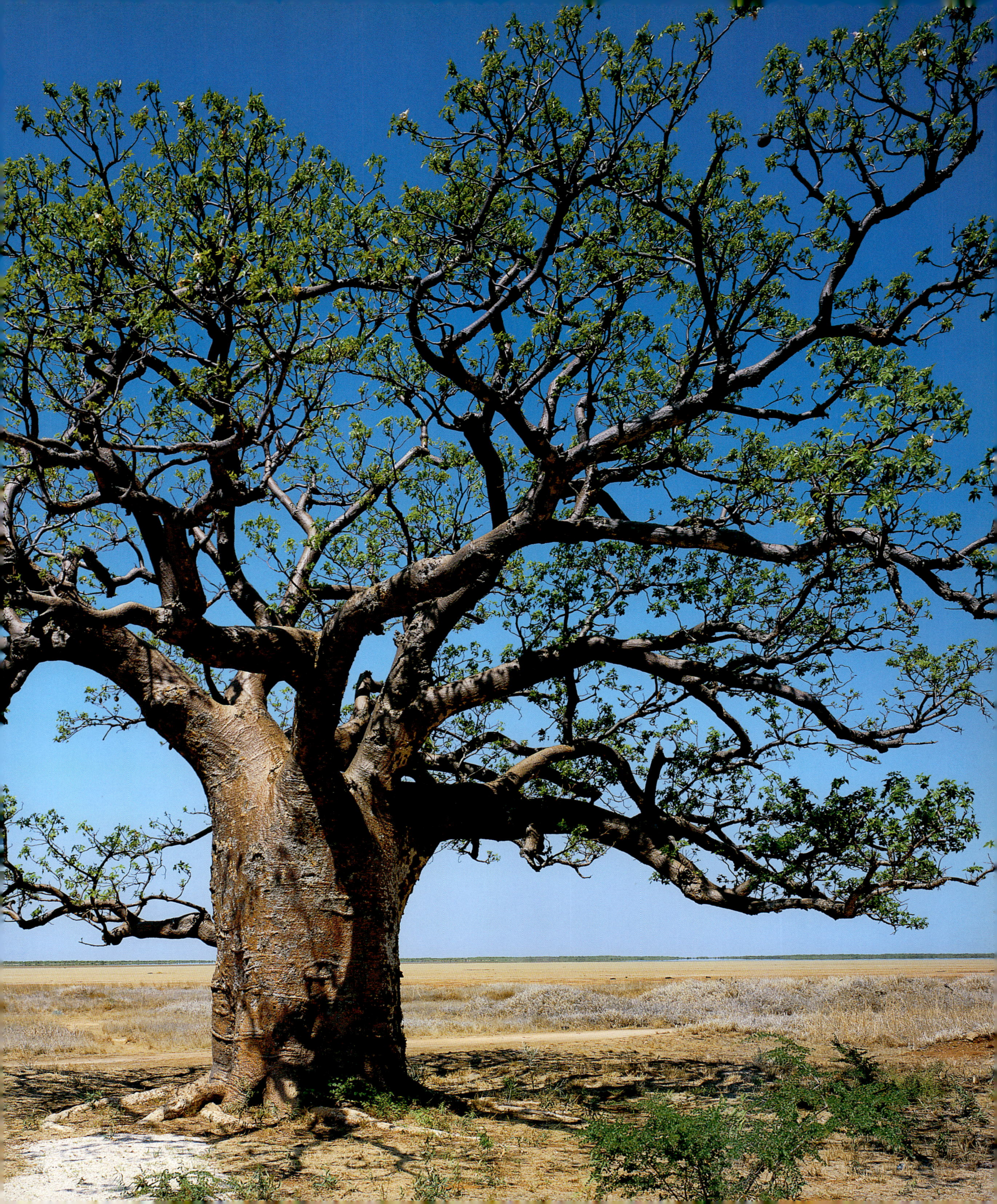

異 邦 人
ALIENS

おお 暗い杉の木よ、
心地よい東へ流れ行く微風の中で
お前はレバノンを慕いこがれるのか?
同じように美しい田園の傾斜面に
その手足を大きくのばし南を望みながら、
蜜のような雨とやさしい空気に
養われているというのに。

アルフレッド・テニソン「モド」(『世界名詩集大成9』酒井善孝訳より)

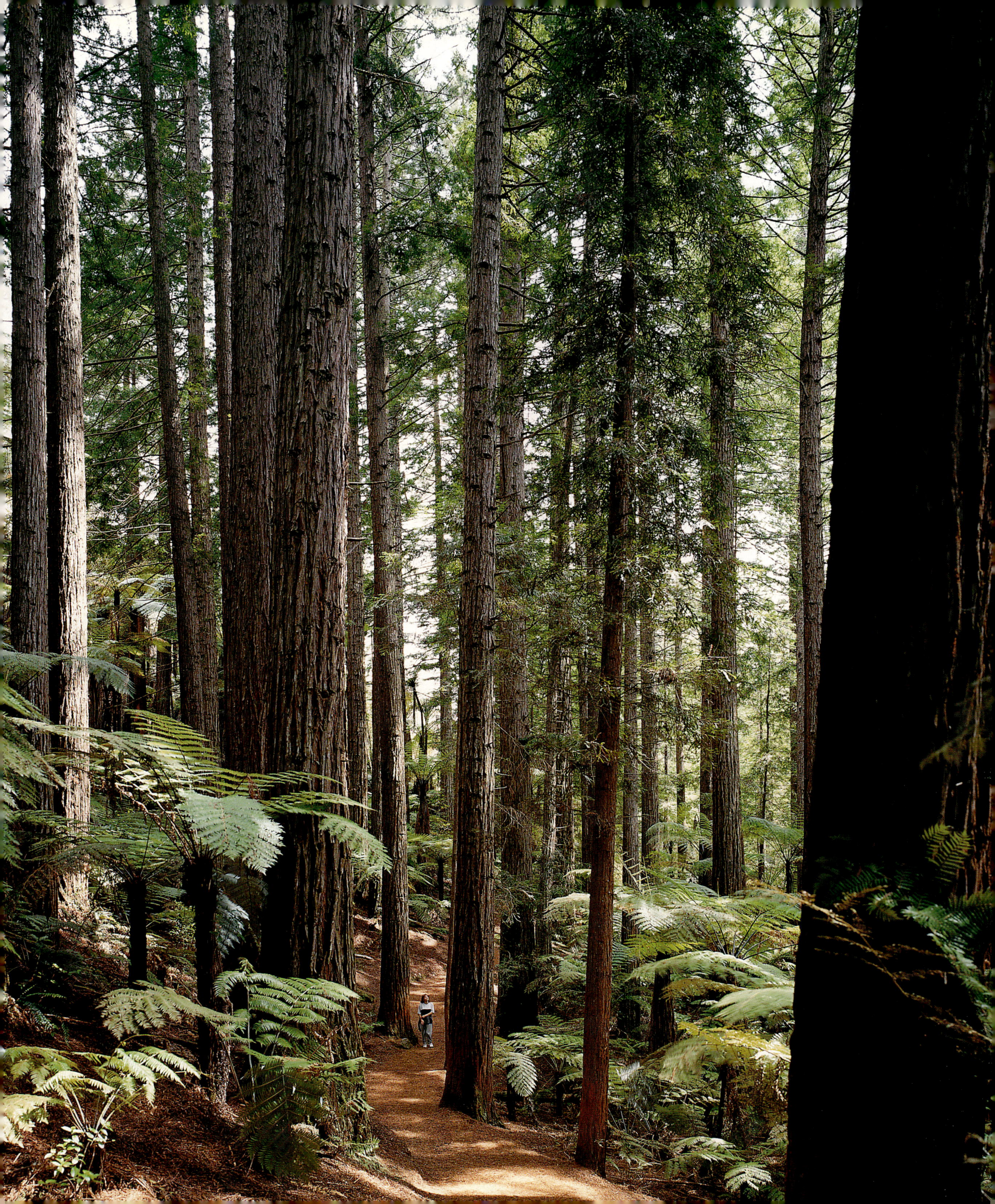

ロトルアの赤い"豆"の木
The Pink Beanstalks of Rotorua

　まず、ニュージーランド、ロトルアの帰化種の紹介から始めよう。在来種の木生シダが茂り、ニュージーランド固有の鳥、エリマキミツスイ（黒い羽に白い蝶ネクタイをしたような姿が特徴）が飛び交う面積20,200m²の森林公園の中に、場違いな感じで居座っているレッドウッド（スギ科セコイア属の針葉樹 *Sequoia sempervirens*）。原産地カリフォルニアでもすぐ大きくなるのだが、ここでは「ジャックと豆の木」の豆のように、2倍の早さで成長した。1901年に植えたばかりというのに、1980年には樹高60mを超えてしまった。

　ことの発端は、政府が国有の遊休地を利用して、外来種の樹木を育てる実験を行ったことだった。実験のために、2つの樹種——本命のセイヨウカラマツと、一種の賭けと思われていたレッドウッド——が選ばれた。ところがふたをあけてみると、だれもが予期しない結果となった。定着に成功したのは、まさかと思われていたレッドウッドだったのだ。

　ニュージーランドの北島に自生するアメリカ太平洋岸地域原産の樹木は、どれものびのびしている——いや、ニュージーランドの人の言葉を借りれば、好き放題に生えている。ニュージーランド原産の巨木、カウリマツとトタラは、生命力たくましい帰化種との生存競争ではとてもかなわない。今では、とりわけ2種類のカリフォルニア原産の樹木——モントレーマツとモントレーイトスギ——がニュージーランドの吹きさらしの平原を支配するようになってしまった。皮肉にも、太平洋に面した故郷の地では同種の木が強風をまともに受け、息もたえだえだというのに。

　それにしてもロトルアのレッドウッドの成長ぶりは、ニュージーランドの基準でみても並外れている。たった80年で60mを超えるほどに成長する木なんて、聞いたことがない！　ヨーロッパでは、植林してからこれほどの早さで成長した外来種は未だかつてない。在来種にいたっては、たとえ1000年経ったとしても、同じ高さになる木はヨーロッパ中を探してもないはずだ。では、ロトルアの奇跡はどうして起きたのか？　ロトルアは、ミネラルウォーターと温泉で有名なところである。運動選手がホルモン剤を摂取するように、レッドウッドもミネラル分の豊かな水を吸っているからか？　正解は、エリマキミツスイに聞いてほしい。

　クイズをもうひとつ。ロトルアの帰化種は、故郷の原種を蹴おとして、世界最大になれるだろうか？　（やはりカリフォルニアからの帰化種の）モントレーマツとモントレーイトスギは、確かに原種の樹高を越しているが、この種はカリフォルニアでもあまり大樹に成長することはない。だが祖国でのレッドウッドは深い谷、水を含んだやわらかい土壌、適度な湿気のある肥沃な土地で根を張っているのだ。ニュージーランドの新参者が追いつくには、まだ数百年はかかるに違いない。

前ページ：カリフォルニア原産のレッドウッド。樹齢たったの100年で、まるでロケットのようにそびえ立っている。ニュージーランド、ロトルアにて。

右：ロトルアのレッドウッドの近景。在来種の木生シダものびのびしている。

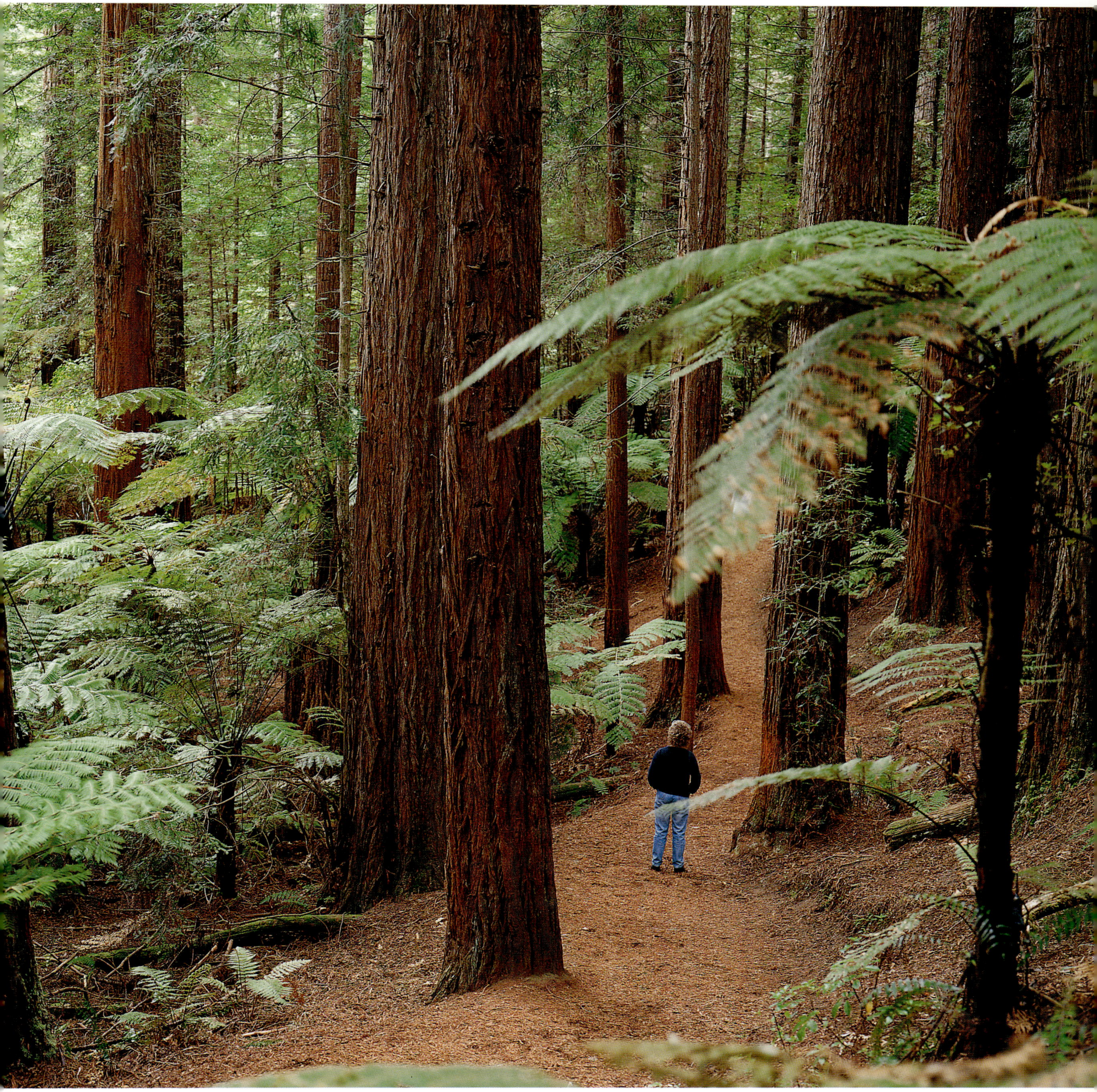

総督の残した
クスノキ並木

A Line in Defence of the Governor

　1707年当初、南アフリカ地域の白人の中でもっとも権勢をふるっていた、ケープタウンのオランダ総督ウィレム・ファン・デル・ステル。その彼が、雇い主のオランダ東インド会社（1602年の創立以来、ケープ州のオランダ植民地を支配していた）から即時帰国を命じられた。解雇されたうえに、不名誉な告発までも受けたのだから、たまらない。激しく抵抗しわめき散らしたが、結局オランダに送還され、二度と戻ることはなかった。こうして彼は、ケープ州最大にしてもっとも美しいオランダ風の邸宅と庭園を後にしたのである。ファーヘレヘンと呼ばれるその地域は、ケープタウンから48kmほどのところにある。ファン・デル・ステルは植民地の半分を私物化、自分だけの楽園にし、家では王族さながらの贅沢な生活を送っていた。ファーヘレヘンの彼の庭園には、右の写真にある樹齢300年の雄大なクスノキ（クスノキ科の常緑広葉樹 *Cinnamomum camphora*）など、海の向こうから運ばれてきたいろいろな種類の帰化植物が植えられていた。

　ファン・デル・ステル総督がクビになったのは、「自由市民」（南アフリカに移住したオランダ系移民とフランス出身のユグノー教徒）が告発文をオランダ政府に送ったのがきっかけだった。彼は、なじみの業者と手を組んで、穀類に次ぐ二大農産物であった食肉とワインの市場を牛耳ろうと画策していたのだ。

　だが一方で彼は、最高のワインを生むブドウを栽培し、実にすばらしい樹木を育て上げた、ケープ州でもっとも見識に優れた、有能な農場主でもあったのだ。彼は告発文に対し、自分の成功を嫉妬した連中の根も葉もないでっちあげだと反論している。ファーヘレヘンのこのクスノキ並木を目の当たりにすれば、だれでも総督の反論にも一理あると思うだろう。

右：ジャワから持ち込まれたクスノキ。ケープタウン近郊のファーヘレヘンにて。白い記念柱には「奴隷の鐘」がつり下げられている。

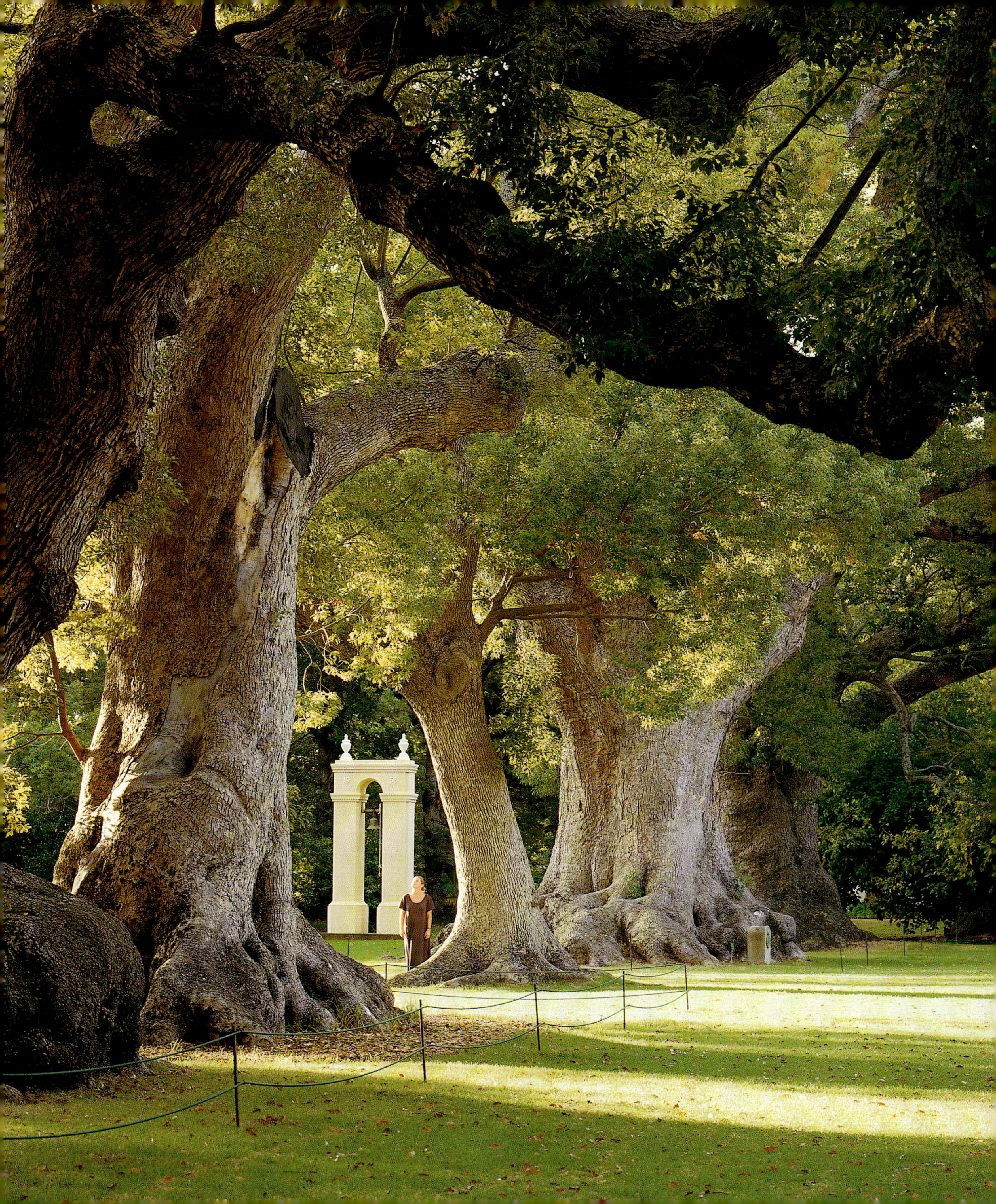

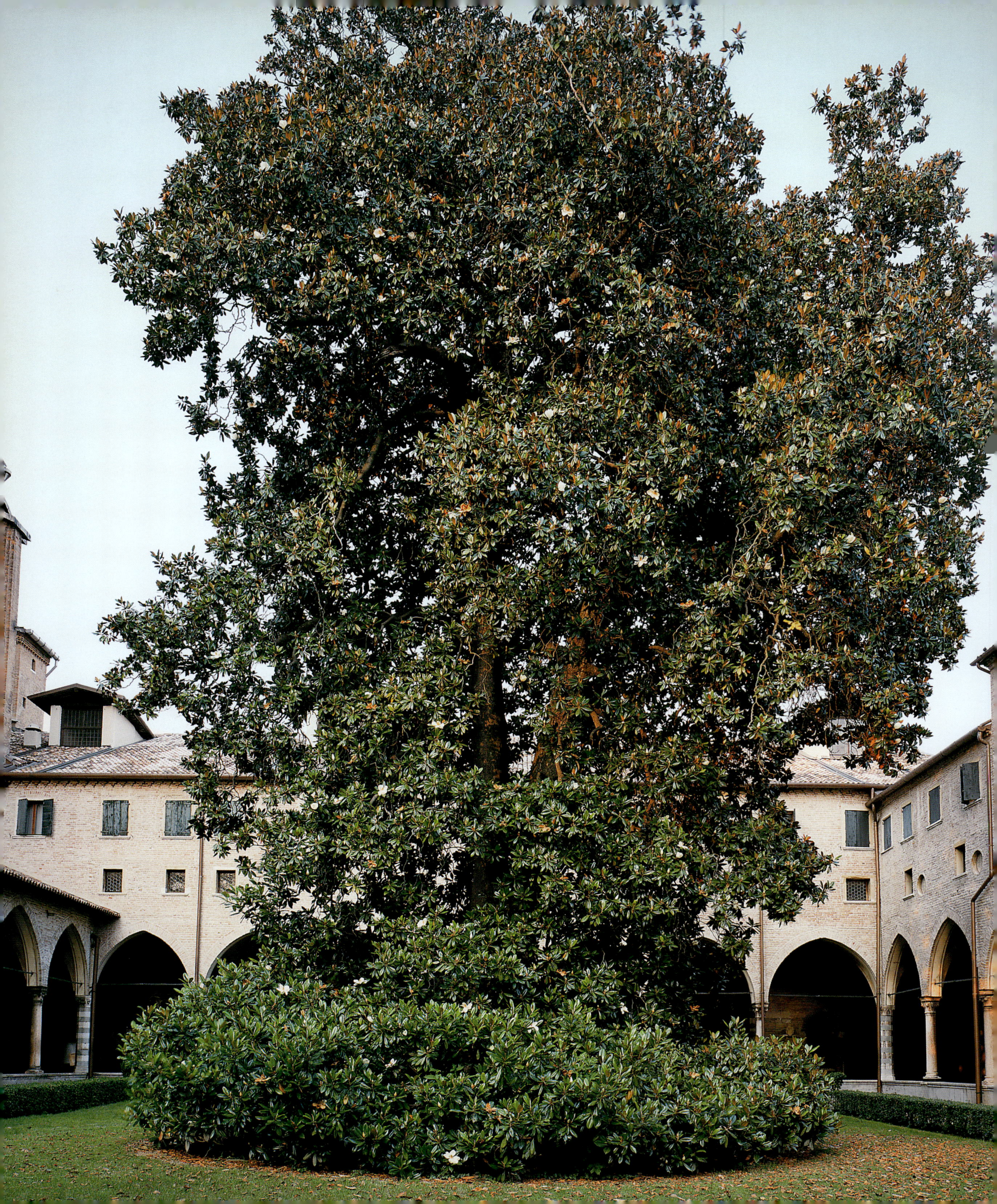

アメリカから
聖アントニオ教会に花束を
St Anthony's American Bouquet

　聖アントニオのために建てられた北イタリア、パドバの大教会は、インスピレーションが湧いてくるような彫刻や墓石であふれている。しかし、わたしがとりわけワクワクした気持になる場所は、いかにも堂々とした常緑樹のタイザンボク（モクレン科の常緑高木 *Magnolia grandiflora*）を取り囲んでいるこの回廊だ。わたしがこの木を撮影したのは、ある夏の夕暮れ時だった。暮れかかった陽光が、くすんだ錆色をしたフェルトのような葉の裏側をとらえ始めた瞬間である。裏側とは対照的に、艶のある濃いグリーンの葉の表側と、直径およそ30cmにもなろうかという、まるでロウで作ったかのようなクリーム色の花がはっきりとしたコントラストをなしていた。この巨木は、今を盛りとする堂々とした風格を漂わせ、樹高は約24mにも達している。樹齢150年といったところだろうか。

　ほかのどの耐寒性の（越冬することができる）樹木よりも、大きく艶やかな花をつけ、格調高く、宮廷の庭園にこそふさわしい巨木。そんな木が、信じがたいことに、アメリカ東部や南部に広がる未開拓の森林地帯や沼地に自生する樹木の仲間なのである。もともとタイザンボクは、ジョージア州の片田舎でバンクスマツに囲まれていたり、フロリダの沼地の中でヤシやミシシッピーワニと一緒にひっそりと自生している樹木なのだ。だがそうした様子は、ヨーロッパの人々にとっては、なんとも場違いに思えるだろう。ヨーロッパでは、タイザンボクは古くから高級な庭木としてなじみが深い。事実、18世紀初頭にアメリカから渡来してきたときすでに高い評判を得ていたという。というのも、もともとヨーロッパに持ち込まれたタイザンボクは、沼地に自生していた野生の木ではなく、広大なプランテーションで庭木用に栽培されたものだったからだ。

　現在、ワシントンからテキサスにかけてアメリカを縦断する海岸沿いの平野部では、タイザンボクの艶のある葉と芳しい香りを放つロウ細工のような花のピラミッドが、各家庭の玄関前の芝生や裏庭を飾っている。まるで、フランスのリビエラからイタリアのナポリにかけての地中海沿岸であるかのように艶やかに。郊外の町にも宮廷の風雅な香りを運んでくれる木は、タイザンボクをおいてほかにはあまりない。

　聖アントニオなら、この回廊の木をどう思っただろうか？　アッシジの聖フランチェスコと同じく、自然の驚異だと大いに楽しんだに違いない。ロウのように白いこの花を、きっと祭壇に供えたことだろう。

左ページ：アメリカ渡来の常緑のタイザンボク。聖アントニオ教会の回廊の中庭を占領している。パドバにて。

ブサコにオーストラリアの化石の木を
A Fossil Aussie for Bussaco?

イギリス軍司令官ウェリントンは1810年、イベリア半島でフランス軍と戦ったとき、ポルトガル北西部ブサコの稜線の下に隊を構えた。この地を選んだのは、もちろん植物学上の興味などではなく、戦術上の理由からだ。だがこのロマンチックなブサコの丘陵の斜面は、ウェリントンが戦いの前夜に司令部を置いた修道院のカルメル会修道士たちが、ゴアのシーダー（メキシコ原産のイトスギ）など、外来種の樹木を長年にわたって植栽していた土地だった。ウェリントンはこの戦いで勝利をおさめ、その後5年間にわたるナポレオン軍との戦いは、ワーテルローの戦いで終わりを告げる。ウェリントンがブサコの木々をどう思ったかはわからないが（伝統にならい、オリーブの木に馬をつないだことは事実らしい）、イギリスからやって来る観光客は、だいぶ朽ちてしまったその木を今でも見物に訪れる。

ブサコは現在、美しい公園と過去300年にわたって植栽された外来種の樹木とで、有名な場所となっている。修道士たちは1834年に追放され、ブサコはポルトガル王室のものとなり、開発の手を逃れ、風変わりな樹木の見本市さながらの姿で今に至っている。その中に、19世紀後半にこの地に植えられたオーストラリアの亜熱帯地方原産のヒロハノナンヨウスギ（ナンヨウスギ科の常緑樹 *Araucaria bidwillii*）がある。ポルトガルの中でもブサコを含むこの地方は、気候が温暖なために霜に弱い木でも越冬できる。そればかりか、原産地と同じ大きさにまで成長する。オーストラリア、ブリスベーンの西に位置するラミントン国立公園の熱帯雨林で、みすぼらしいヒロハノナンヨウスギを見たことがあったが、ブサコで見つけたこの木は、なんとも奇異な背景にしっくりなじんでいた。リヒャルト・ワーグナーのオペラの舞台装置家の1人が、王のために設計した宮殿のテラスである。ポルトガルの君主制崩壊により、宮殿は高級ホテルに模様替えされた。ホテルの中には、フランスを撃破したウェリントンのワクワクするようなタイル壁画がある。わたしは、丸々としたヒロハノナンヨウスギの幹に感心しながら、サンドイッチをほおばった。

南半球原産のチリマツ科（*Araucariaceae*）には40種の仲間があり、ヒロハノナンヨウスギも属している。ヨーロッパの人々は、グロテスクで先端のとがった枝と、爬虫類のうろこのような葉に目を奪われた（というよりも、目をむいた）。とりわけ有名なのがチリマツだが、アンデス山脈の高地を原産地とするため、北西ヨーロッパでも越冬することができる。オーストラリアから渡来したごく近い親戚である3種類のナンヨウスギ（マツ科ナンヨウスギ属 *Araucaria* の針葉樹の総称）――ヒロハノナンヨウスギ、シマナンヨウスギとナンヨウスギは、ヨーロッパではポルトガル西部のような温暖な地方でしか成長できない。

さて、このチリマツ科の仲間には、4人目の近い親戚がいた――世界市場に打って出ようとしているオーストラリア原産のティーンエイジャー、珍しい新種のウォレミマツ（ナンヨウスギ科の針葉樹 *Wollemia nobilis* ／アボリジニの言葉で「わたしを見て」の意味）だが、かつては、化石でしか知られていない木だった。デイヴィッド・ノーブルという名のパークレンジャーが、1994年シドニーに近いブルーマウンテン山系にあるウォレミ国立公園で切り立った崖を懸垂下降中に、この新種を発見した。40ほどの成長した個体が発見されたが、そのほとんどが同じ遺伝子をもつクローンで、すべての個体が、植物学上の地上の楽園（あるいは安息の地）ともいえる人を寄せつけない峡谷のひとところに身をひそめていた。

40体のこの新種の残存種から育ったウォレミマツがまもなく売りに出される。イギリスでもアイルランドでも、露天で越冬できるはずだ。以前シドニー王立植物園で、見物客から保護するためにスチール製の檻の中に施錠して閉じ込められたウォレミマツを見たことがある。チリマツが好みにあわない人にとっては、ウォレミマツはうんざりするだけだろう。しかしわたしは、全力を尽くしてこの木を育ててみたいと思う。そして1日も早く、ブサコのテラスで見たヒロハノナンヨウスギのとなりに植えられたウォレミマツの下で再びサンドイッチをほおばりたいと思っている。

右ページ：オーストラリア原産のチリマツ科のひとつ、ヒロハノナンヨウスギ。背後の仰々しい感じのするホテルほど場違いな感じはしない。ポルトガル、ブサコにて。

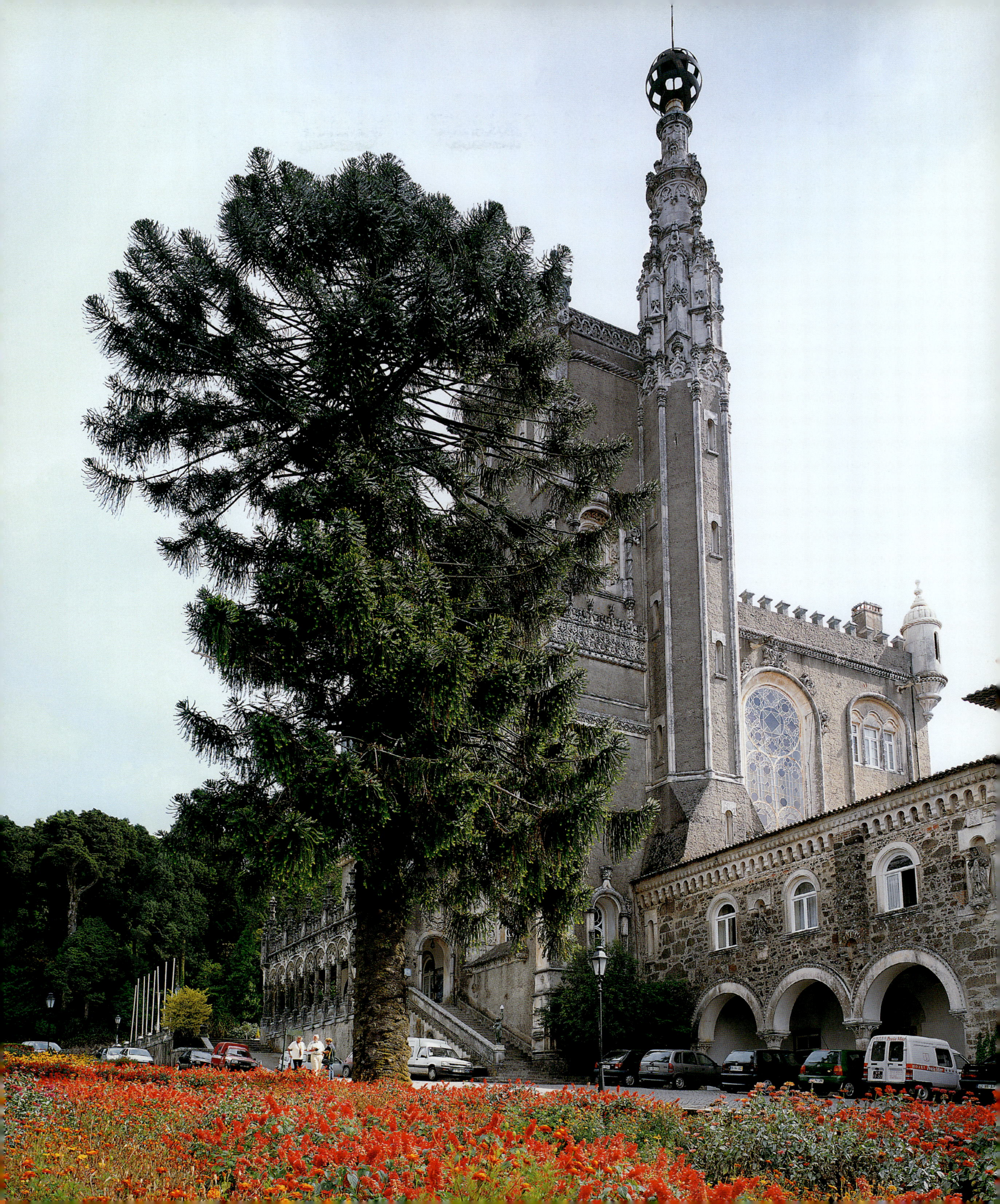

サントルソのシュノーケリング
Knees-up at Santorso

わたしが最後に訪れた帰化植物は、湿地を好むアメリカ原産のヌマスギ（スギ科の落葉高木 *Taxodium distichum*／別名ラクウショウ）だった。北イタリア、サントルソのビラ・ロッシの庭にあるアヒルやガチョウがたわむれる小さな池のそばでは、その浮かれたような姿はまるで場違いな感じがした。アメリカ東部や南東部、つまりヴァージニア州からメキシコ湾にかけての温暖な多雨地帯では、どこにでも優雅な薄緑色の頭をもたげたヌマスギを目にすることができる。フロリダ州マイアミから数時間で行けるエバグレーズ湿地で、教会の尖塔の高さに匹敵するほどのヌマスギが泥の中から顔を出している姿は、水牛がうれしそうにはしゃいでいるように見えてならない。

ヨーロッパ北西部の夏は、樹木にとってやや寒冷で乾燥しすぎているため、決してよい環境とはいえない。しかしサントルソのこのヌマスギは、本来の生育環境、湧水と暑い夏に恵まれている。そばには、ほぼ同じ樹高のヌマスギが3本立っているが、わたしが写真に収めたこのとっておきの木が特徴的なのは、肋骨状に桂皮で覆われた幹のとなりに、気根がいくつものび出ている点である。成熟したヌマスギがなんのストレスもなくのびのびと生育しているというのに、なぜ幹の周囲に尖塔のような小さくて奇妙な隆起部ができたのかは、長い間、植物学者たちにも謎だった。なんのためにこんなものが必要なのか？　想像すらつかなかった。そしてようやく、幹の基部の一部か全部が沈水したときに、根に空気を運ぶためにできたのではないか（いったん、木がある程度の大きさになれば、水の中でも成長できるのだが……）という結論にいたった。つまり、天然のシュノーケルというわけだ。通常、これは膝根と呼ばれる——こんな奇想天外な自然の造形物にふさわしい名前とは思えないが。

下、右ページ：アメリカ渡来のヌマスギ。"膝根"を突きあげている。環境が最適である証拠だ。北イタリア、サントルソにて。

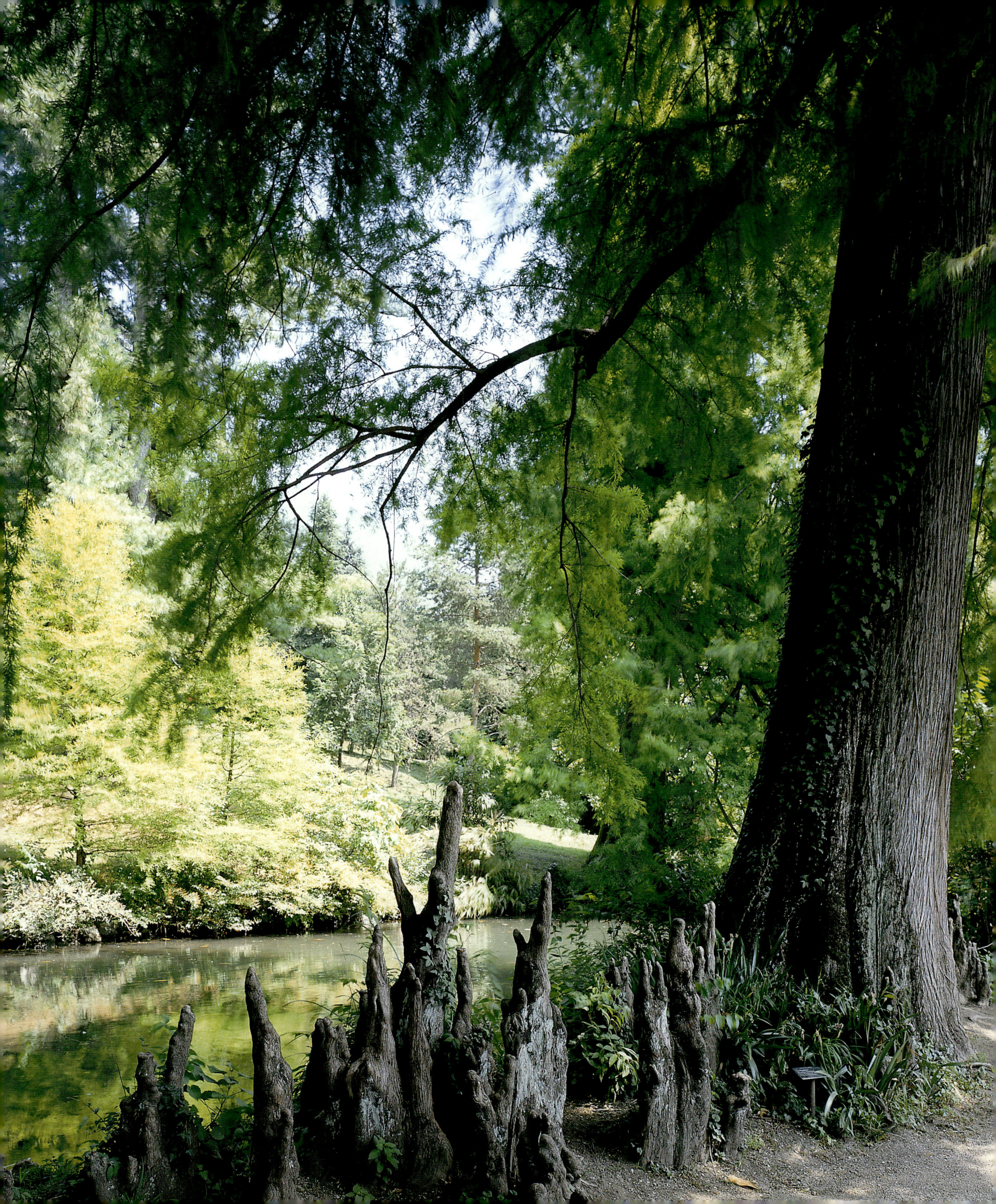

恋人と踊り手
LOVERS AND DANCERS

ピエリアのブナの木々は調べが流れてくるのを聞き
故郷の山を下って谷底へと向かった。
そこには、妙なる調べに魅惑された木々が
列をそろえて緑の碑として立っている。

アポロニオス・ロディオス（紀元前3世紀）「オルフェウスの音楽を聴きに来たブナの木」

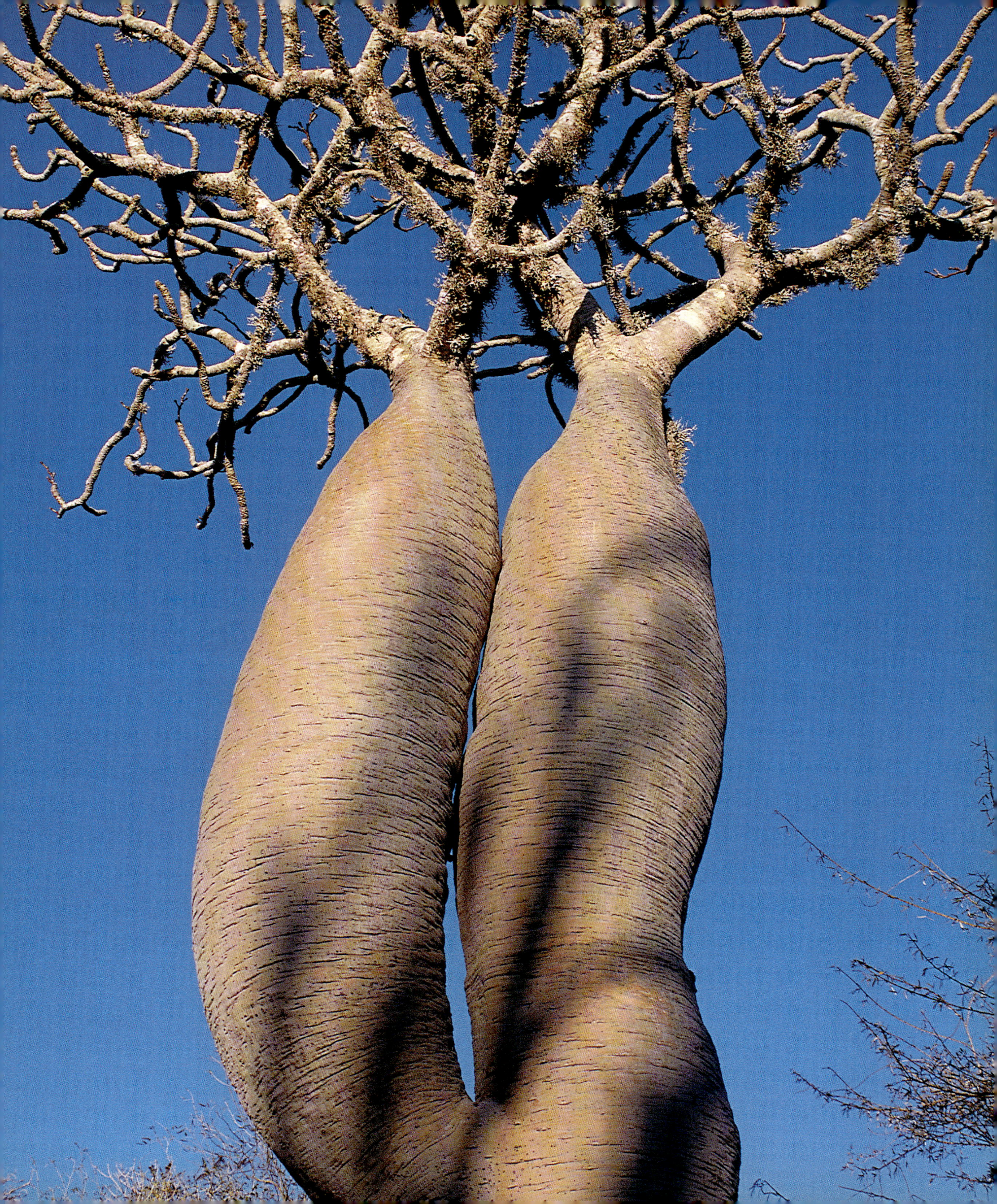

恋するバオバブ
Kiss Me, I'm a Baobab

　マダガスカルを植民地とした1897年以降、フランスは、植物の宝庫であるマダガスカル島の探検に乗りだし、ほどなくして驚くべき発見をした。当時、2種類しか確認されていなかったバオバブ（キワタ科の落葉樹 Adansonia）の木が、マダガスカルでは6種類も自生していることがわかったのだ。発見されたバオバブは、ザー（Adansonia za）、グランディディエリ（Adansonia grandidieri）、フニィ（Adansonia fony）、ペリエリ（Adansonia perrieri）、スアレゼンシス（Adansonia suarezensis）、マダガスカリエンシス（Adansonia madagascariensis）の6種で、まさに変幻自在。水差し、酒びん、ティーポット、大きめのコップ、ろうそく立て、工場の煙突——マダガスカルのバオバブを見ていると、ふだん見なれたものの形がだぶってくることだろう。

　本書の第5章では、いわばずんどう型のバオバブをいくつか紹介しているが、ここでは、むしろ大胆な感じのする2組をとりあげてみたい。1つは、2本の幹が恋人同士のように絡みあっているペア。「恋するバオバブ」と呼ばれ、専門家の間ではザーのロマンチック版と位置づけられている。次のペアも二股の幹がバオバブそっくりに見えるが、実はまったく別の樹種に属する木で、名をパキポディウム・ゲアイー（キョウチクトウ科の常緑多肉性低木 Pachypodium geayi）という。「ゾウの足」という意味だ。この幸せなカップルにはあまりに不似合いな名前だ。

　バオバブには、植物学上の謎が残されている。島のほとんどが不毛の地で、南北1600km、東西580kmほどしかないマダガスカルに、アフリカ大陸とオーストラリアに存在するバオバブの3倍もの種類が自生しているのはなぜなのか？　古植物学者たちはさまざまな学説を唱えているが、見解の一致はみられない。学説の多くは、およそ1億年前に南半球を占めていたという大陸移動説上の超大陸、ゴンドワナ大陸が存在していたという考えに基づいている。こんにち、南米・アフリカ・インド・オーストラリアに分断されている大陸は、もともとはゴンドワナ大陸の地域のひとつにすぎず、現在わたしたちが目にする木や植物の原種は、こうした地域の中でそれぞれ進化をとげたというのである。大陸移動説では、マダガスカルはおよそ5000万年前にアフリカ大陸から切り離され、格好の輸送船としてバオバブの原種の大半を運んでいったことになる。唯一ディギータタ（Adansonia digitata）の原種だけがアフリカ大陸にとどまり、さらにグレゴリィ（Adansonia gregorii）だけがオーストラリア大陸とともに移動した。

　しかし、かつてゴンドワナ大陸の一部を形成していたほかの大陸——とりわけバオバブが好む暑くて乾燥した気候のインド平野部には、なぜバオバブが自生していないのか？　植物学者の中には、現在オーストラリアに自生するバオバブは、5000万年前に大陸にのって移動したのではなく、ずっと後になってから、バオバブの木の実がマダガスカルから海をわたり、オーストラリア大陸に漂着したと考えるものもいる。ちょっと信じがたい話だ。マダガスカルから漂流を始めたバオバブの実が地球を半周し、遠い異郷の大陸に根を下ろして住みついたというのだ。しかし、木の実が長い長い航海の末にどこかに漂着し、芽吹くというのは実際にある話である。昔からよく知られる例として、セイシェル諸島だけに自生するオオミヤシがある。オオミヤシの実は、人間の手をいっさい借りることなく、何千キロも離れた土地に新しい集落をいくつも作ってきたのである。重さがおよそ20kgもあるオオミヤシの実は、木の実としては世界最大といわれ、航海にも十分耐えることができそうだ（ちなみに、オオミヤシの実は楕円形が2つ合わさり、ちょうどヒトのお尻のように見えるため、その大胆な形を目にしたご婦人は顔を赤らめ、紳士は目を丸くしたものだった）。

　さて、マダガスカルのバオバブが、オーストラリア北西部に漂着して新しい集落を作ったという可能性も十分にある。もしそうであれば、同じくインド洋を横断する航路をたどった勇敢な移住者たちの仲間入りをすることになる。この中には、かつてマダガスカルに生息していた絶滅種、巨鳥エピオルニスの巨大な卵も含まれる。エピオルニスの化石化した卵が、オーストラリアの砂丘で最近発見されたのだ。

前ページ：二股に分かれた幹がぴったりと寄り添っているパキポディウム・ゲアイー（「ゾウの足」）。マダガスカル、トリアラにて。

右ページ：「恋するバオバブ」。マダガスカル、ムルンダバ近郊にて。

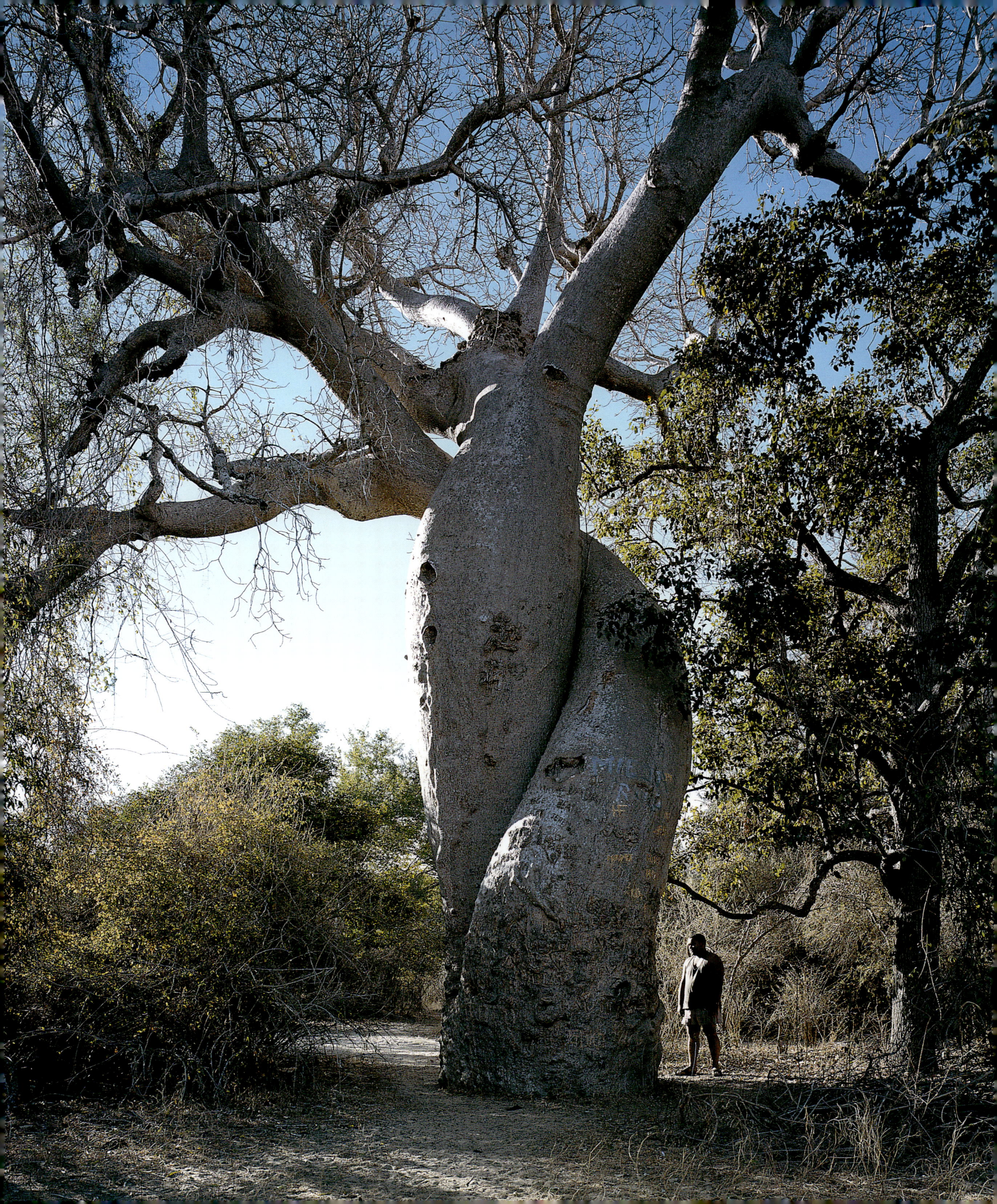

134　夢語り｜恋人と踊り手

木上の楽団が音楽を奏でていたころ

When the Band Played in the Tree

　ジョン・イヴリンが木にまつわる有名な著書『シルヴァ』を出版した1664年当時、西ヨーロッパ各地の町や村の中心には、セイヨウボダイジュ（シナノキ科の落葉高木 *Tilia europaera*／別名リンデンバウム）の古木が植えられていた（自生したのかもしれない）。イヴリンは著書の中で、とりわけ有名なセイヨウボダイジュの古木について述べている。ドイツのノイシュタット、スイスのチューリッヒ、そして低地地方と呼ばれた地域（現在のオランダやベルギーのあたり）のクレーヴのセイヨウボダイジュだ（本書130ページの17世紀に描かれた版画の木は、おそらくクレーヴのものだろう）。これらの老齢の菩提樹はみな、儀式にのっとって刈り込まれ、木や石の支柱に支えられていた。

　イヴリンがその著書の中でふれなかった、いや、おそらくは知らなかったことがある。儀式的なセイヨウボダイジュの刈り込み方はヨーロッパ大陸特有のもので、踊りの菩提樹に仕立てるためのものだった——つまり、木が祭りの主役となる特別な機会のために、こうした剪定がなされたのだ。木を飾りたて、そのまわりを踊りながら回るという独特のならわしは、はるか昔の異教徒による樹木信仰の名残であろう。5月が訪れると、さまざまな形で樹木への信仰を表現してきたが、とりわけ中心的な役割を担っていたのが、五月祭のために伐り出された木を村の広場に立てて飾りつけた柱、メイポールや、地面に生えた自然の木をきらびやかに飾りつけた飾り木（フランスでは五月樹と呼ばれる）であった。1790年代のフランスで、サン・キュロットと呼ばれた過激共和派が、革命で勝ち取った自由を象徴して「自由の木」と呼んだ木も、セイヨウボダイジュの五月樹だった。

　踊りの菩提樹の由来はフランス革命よりさらに古く、ずっと穏やかだ。それらの木は自然に倒れてしまったり、駐車場やロータリーのスペースを確保するために伐り倒されてしまったので、今ではほとんどその姿を見ることはない。しかし、バイエルン北部の静かな昔のたたずまいを残す町や村にはわずかながら残っており、大切に保有されている。わたしは、バンベルク西部のグレッテシュタットで1本の菩提樹の写真を撮った。そこには「階段菩提樹、1590年」（階段状に刈り込まれた菩提樹ということ）と書かれた札が立っていた。しかし、1590年という年号はその場所にかつて立っていた木のものに違いなく、今、目の前にたたずむ木のこととはとうてい思えない。写真に撮ったセイヨウボダイジュは、まだ樹齢150年ほどであろうか、勢いあふれる、みずみずしい枝が7段構造になっていた。下の方の段は、実際に人が乗れるように手入れされており、上の方の段は装飾として刈り込まれていた。五月祭には、セイヨウボダイジュを八角形に取り囲む飾り柱の内側で、町の若者や娘たちが幹のまわりを踊りながら回り、その頭上、木の下段に組まれた櫓では、村の楽団が夜ふけまで演奏した。さらにその上段で、だれがいてどんなことをしていたのかは、神のみぞ知る。グレッテシュタットの祭りはそういうものだった。それにしても、哀れなる踊りの菩提樹よ。今も儀式にのっとり、刈り込まれてしっかり段がつけられている（剪定するのは町の消防隊だ）というのに、若者や娘たちは、今はもう地元のディスコでしか踊らない。

左：踊りの菩提樹。ドイツ、バイエルン州、グレッテシュタットにて。2階部分で楽団の演奏が行われ、木のまわりでダンスが舞われた。

蛇とはしご
SNAKES AND LADDERS

人間の最初の不従順と、禁断の木の実のもの語り、
その実を食えば死ぬ身となる人間が、それを食い、
死と、あらゆるわれらの苦患を、この世にまねいた。

ジョン・ミルトン「失楽園」(『ミルトン英詩全訳集』宮西光雄訳より)

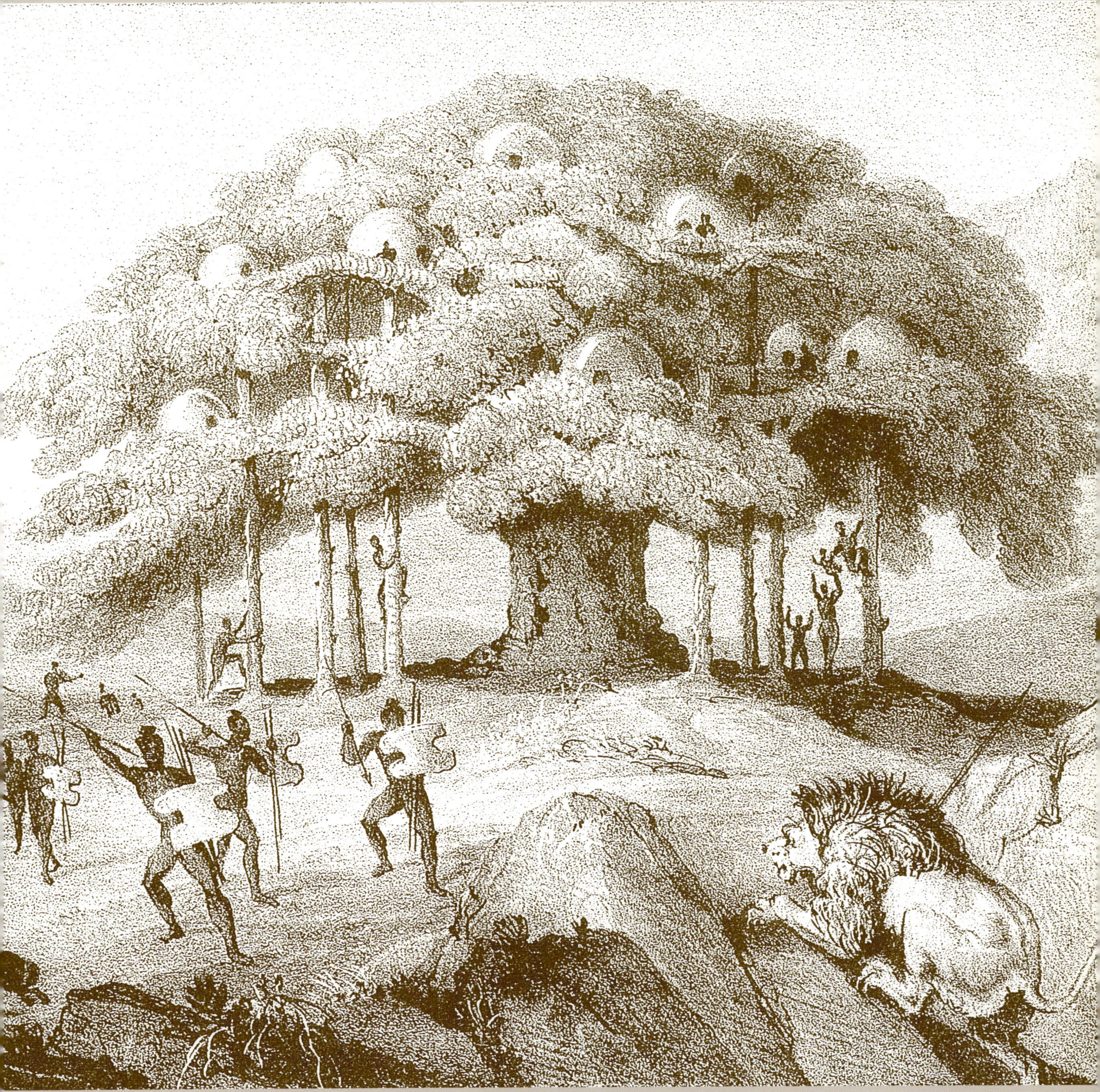

木上の村落
The Tree that Became a Village

　1828年のこと、イギリスの著名な宣教師ロバート・モファット（その娘が後に探検家デイヴィッド・リヴィングストンの妻となった）は、南アフリカ共和国、ケープタウンの北1600kmに広がる灌木の茂みを切り開いたほこりっぽい道を北に向かって旅していた。南アフリカが、まだまだ未踏の地だった頃。オランダ系のボーア人の大移動も彼らがトランスヴァール共和国を建国するのもまだ先のことである。現在ラステンバーグの町がある位置から西へ数キロいった地点で、モファットは巨大で美しい1本の木（イチジク属の仲間）に目を奪われた。木は、鬱蒼とした広大な峡谷へとつづく、細い道に立っていた。彼は旅行記の中で、荘重な言葉を使ってこのように記している。
　「木陰となっているところで数人が働いていた。まるでおもちゃの家のような円錐形の屋根が点在しているのが、常緑樹の葉の間から見えかくれしていた。近づくうちに、この木には先住民であるバコネ族の家族が住みついていることがわかった。階段のような切り込みの入った幹を登っていくと、驚いたことに、17世帯が住まう、空に浮かぶ住居があった。さらに3つの住居が完成間近だった。地上9mほどのもっとも高い位置にある小屋に入りこんで座ってみた。家財道具といっても、床を覆う干草、槍1本、イナゴのいっぱい入ったボウルぐらい……。乳飲み子を胸に抱えて入り口に座っていた女性に、イナゴを食べてもいいかと尋ねると、喜んですすめてくれたうえに、粉末になったイナゴを奥からもってきてくれた。近くの小屋から、数人の女性が枝から枝をつたって、珍客を一目見ようとやって来た。彼女らにしてみれば、この旅人に大いに興味を引かれるのだ。ちょうど、わたしにとって人の住む木がもの珍しいのと同じように。樹上にこのようなスタイルの家を作るのは、この地に群がるライオンの襲撃を避けるためであった」
　ライオンから逃れるためにイチジクの木の上に17の家を作ったというモファットの話は、トマス・ベインズが描いた絵によって一目でイメージできるものの、いささか信じがたい。「そうはいっても宣教師たるもの、嘘をつくはずはない。この木は今も存在しているに違いない」と歴史家や植物学者たちが探しまわったものの、徒労に終わっている。しかし1967年のある日、南アフリカの植物学者P・R・カービー教授が、かつてモファットがたどった道に近いバルトフォンテンという農場で、1本の野生のイチジク（*Ficus ingens* 赤い葉の岩イチジクとも、強いイチジクともいわれる）の巨木に出くわした。位置といい、樹齢といい、大きさといい、これこそあの木ではないか——さらに、モファットが木に登ったのを覚えているというアフリカ人の話が、当地に白人として最初に入植した農場主に語られていたことまでつかんだ。
　1999年、わたし自身バルトフォンテンに行き、この木を探しだした。確かに大きく、まだ成長を続けていた。がっしりした枝のうち、7本は地面に着いて、新しい根を張っていた。木の下にできる木陰は36mほどにもなろうか。しかし、本当にこの木の枝に17軒もの小屋をのせるスペースがあったのだろうか。ボーア戦争（1899-1902）の間、イギリス人とボーア人から身をかくすために、ドイツ人農民の数家族がここをかくれ場所にしたという。今ではたった1軒の小屋が残されているだけ、いや、むしろ廃屋といったほうがいいかもしれない。
　友人はミツバチにアレルギーがあるので、こわごわはしごを上っていった。木のまわりをミツバチがブンブン飛び回っている。彼女は小屋の中を探してみたが、なにも見つけられなかった——槍もなければ、スプーンも、イナゴの入ったボウルもない。その後、この廃屋は、あるテレビ番組の制作会社が『ロビンソン・クルーソー』を撮影するためにわざわざ作った家だったと知った。

前ページ：人の住む木。1829年、南アフリカでロバート・モファットが描いたスケッチを素材にしたトマス・ベインズのリトグラフ。

右ページ：人の住む木の今の姿。バルトフォンテンという名の農場にて。

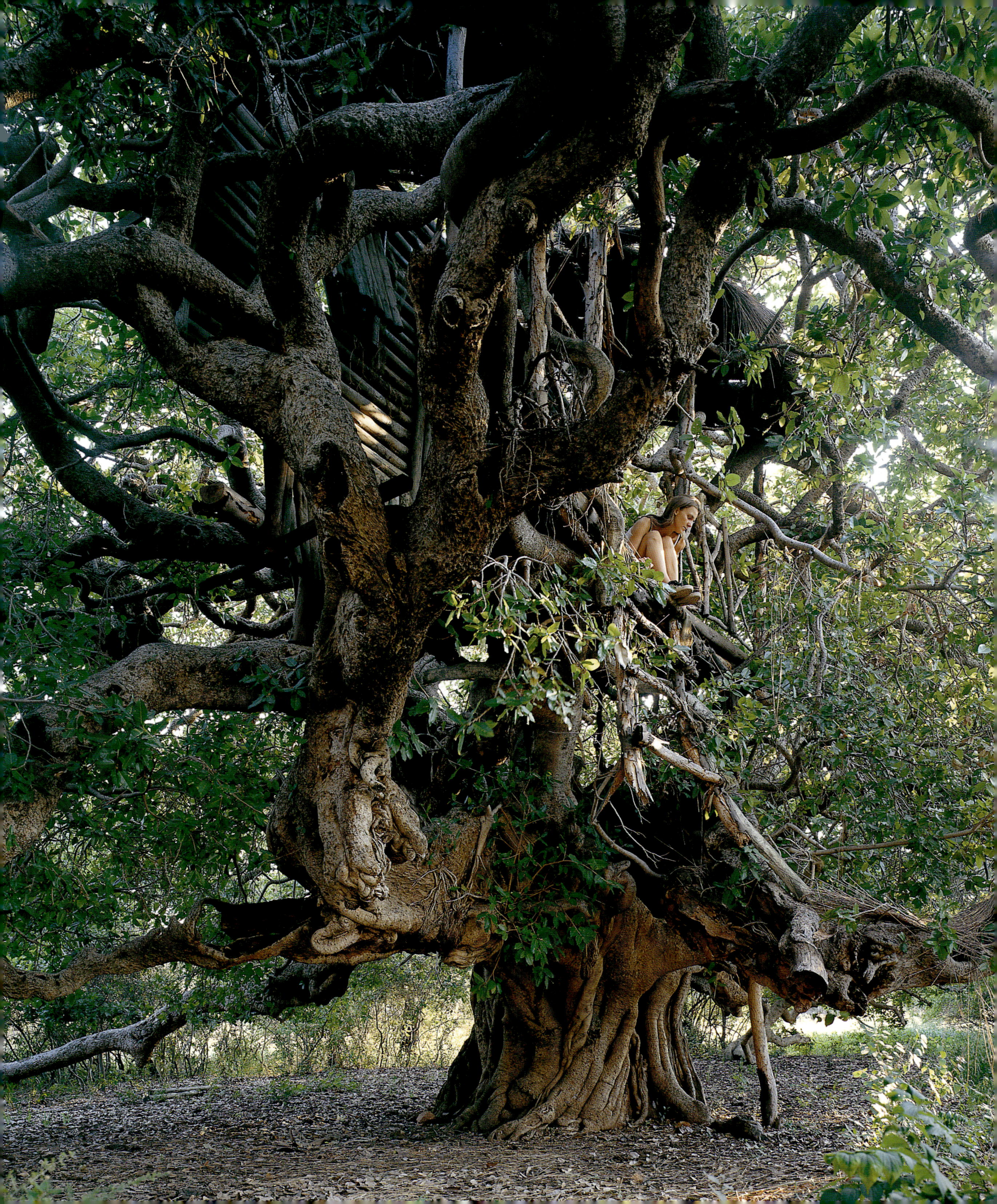

ヴェルジーの800本の
ワインオープナー

The 800 Corkscrews of Verzy

　フランス北東部のランスから16kmほど離れたヴェルジーを見下ろす森にたたずんでみると、なんとなく不思議なパワーを感じる。はるか下には、シャンパーニュ地方に富と成功をもたらしたヴーヴ・クリコなど、偉大な銘柄を生みだしてきたブドウ畑が静かに広がる。3月の陽光を浴びて、まだ葉もつけていないブドウの枝がきれいに剪定され、唐草模様をなしている。わたしが立つ森の中は、大聖堂にでもいるような静けさに包まれ、すべてのものが完璧に調和している。そう、完璧に。

　いや待てよ。ブナの木の形がおかしい。ブドウの木というならわかるが、これほど変な形によじれているのはなぜだ？　養樹係がどんなに頭をひねっても思いつかないような形になっているではないか。

　ブナやオークやマツの木にまじって、ワインオープナーのような木がなぜあるのか、17世紀からずっと謎のままだ。その「ヴェルジーのブナ」は、かつては神聖な場所とされていた丘の頂上に、ほかの木々に囲まれて生えている。ロレーヌ地方の異教徒を改宗させた聖バスレスや、ランスをフランスの中心的聖地にした聖レミは、この地で隠遁生活を送っている。7世紀から1000年以上にもわたってこの地で栄えた聖バスレス修道院は、フランス革命の時代、建築用の石材として売却され、跡地は草むらに埋もれてしまった。そして、謎だけが解決されずに残っている。このスクリューのような形をどう説明すればいいのか。

　わたしは、2002年の早春にこの地を訪れた。林業で生計を立てる人々が胸を張る、空高くまっすぐにのびたブナの林で、奇妙な形をした木が数十本は見つかるだろう、くらいに想像していたのだが、最終的に数えた"ワインオープナー"は、なんと800本にも達した。専門家によると、ヨーロッパブナ（ブナ科の広葉樹 *Fagus sylvatica*）の突然変異種らしい。

　種子から増えたものも一部あるにはあるが、形はやはり曲がっている。大部分は取木で増やしている。専門家によると、このブナの木はまったく自然発生的に生じた突然変異種であり、聖バスレスや修道院の僧たちが手を加えたのではないという。しかし、なぜこのようなことがヴェルジーの修道院で、しかもこれほどの規模で起きたかは、今なお科学上の謎らしい。ドイツではハノーヴァーの近くで、スウェーデンではマルメの近くでも似たような事例が報告されているが、その規模は小さい。通常、突然変異種はあまり子孫を残すことなく絶えてしまうものだ。しかしヴェルジーの森では、変種のワインオープナーが優勢になりつつあるようだった。

　わたしの取り越し苦労かもしれない。しかし、丘の下のブドウ畑にもなにか不吉なパワーが降り注いでいると、真剣に考える人が出てきてもおかしくない。さぁ、今のうちにヴーヴ・クリコのボトルをあと何本か買いだめしておこう。

右と右ページ：フランス北東部、ヴェルジーのワインオープナーのようなブナ。僧侶が曲げたのか？

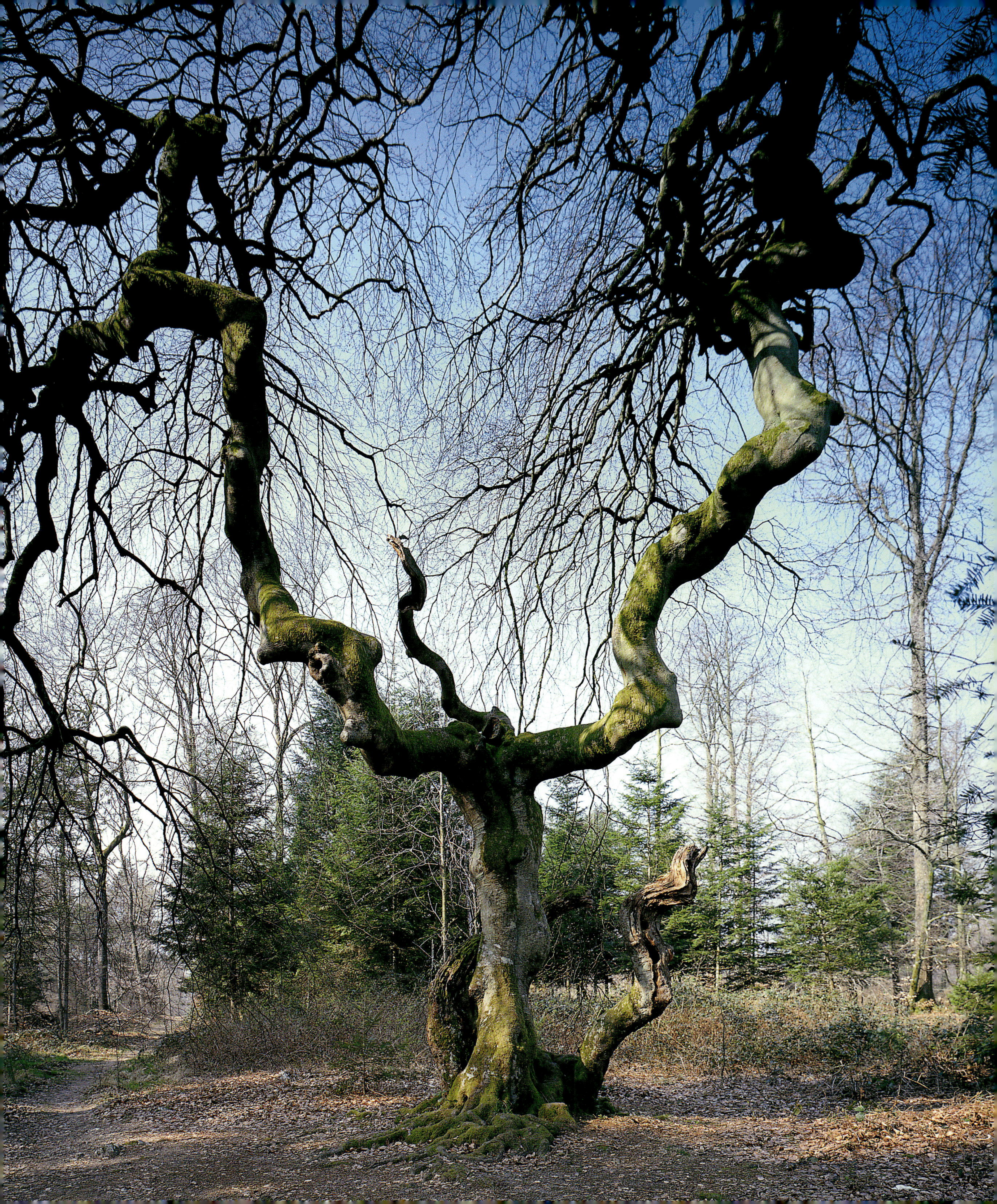

天使(エンジェル)の木
Where Angels Didn't Fear to Tread

　サウスカロライナ州、チャールストンにほど近いジョンズアイランドまであとわずか。黒人の公民権運動で歌われた「hey, lord, ain't you a right?（ねえ、神様、あんた正しいんだろう）」の歌詞がわたしの頭に浮かんできた。ここは河口に近い湿地帯で、潮が満ちると川が逆流する。アメリカフウ（マンサク科の落葉高木）の森や松林があったり、壮大なライブ・オーク（コナラ属の照葉樹 Quercus virginiana／アメリカの東部、南部の海岸地帯に自生する巨大で、苔むした常緑のオーク）も数本目にすることができる場所だ。

　200年以上の間、ジョンズアイランドの住民は黒人が多数を占めていた。最初は広大な綿花農園(コットン・プランテーション)で働く奴隷たち、その後は貧しい農園労働者や農場主の邸宅で働く召使など。農園主や奴隷たちがやって来るより100年以上も前から立っていたという、巨大なヘビのようなエンジェル・オークを見るために、わたしはやって来た。エンジェル家が土地を相続したからという、ありきたりの名前の由来とは別に、黒人の奴隷や子供たちにとってこの木の名前は、別の意味合いをもつ。樹木崇拝を伝統とする彼らは、この大蛇のような枝に、殺された奴隷の魂を見たのである。言い伝えでは、天使(エンジェル)が幽霊の姿をしてオークの木に現れるという。奴隷制の時代、木のまわりで殺戮(さつりく)があり、殺された人の魂が姿を現すようになったとか。黒人たちは、天使(エンジェル)が亡くなったものたちの魂をこのエンジェル・オークまで連れてくると信じていたのである。

　悲しい歴史にもかかわらず、この木の周辺は今、とても美しく、楽しげだ。芽吹いたばかりの小さく薄い楕円形の葉の間から、4月の陽光が木漏れ日となって差しこむ季節は格別にすばらしい。わたしには、殺された人の魂のかわりに、現世の天使(エンジェル)、米国のコインに彫られているあの傲慢な目をしたハゲワシ（霊魂を天界へと運んでいく使者だそうだ）が、ネズミやリスを探し求めて天空をぐるぐると回っているのが見えた。

右：米サウスカロライナ州、ジョンズアイランドのエンジェル・オーク。殺された黒人の幽霊がでるといわれている。

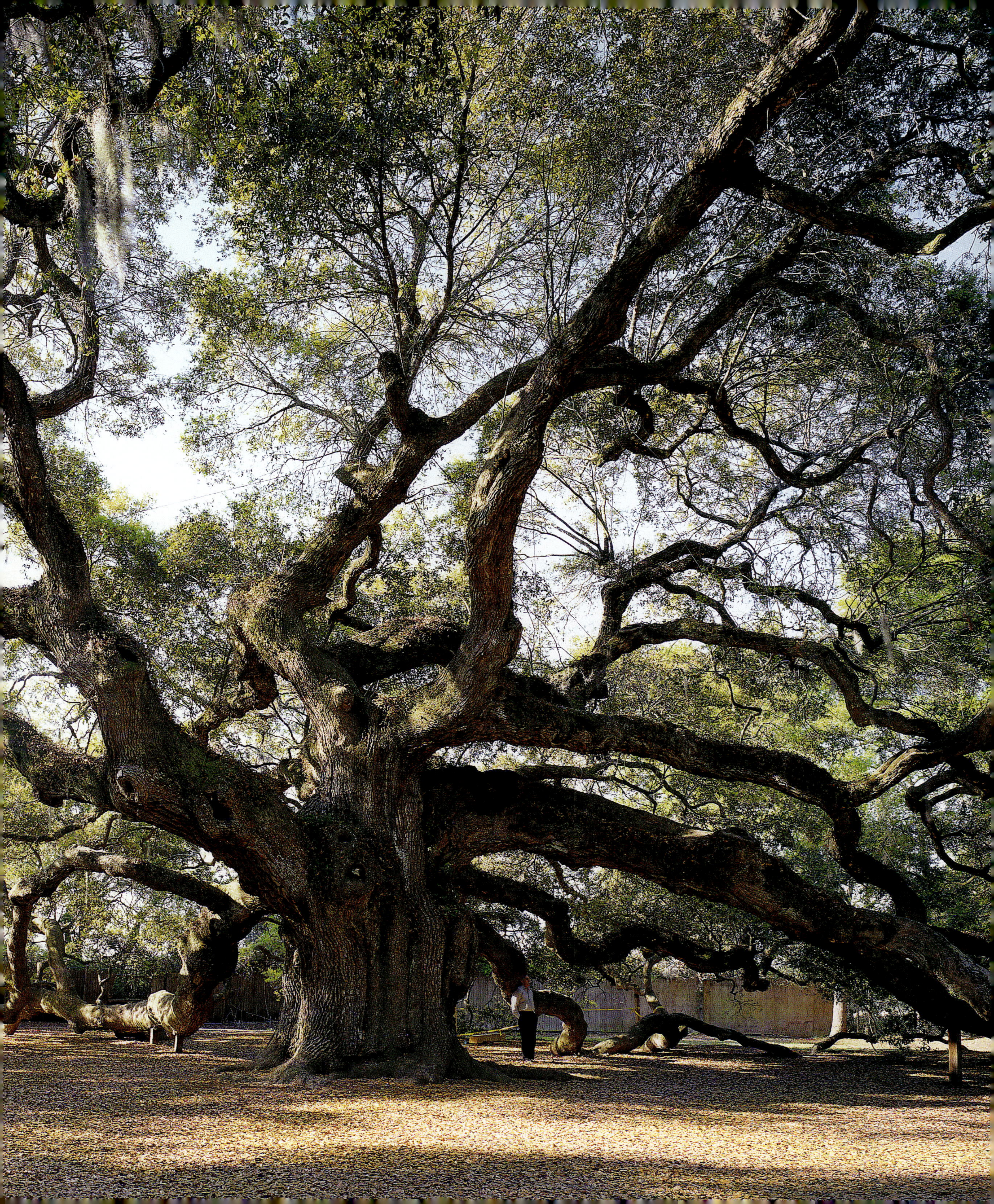

地面を目指す木
Going down, not Coming up

　ラータ（着生性の巨大植物 *Metrosideros robusta*）の種子はとても小さく、これがなにか危ない植物だとは思えない。この実を食べた鳥が別の木にうつり、とまった枝の分かれ目に排泄する。鳥の体内を通り抜ける過程で十分に栄養を補給された種子は、排泄された地点で発芽する。枝にとまるのは、今度はラータということになる。根はそこからだんだんと下に向かってのび、温かく受け入れてくれた宿主をやがて包みこんでしまう。200年ちょっと経つと、宿主は、この絞め殺し植物にすっぽり飲みこまれて枯れてしまうのだ。なんと卑劣な殺し方だろう！ そしてご馳走にありついた大蛇がゆっくりと休息するように、普通の木と変わらぬふりをしたラータが、なにくわぬ顔で同じ場所に立ちつづける。

　ニュージーランド、北島のブッシーパークにあるラータの写真をご覧いただきたい。これまでに記録されたものの中で、最大のラータのひとつである。巨大な幹の内側に、絞め殺した宿主の形がそっくりそのまま空洞になって残っているとは、いったい誰が想像できるだろうか？ 木の根は他の樹木となんら変わらない、ごく普通の根っこのように見える。しかしその実態は、宿主を飲みこもうと上からじわじわと下にのびる根なのだ。地面から上に向かって成長していくことはない。

　この木はつねに殺し屋として宿主につくというわけではない。ニュージーランドでは、北島でも南島でも、春になると森のはずれに赤い花をつけたラータを目にすることができる。それらはだれにも頼ることなく、自力で繁殖を続けてきたに違いない。わたしは、南島、サザンアルプスの小道を歩いたときに拾い集めたラータの種子を、アイルランドの自宅の庭に植えた。高地で拾った種子なので、わたしの母国の寒い気候にも十分耐える成木に育つかもしれない。

　わたしの庭（つねに訪問者に開放している）に来る機会があれば、このニュージーランドの絞め殺し植物をぜひ探してみてほしい。

左：ニュージーランド、ブッシーパークのラータ。宿主を絞め殺し、食べてしまった後で、ゆったりとくつろいでいる。

右ページ：ラータの近景。

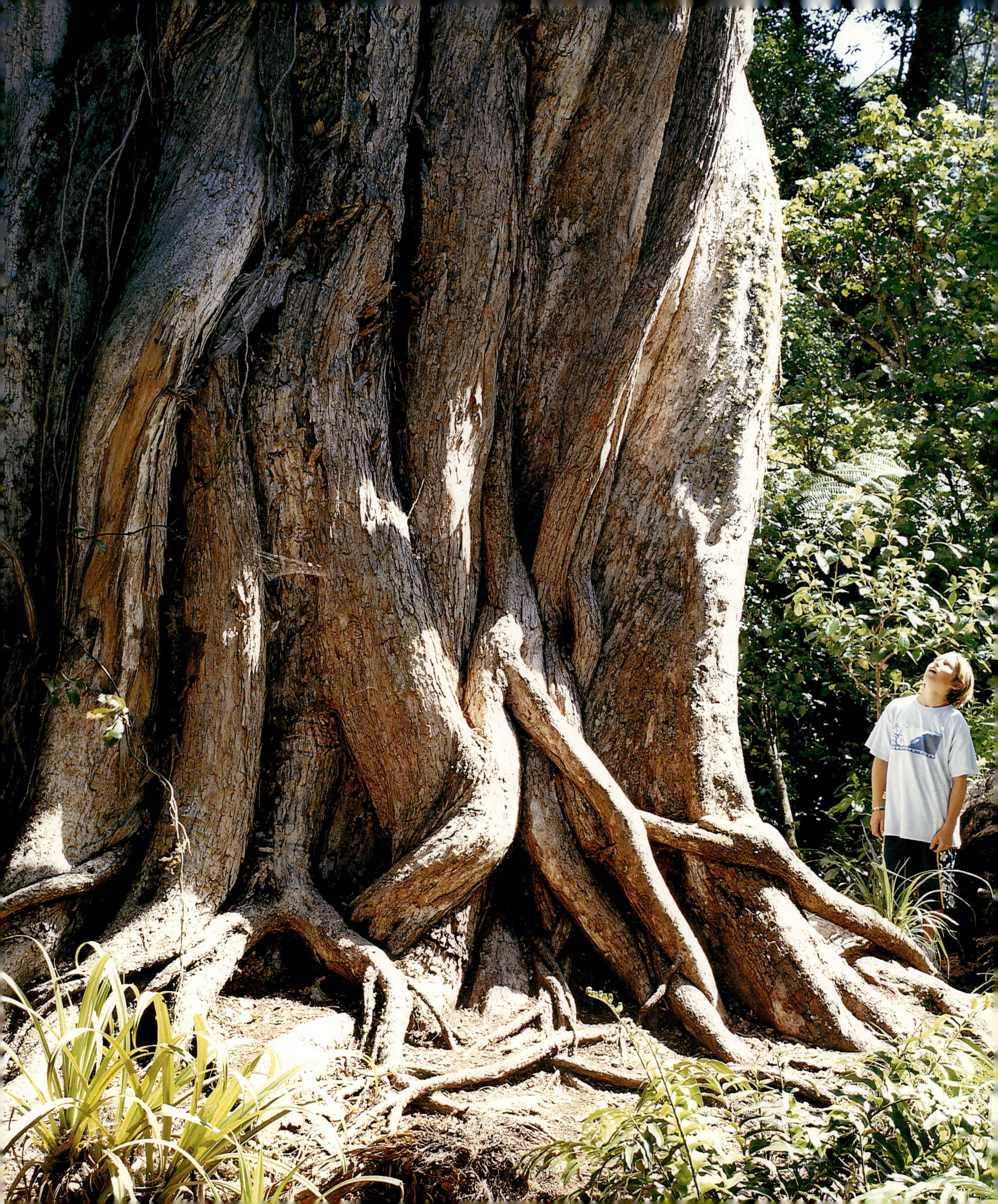

ほらね、
おとなしい大蛇でしょう？
Trust Me, I'm a Python

　イチジクの巨樹の前に立ち、その巨大な、つやつやとした卵形の葉っぱを見ていると、いつの間にか熱帯地方へと思いを馳せてしまう。だが気を許してはいけない！　イチジクの仲間の多くは、ラータ（着生性の巨大植物 *Metrosideros robusta*）と同じように、実は絞め殺し植物なのだ。地中海イチジクの仲間と同じく種子は小さいが、紫色の果肉が鳥の大のお気に入りだ。果肉をついばんだ鳥は別の木へと飛びうつり、迫りくる危険など知るよしもない宿主の木の枝に、種子のまじった糞を落としていく。

　イチジクの中には、外界と折り合いをつけながらきわめて穏やかに生きていく木もある。オーストラリア東部を原産とするモートンベイ・イチジク（イチジク属 *Ficus macrophylla*）は、正真正銘の紳士だ。通常は地面から生え、巨大なサイズに成長する——55mにまで達した木もいくつか報告されている。シドニーでは、この木をたくさん目にすることができる。ある日わたしは、植物園の芝生に立つモートンベイ・イチジクの巨樹の枝に座っている女子学生のグループを目にした。どの枝も、わたしがヨーロッパで見かけたブナやオークの枝よりも大きかった。残念なことに、カメラを構える前に、少女たちは軽やかに枝から飛びおりどこかに走り去ってしまった。

　かわりといってはなんだが、ポルトガルのリスボンの北約150kmほどにあるコインブラの植物園で、このモートンベイ・イチジクを写真に収めた。なんともその場にそぐわない感じで、植物園の石段の上で好き勝手な方向に根を張りめぐらせていた。わたしがヒロハノナンヨウスギの木を見つけたブサコの公園から南へ約16kmのところにある、この摩訶不思議な雰囲気が漂う公園は、おとなしい大蛇でいっぱいだった。わたしは大蛇のとぐろに見える根の間に腰を下ろしてみた。もちろん襲われはしなかった。モートンベイ・イチジクは、子供をひとりで残しても、なんの心配もいらない（シドニーの少女たちで証明済みだ）。しかしせっかくだから、ひとつだけ警告しておこう。この木は石段にとって不幸なほどの食欲の持ち主で、うかうかしているといつの間にか食われてしまう。コインブラの町の石段よ、ご用心！

右：ポルトガル、コインブラのモートンベイ・イチジク。不幸な食欲をもつ。

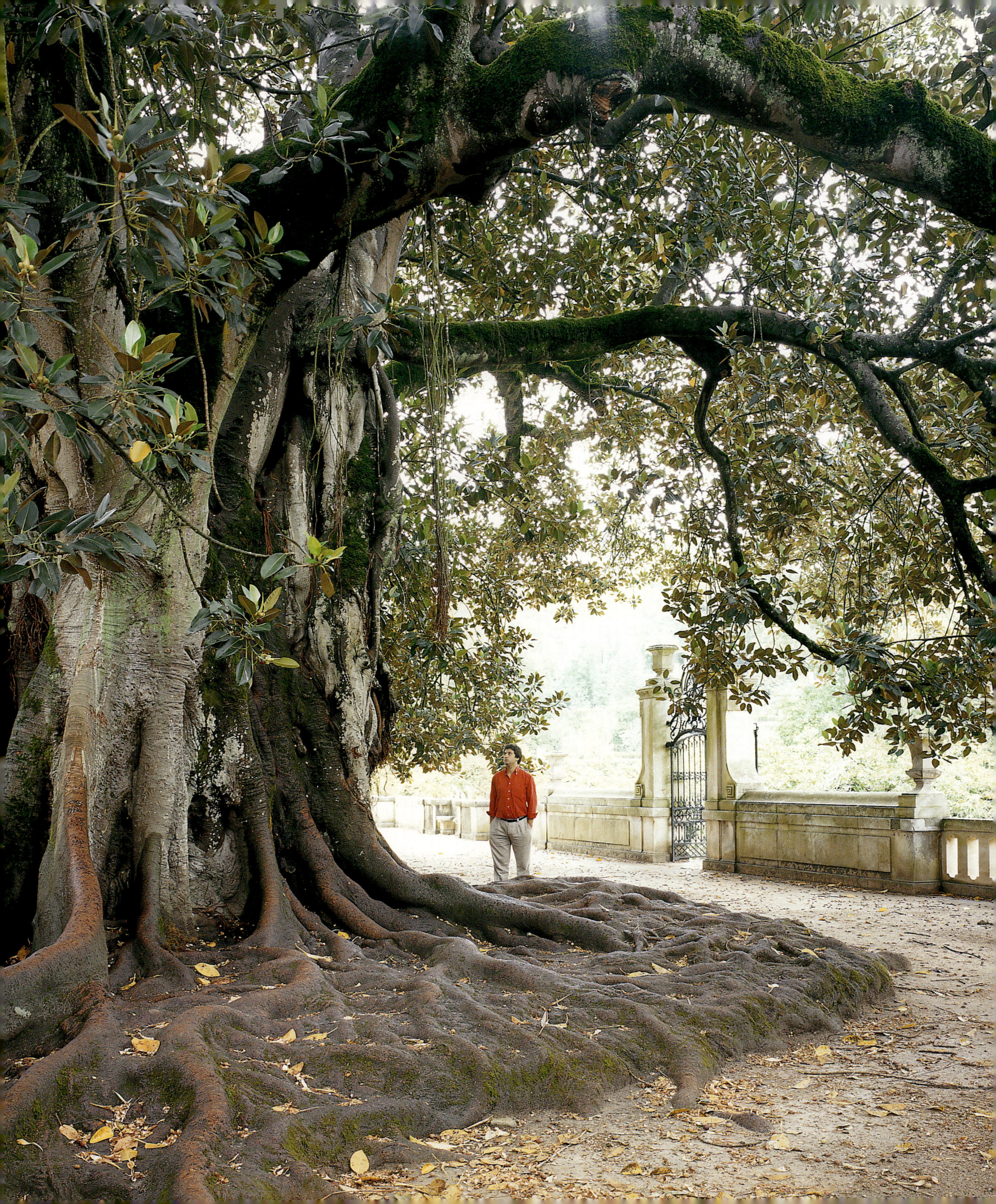

植物園に棲む2匹のヘビ
Two Serpents in the Garden

　スリランカの旧首都コロンボの北東約100kmに位置するキャンディーの植物園に生えているベンジャミンゴムノキ（クワ科イチジク属の常緑高木 *Ficus benjamina*）をご覧いただきたい。同じイチジク属といっても、ありきたりのイチジクの木（150、151ページ）となんと対照的なことか。どちらもエデンの園に棲むヘビのようであることは共通している。イチジクの方は、伸び放題の壮大な根っこを別にすれば、ごくありふれた木だ。ベンジャミンゴムノキの方は、この植物園で一番有名な木である。垂れ下がる枝々は、ちょうどドーム型になっており、数十組の家族連れが一緒に日中の暑さをしのげるほどの木陰ができる。もしこれがアフリカにあったなら、地域の「寄り合いの木」の役目を果たしたことだろう。身分の高い人々が集まって交渉をしたり、神官が数珠を手にもって瞑想したり、子供が遊んだりする木のことである（わたしは、そのようなイチジクの巨樹を南スーダンのナイル河の近くで見たことがある。当時総督だったチャールズ・ゴードンがその木陰に腰を下ろした時代からほぼ120年が経過していたが、それでもまだ「ゴードンの木」と呼ばれていた）。

　ベンジャミンゴムノキは、枝から無数の気根を垂らしている。これはつまり、この木が絞め殺し植物として宿主にとりついたか、もともと絞め殺し植物の仲間ながら、地面に植えられて育ったか、そのいずれかであることを示している。実際にどっちだったのかは、わたしにはわからない。しかし、このベンジャミンゴムノキは無気力そうな感じがするし、攻撃的な雰囲気も感じない。近い親戚であるベンガルボダイジュ（クワ科 *Ficus benghalensis*）とは大違いだ。インド、カルカッタのヴィクトリア記念庭園に隣接する植物園に有名な木がある。枝からは、森でも作れそうなほどたくさんの気根が空中に垂れている。しっかりと根付いたそれぞれの根は、ほかの助けを借りずに新たなベンガルボダイジュの成木に成長する。100年ほど前には芝生を27mほど覆っていたにすぎなかった。それが今では270mほどにまで広がっている。この木がヴィクトリア女王に自分の王国を興したいという野望を打ち明けたとしたら、女王はきっと許したに違いない。なんといっても、女王には40人もの孫がいて、王や女王となっていったのだから。

夢語り｜蛇とはしご　149

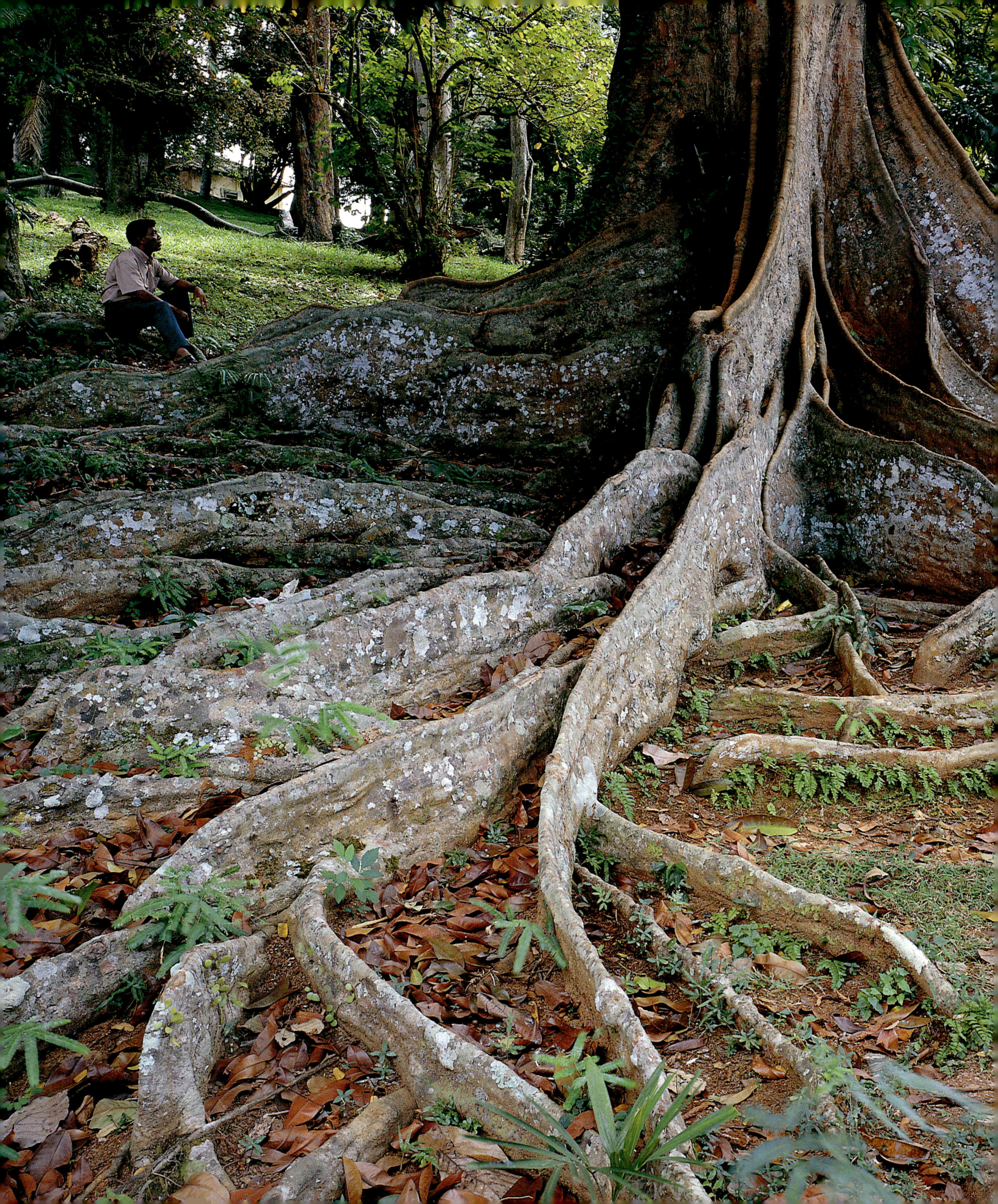

夢語り｜蛇とはしご　151

148,149ページ：スリランカ、キャンディーの植物園のベンジャミンゴムノキ。アフリカでいう、「寄り合いの木」にあたる。

左：大胆に根をのばしている由来のしれないイチジクの木。スリランカ、キャンディーの植物園にて。

幽霊
GHOSTS

そこでわたしは片手を少しさしのべ、
茨の巨木から小枝を一つ摘むと、
幹叫んで言う、「なぜおぬしはわしを害う?」

折れ口が噴き出る血汐で黒ずむにおよび、
幹は再びおらび始めた。「なぜおぬしはわしをひき裂く?
おぬしはもたぬか、あわれみの情を?……」

ダンテ『神曲地獄篇 第七圏』(寿岳文章訳より)

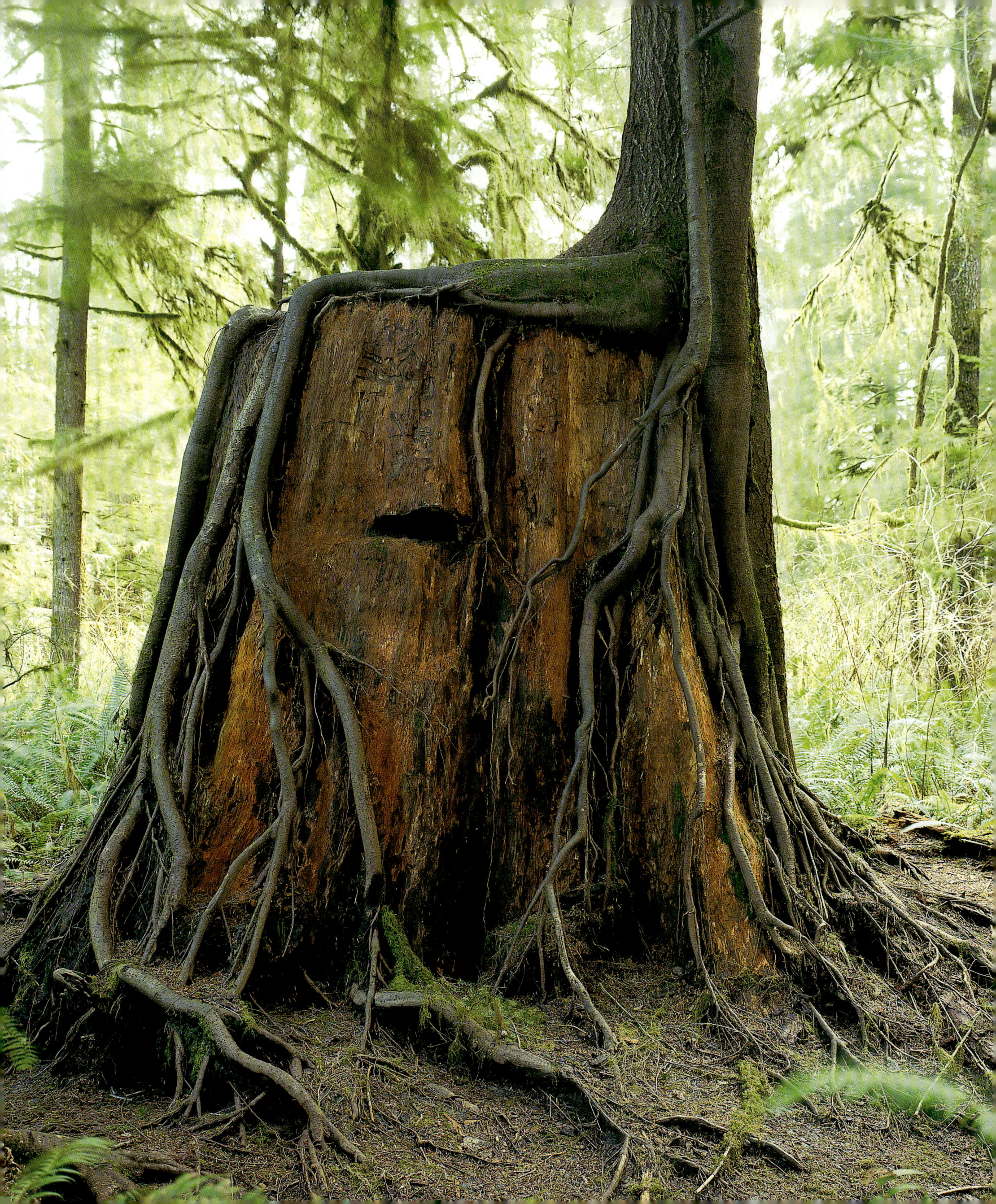

デイヴィッド・ダグラス、安らかに眠れ

Failing David Douglas

　2001年12月のある薄暗い日のこと、わたしは、ワシントン州シアトルの西側を通るフリーウェイを水しぶきをあげながら走っていた。オリンピック山脈の太平洋側に分布する巨大なダグラスモミを探しだし、写真に撮ろうとかたく心に決めていた。あこがれのヒーロー、デイヴィッド・ダグラスゆかりの木だけは、絶対に外すわけにはいかなかった。

　デイヴィッド・ダグラスが古今東西の植物ハンターの中でもっとも傑出した存在だったということについては、多くの人が認めるところだ。スコットランド、スクーン・パレスの庭師から身をおこした彼は、ハワイ滞在中に訪れた闘牛場で、観客席から柵の内側にあやまって落ち、雄牛に突き殺されて亡くなっている。しかしその35年の短い生涯で、アメリカ北西部に広がる未開の奥地を縦横無尽に飛びまわり、次々と未知の樹木や植物を発見、世に知らしめたのだ。その中には、シトカスプルース（シトカトウヒ）や、彼の名にちなんで命名されたダグラスモミ（マツ科の針葉樹 *Pseudotsuga menziesii* ／別名ベイマツ）もある。

　ダグラスモミの中でも世界最大級クラスの巨樹5本が、クイノルト湖付近に広がる古い原生林に集中していることは分かっていた。友人であり、有名な巨樹ハンターであるボブ・ヴァン・ペルトがその年のはじめ頃、湖の北側にあると教えてくれた。

　結局わたしは失敗した。確かに、木はそこにあった。荘厳なダグラスモミの木は奇跡的にも伐採業者の手をすり抜け、難を逃れていた。しかし周辺にあったはずの巨樹（残った木よりも間違いなく大きな木）は、残念なことにきれいさっぱりと伐り倒されていたのである。それにしてもダグラスモミは、ここからずっと南下したところにある海岸沿いのレッドウッドと同じく（32〜34ページ参照）、ひどく撮影者泣かせだ。工場の煙突のように高く、太い朽ち葉色のコルクのような風合いの幹が、シダの茂みの中からすっくとのびている。しかし、目を上に向けるとすぐに、鬱蒼とした黄緑色の葉の間に埋もれてしまい、その先端をカメラのレンズで捕らえることはできない。

　木の全体を撮影することはできないので、切り株を写真に撮った（前ページ参照）。かつては、ダグラスモミの大樹だった切り株だ。（おそらく、古い原生林の残骸のようなこの森が保護の下におかれる前に）伐採業者が大挙してやって来たのだろう。その痕跡を今でも見ることができる。彼らはまず木の幹にV字形の切り込みを入れ、足場を作るために厚板の楔を打ち込み斧をふるい、木を倒したのだ。切り込みの跡は今でも切り株に醜く残り、怒りの眼で訪れる人々をねめつけている。しかし、レインフォレストの中では、すぐに新たな命が芽吹き、すべてが無駄なく利用される。ダグラスモミと比べ、日照が少なくても育ちやすいベイツガ（マツ科の常緑針葉樹 *Tsuga heterophylla*）の種が地面にこぼれたのだろう。やがて芽を出し、今では若木がダグラスモミの切り株にまたがるようにしてのびている。まるで解剖学の標本で見るヒトの靭帯のように、切り株を根ですっぽり包んでいる。ベイツガだけでなく、コケに覆われた巨大なヒロハカエデ（カエデ科の落葉高木 *Acer macrophyllum* ／別名オレゴンカエデ）も、幽霊たちが漂っているかのように枝をしならせていた。

　わたしはヒーローの撮影に失敗したのだ。それに加えて、あんな無惨な切り株を目にしたおかげで、すっかり気が滅入ってしまった。ひょっとしたら、死に方は別として、ダグラスはあのとき命を落としてよかったのかもしれない。ヨーロッパ北西部の森林にダグラスモミやシトカスプルースが何百万本と植林されているのを彼が生きて目にしていたならば、きっと誇りに思ったことだろう。でも一方で、古い原生林に生息するダグラスモミが、斧の前に消えていくのを見たくはなかっただろうから。

前ページ：ワシントン州クイノルトにあるダグラスモミの切り株。伐採されてから長い時が流れ、今では、ベイツガの若木の住処となっている。

右ページ：ベイツガに占拠されてしまった切り株。ワシントン州ホー・バレーにて。

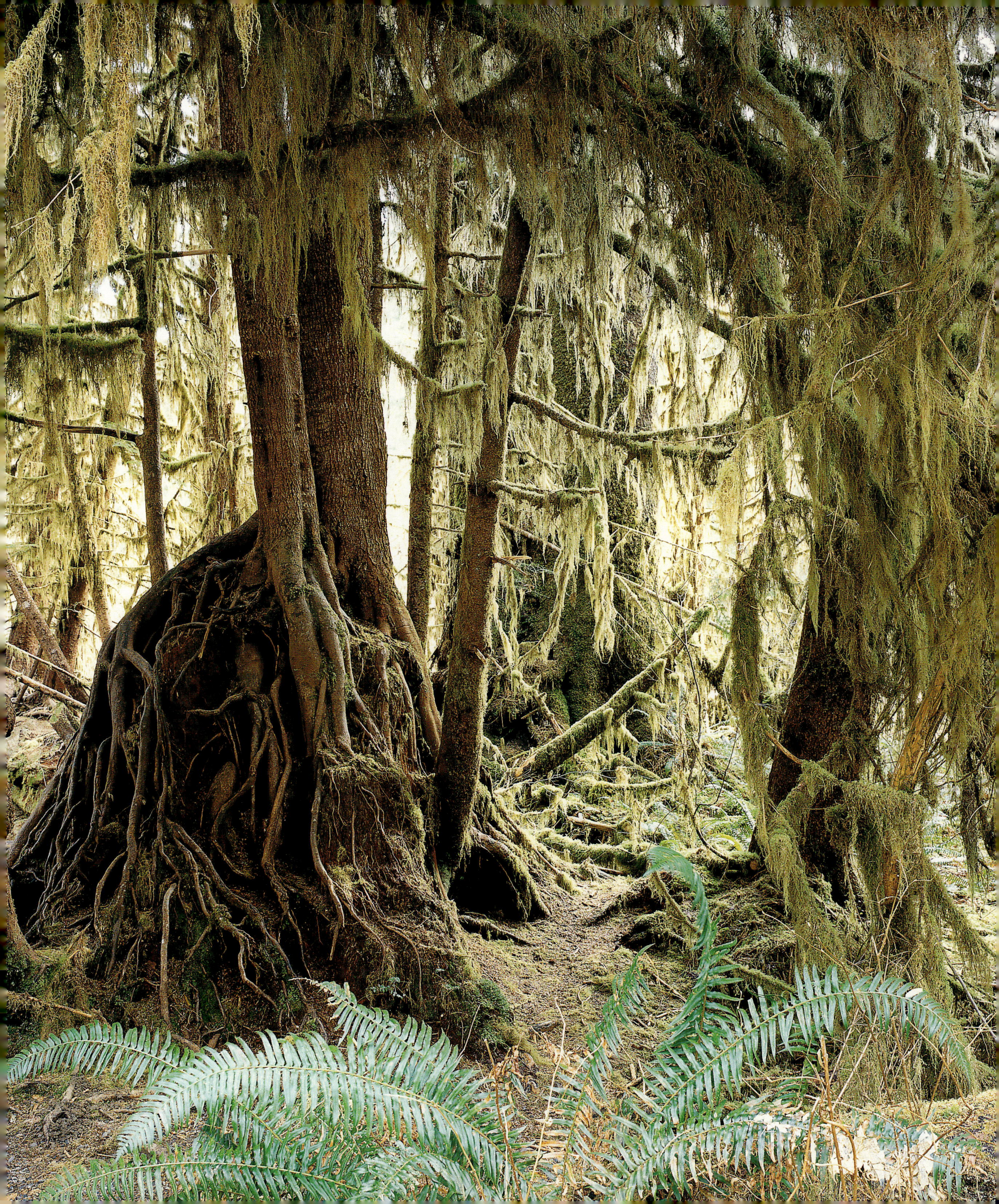

左と右ページ：ワシントン州ホー・バレーの渓谷にある黄色いコケで覆われた幽霊のようなヒロハカエデ。クモの巣のように絡みついたコケは、腐敗した後も、カエデの根の養分となり、役に立つ。

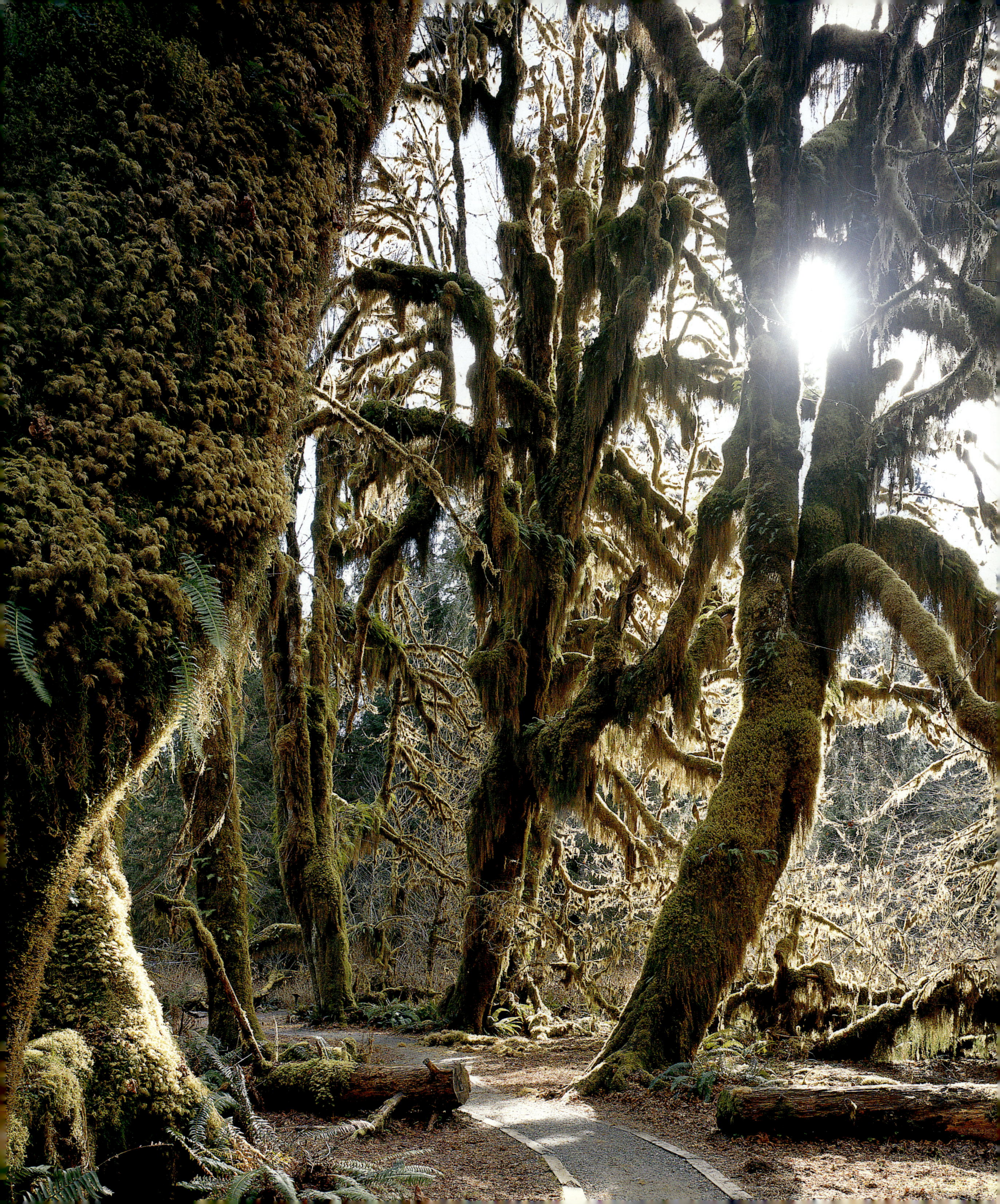

ヨシュアに導かれるモーセの話
When Moses Followed Joshua

　1846年、ブリガム・ヤング率いるモルモン教徒の一団は、重装備で身をかため、西を目指してイリノイを出発した。アメリカ合衆国政府の支配を逃れ、新しい自分たちの国を建設するための西進だった。才気あふれる指導者ブリガム・ヤングは、当時の記録によると、モーセのように絶大な統率力をもち、非道さはナポレオンに匹敵したという。葉が釘のようにとがったユッカの木が点在するソルトレークの砂漠を一団が横断していたときのこと、ある地で食料と水の蓄えが尽きてしまった。信奉者たちの気力がくじけそうになったそのとき、この偉大なる指導者が1本のユッカの木のねじれた大枝を指さしながらいった。「見よ、ヨシュア（訳注：モーセ亡き後、約束の地を目前にして後継者として立ったイスラエルの民の指導者）だ。まもなく約束の地だ」。

　ヤングとモルモン教徒たちは、1847年、ついにミルクとハチミツあふれる豊穣なユタの地を開拓していく。もっとも翌年には、古代イスラエルの民による出エジプトさながらの大移動が、ある意味で失敗に終わったことが明らかになり、希望の光が失われていった（やっとたどり着いたこの地は、当時メキシコが領土権を主張していた。モルモン教徒は独立国家建設を夢みたが、結局米国政府との戦いに破れ、アメリカ合衆国として生き残ることとなる）。しかも、ヤングはその頃、自分の力が絶対的なものだと思いこみ、銃を使ってでも服従を求めた。アーカンソーからカリフォルニアへ行くためにはるばるやって来た人々——子供を含めて総勢120人もの人々——に、モルモン教徒が発砲をするという事件が持ちあがった。狙われなかったのは、比較的幼い子供たちだけだった。ヤングはこの事件について責任を否認。さらに、一夫多妻制は神の意志に従ったものだと熱心に唱導して、米国で後にも先にも、一夫多妻制を成功させた唯一の州の基盤を築いた。1877年にヤングが没したときには、家には23人の妻が、銀行には200万ドルの預金が残されていた。

　そして、木の名前も残った。ヨシュアにちなんだヨシュア・ツリー（リュウゼツラン科の常緑樹 *Yucca brevifolia*／ユッカの一種）という呼び名である。わたしは、カリフォルニア州南東部のヨシュア・ツリー国立公園内で、あのライブ・オーク（142ページ参照）からそれほど遠くないところに立つ、ヨシュア・ツリーを撮影した。どうやら、月夜の風景とボイラー室の中にいるような気候は、オークよりユッカに適しているらしい。ユッカの木はシダやヤシの木と同じく、一般的な樹木にはない特徴がある。年輪を刻みながら成長していく樹木と異なり、配管を張りめぐらしたような幹やねじれた枝に水分を蓄える構造になっていて、見事に環境に適応するのだ。高さは14mほどにもなり、中には、幹周りが約4mにも及ぶチャンピオン級のものもある。年間の雨量が100mm程度の土地でも生きていくことが可能らしい。決して美しいとはいえないが、春に雨が降ることがあれば、その苦痛に満ちた表情は和らぎ、1、2週間ほどの間、黄色の花に包まれ、冠を頂いたような姿になるという。

　右ページのおどろおどろしい姿を撮影したときは、何週間も雨に恵まれていなかった。ふと、わたしは思った。この木にヨシュアの名をつけるなんて……。この木が「約束の地へと導いてくれる」だって？　偉大な指導者ヤングは、せっぱ詰まって悪い冗談を飛ばしたのだろうか？　いいや、違う。一時的であるにせよ、アメリカのモーセであり、ナポレオンであった男だ。ただ、もう少し冗談のセンスに恵まれていればよかったのに……。

右ページ：カリフォルニア州ヨシュア・ツリー国立公園にあるヨシュア・ツリー。モルモン教徒によると、ねじれた枝をいっぱいに広げている姿は歓迎の意を表わしている。

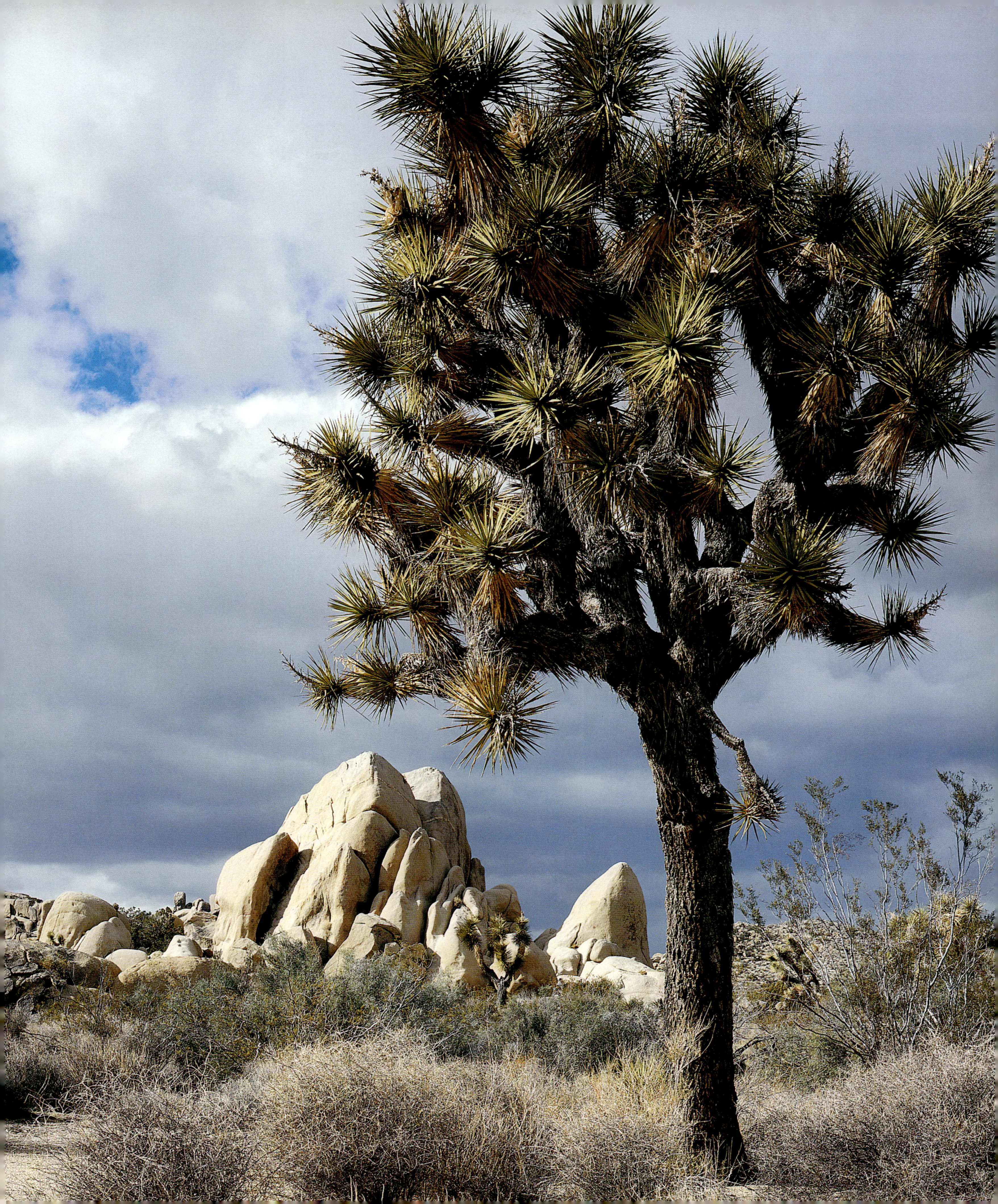

160　夢語り｜幽霊

菩提樹の木の下で眠る少女
The Girl Who Lay under the Banyans

　友人たちのすすめで、マダガスカル南西部に位置するトリアラ郊外にある神聖な2つの場所を訪れた。

　最初に訪れたのは、19世紀に当地を支配していたマキロロ族の長ババ王が眠る墓だった。この部族の王は代々、その子供に英国王室の称号を与えるという風変わりな習慣をもっていたという。おそらく、肉や果物の交易にやって来たイギリス人水夫から遠い異国に住むという別の王族（つまり英国王室）の話を聞いて、そんなことを思いついたのだろう。しかし、墓には、ウィンザー公だとかオズボーン公といった称号が彫られているでもなく、ただ山積みになった石ころの上に骨壺と大きな壊れた鐘があるだけだった。肝を抜かれたのは、すぐそばにあるオクトパスツリー（ウコギ科の常緑高木 Didieriera madagascariensis／別名ブラッサイア）だ。この木は、マダガスカルの数ある固有種（ほかのどの地域にも見られないその土地固有の野生種）と同じように、その姿を一度でも目にした植物学者たちに、絶滅から救わなければと、居ても立ってもいられないような気持ちにさせるのである。オクトパスツリーは、酔っぱらったタコが手を振ってあいさつをしているかのように、灰色で大きなトゲだらけの枝をしならせている。成長する雨季には、この枝が緑色に変わる。

　次にわたしが訪れたのは、ベンガルボダイジュ（クワ科イチジク属の常緑高木 Ficus benghalensis／別名バンヤンノキ）の神聖な森だった。とても静かな、隠れ家のような場所ということで友人がすすめてくれた。小さな森を囲う柵の入口は閉まっていたが、中に入れてもらうことができた。到着したのは日没の30分前。写真からもおわかりいただけるのではないだろうか、ちょっと異様な雰囲気に包まれていた。履いていたサンダルを脱ぐようにいわれたその場所には、礼拝者のためにコンクリートの腰掛けがあった。いったい、だれを、なんのために祭っているのだろうか？　だれもなにも教えてくれない。たぶんこの森は、たった1本の絞め殺し植物から成長していったもののようだ。空気中から水分を取りこむために気根をのばし、どんどん繁殖していったのだろう。今では、それぞれの木々が独立した幹をもち、中が朽ちてしまっているため、木というよりはむしろ骨のようになっていた。骸骨の森――日が落ちたら一時でも長居したいとは思えないような場所だ。

　ホテルに戻り、あの森についてさらに詳しい話が聞けた。200年ほど前、ババ王が即位してまもなくの頃、王国の存亡を脅かすかなりひどい旱魃（大洪水という可能性もあるが）に襲われた。霊の怒りを鎮めるために、その土地の司祭のお告げに従い、幼い少女を生贄にした。少女は生きたまま土に埋められ、亡骸からベンガルボダイジュが生えてきたという。自然物の中に霊魂が存在すると信じているアニミストたちが今、その菩提樹を礼拝しているのだそうだ。

　ホテルに着く前にこの話を聞かされていなくてよかった。わたしは、思わず胸をなでおろした。

左：1本のベンガルボダイジュから形成されたマダガスカルの神聖な森。かつて、この森で生贄が供された。

眺めのいい墓地
A Tomb with a View

古きよきカリアの客人よ、今あなたはここに眠る。
一握りの灰となって久しく、安らかなる眠りは続く

　もしあなたが、この詩のヘラクレイトスのように、永眠するにふさわしい地を探し求めているのなら、トルコの南西部に位置するケコバをおすすめしたい。かつてオリーブ交易で繁栄したギリシア、カルパトス島北部の港町で、海賊の来襲から住民を守った中世の城、城砦、ギリシア悲劇が上演された劇場、贅沢な共同墓地がある。墓地からの眺めも最高だ——北は、春でも山の頂きが雪に覆われているリキュアの連山、南には風に波打つオリーブ畑のかなたにもの憂い雰囲気を漂わせたエーゲ海が見渡せる。

　墓地はヘレニズム時代のもので、墓荒らしに対して「近寄るべからず」とギリシア語の警告が、2000年も前に墓石に彫られている。だが墓はすっかり破壊され、がらんどうだ。亡骸は盗まれ、捨てられたに違いない。

　オリーブの木（*Olea europaea*）ほど墓地にふさわしい木はないだろう。この共同墓地でも、晴ればれとした心地よい永遠の生命のイメージを喚起させる。よみがえる生命——たわわに実をつけ、銀色の光を放ちながら風に波打つ緑の木々——というイメージと、幸せに包まれた老いのイメージが無理なく結びついている。オリーブの幹は、600年から700年という歳月の重みに首を垂れ、徐々に穴があきスカスカになる。やがて、枯れるか風で倒れてしまう。あるいは、伐採業者に伐り倒される。それでも、その古い古い根っこから、再び新芽が萌え出る——われわれもこんなふうに復活することができたらどんなにいいだろう！

　ヘラクレイトスは詩を次のようにしめくくる。

心地よい声は響き、サヨナキドリは鳴いている。
死はすべてを奪いさるも、その御声は、決して奪われることはない

　わたしの遺骨がケコバの地にまかれる時には、サヨナキドリよ、オリーブの枝で美しい歌を歌っておくれ。

右：オリーブの古木と古代リキュア人の墓地。トルコ、ケコバにて。

夢語り｜幽霊 163

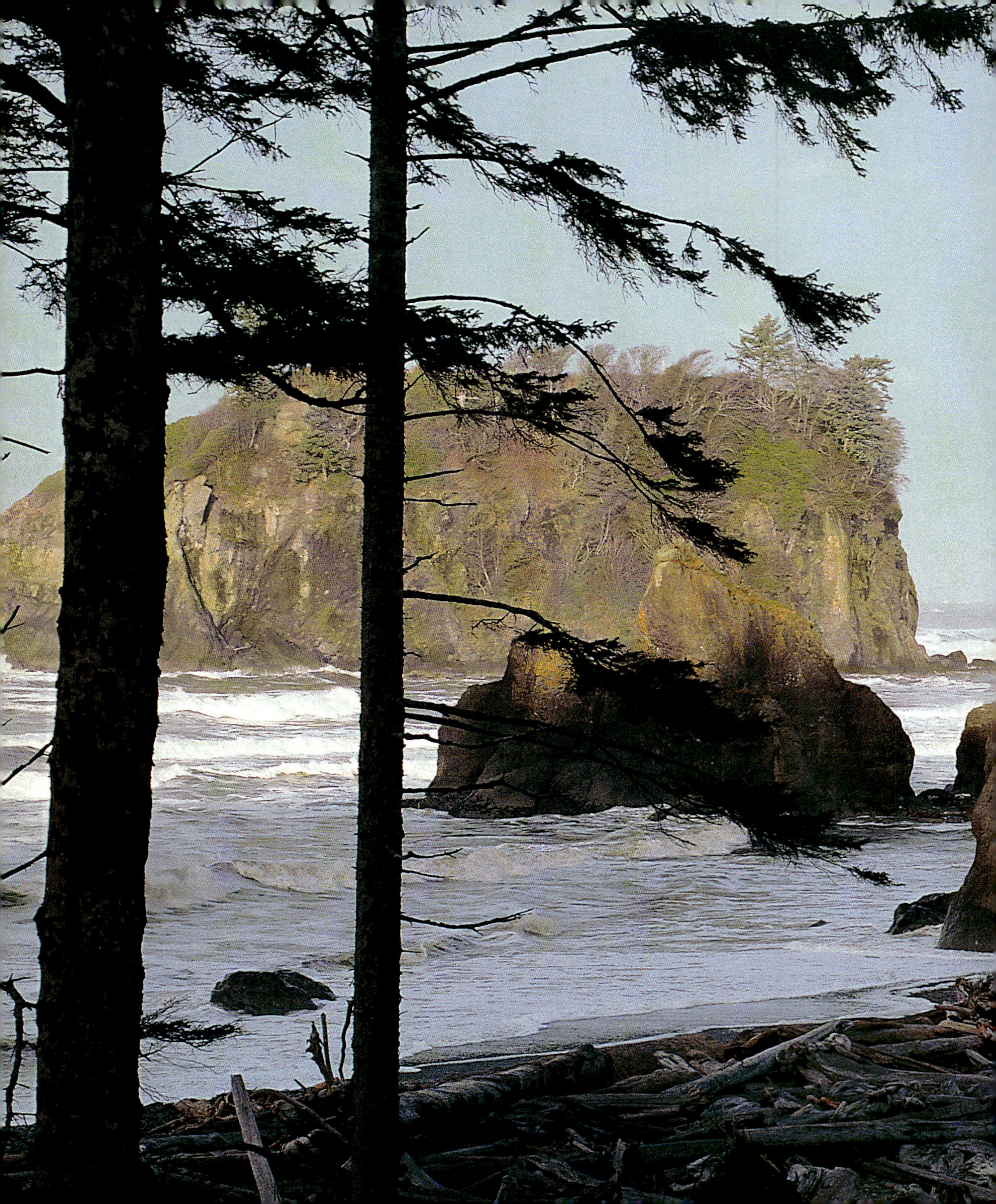

第5章
滅びゆく樹木たち
TREES IN PERIL

最後に勝つのは伐採者なのか
DO THE LOGGERS ALWAYS WIN?

一本の木より美しい広告塔はないと思う
まったく、この広告塔が伐り倒されでもしない限り、
わたしが木を顧みることなど決してないのだから。

オグデン・ナッシュ「大道」

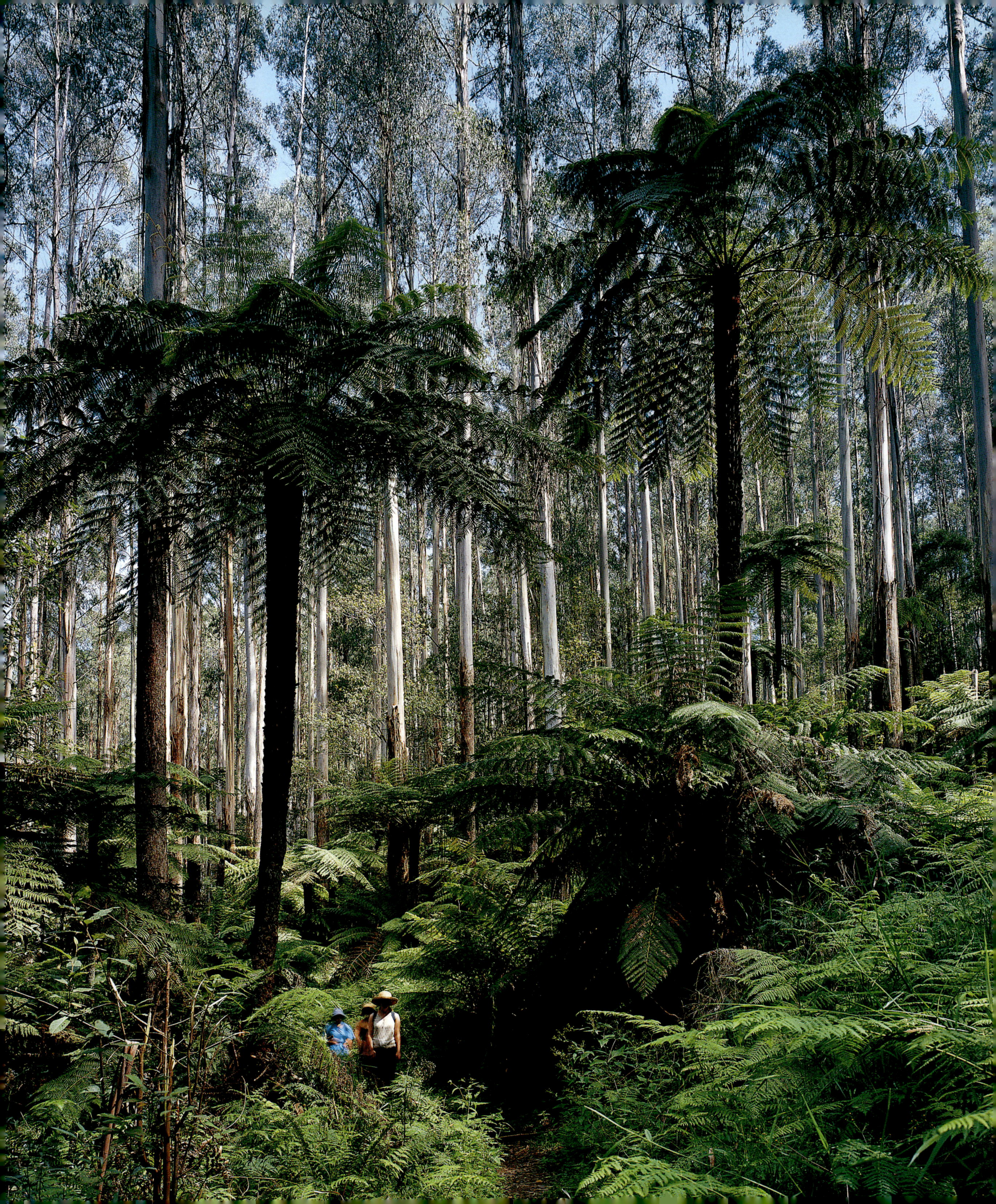

灰は灰に
アッシュ　アッシュ

Ashes to Ashes

　いつも最後には伐採企業が勝つのだろうか？　北米地域を除いては、残念ながら答えは明らかに「イエス」のようだ。北米では、伐採企業と自然保護団体が一進一退の攻防戦を繰り広げている。

　まずオーストラリアの話から始めよう。背が高く、非常に美しい木立になるマウンテンアッシュ（フトモモ科ユーカリ属の常緑樹 *Eucalyptus regnans*／別名セイタカユーカリ）は、その昔、ヴィクトリア州とタスマニア州の一帯を覆いつくすほどの勢力を誇っていた。樹高100mにも達する巨樹（なかには120mを超えるものもあった）が林立し、かつてはメルボルン北部のヤラ・バレーからタスマニア州のスティックス渓谷に至る一帯を緑で埋めつくしていた。マウンテンアッシュからは、上質で安価な屋根材がとれる。そこに伐採企業が目をつけた。さらにひどいことに、木材の売上げで恩恵を受ける人たちや、羊や牛の放牧地を拡大したい農場経営者たちまでもが、当時国有林だったマウンテンアッシュの伐採の後押しをした。

　1世紀前、メルボルンから65kmあたりには、伐採を逃れた高木が群生していた。そこにミューラーの木と呼ばれる巨樹があった。20年あまり、ヴィクトリア州のために植物学者として働いたフェルディナンド・フォン・ミューラー男爵にちなんだ名前だ。1930年に撮影された写真が残っている。当時、胸高の幹周りは22mを優に超えていたが、もっと太い木もあったという。また、ヴィクトリア州ギプスランド地方のタラバルガ渓谷には「バルガの切り株」として知られた大樹の切り株があった。幹周りはおよそ30m、世界最大の巨樹として有名なカリフォルニアのジャイアントセコイアと肩を並べるほどの大きさだった。だが、これらの王たる木々は山火事で焼失し、現在その大きさを継ぐものはない。今では、ミューラーの木の幹周りの半分もあれば巨樹といわれ、樹高90m以上の木は皆無といっていい。

　なぜこれほどまでに乱伐が進んでしまったのか。ユーカリは、ほかの巨樹に比べると驚くほど成長が早いが、一生は短い。樹齢500年のユーカリともなれば、969歳まで生きたというユダヤの族長、メトセラ並みだ。ユーカリの木は油分を多く貯えているため、発火性が高く、山火事の被害を受けやすい。しかも山火事は、オーストラリアの乾燥した夏には避けられない自然災害だ。そのうえ、伐採企業や農場経営者、生活空間の拡大に余念がないヨーロッパからの入植者たちがぞくぞくとやって来た。原生林は減少する一方、山火事は頻繁に発生した。ちっぽけな保護区の中に閉じ込められて、木の王たちはどうやって種を残していけばいいというのか。

　前ページの写真をご覧いただきたい。ヴィクトリア州ヤラ・バレーにある樹齢70年のマウンテンアッシュ──メルボルン市の水道局が伐採企業や農場経営者の乱伐から救いだした森林の名残りだ。実は70年前に一度、この地のマウンテンアッシュは山火事で焼失している。その後、種子から再生したり植林されたりして、現在の姿にまで成長した。すでに樹高は45m以上になり、足元に広がる背が低い木生シダと見事な対照をなしている。

　右ページの見事に成長したマウンテンアッシュをご覧いただきたい。幹周り90m弱、ヤラ・バレーの国立公園内の保護区にあるこの森の唯一の老木だ。ここから小道を少し下ったところに、2番目に古い木が立っている。その老木と一緒に木立を形成していた木は、すでに伐採されたり、山火事で失われてしまった。1世紀前には、だれ一人としてこの老木に見向きもしなかった。しかし今では、ミューラーの木を知る世代の孫たちが、過去の遺物を一目見ようと集まってくる。まるで動物園に珍しい動物を見に来たかのように。

164, 165ページ：米ワシントン州のルビー・ビーチ。海辺を好むベイトウヒの下に、樹皮がはがれ、朽ちかけた木の亡骸が転がる。伐採企業が投棄したものだ。

前ページ：70年前、オーストラリア、ヴィクトリア州のヤラ・バレーに植林されたマウンテンアッシュと木生シダ。

右ページ：ヴィクトリア州、ヤラ・バレーに原生するマウンテンアッシュ。伐採されずに残った数少ないうちの1本。

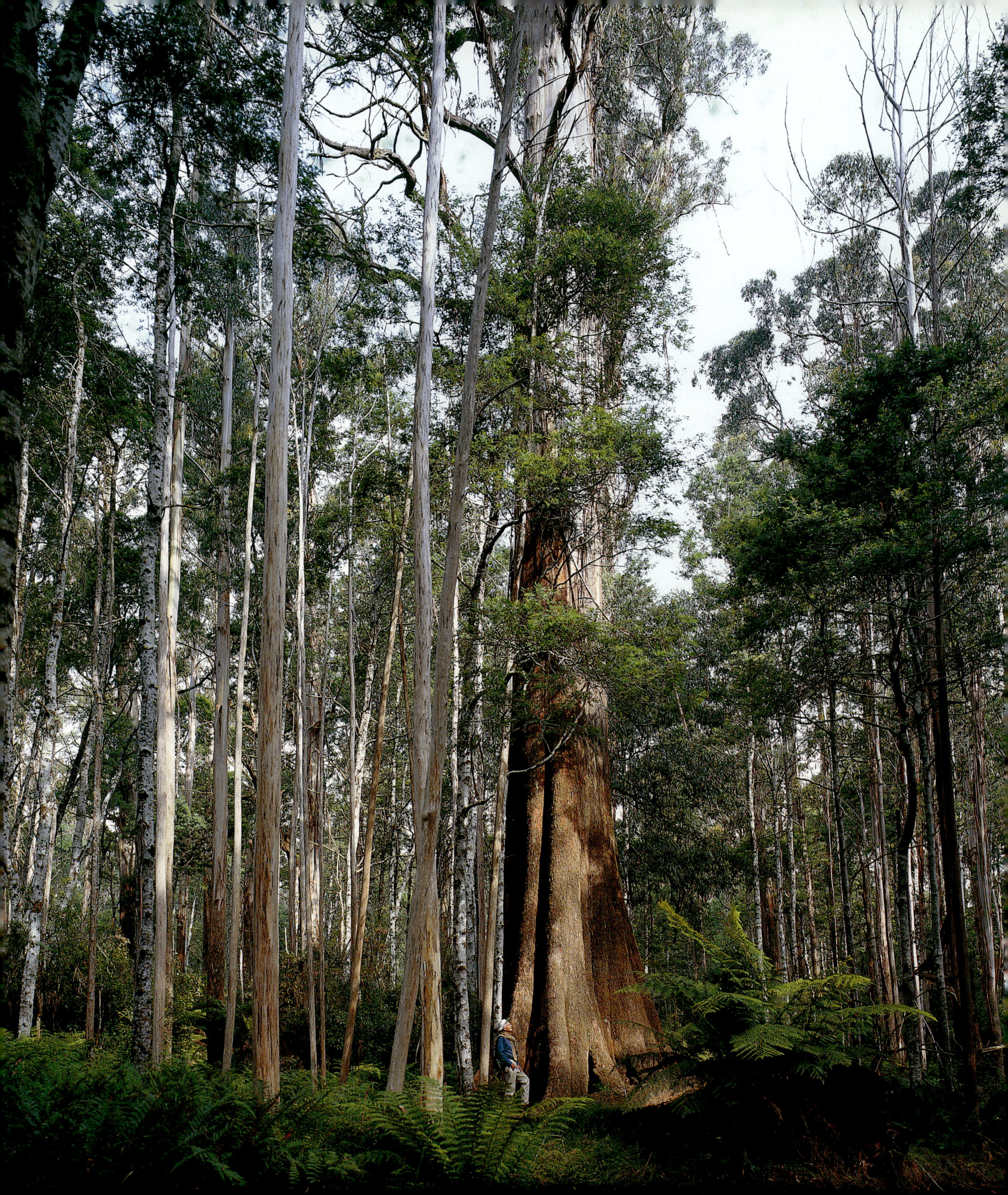

消えゆくトタラ
The Vanishing Totara

「北島のホーク湾沿いの原始林で行った調査では、樹皮に縦に刻まれた長い溝から樹齢400年から500年と思われるトタラ（マキ科の針葉樹 Podocarpus totara）が数本発見され、みな驚きをかくせなかった。この圧倒的な大きさを誇る稀少な標本は、幹周り22m、高さ100mと推定される」

国際的権威のある『国際樹木学会年鑑（Yearbook of International Dendrology Society）』で、1995年度のニュージーランド調査報告書を読んだとき、わたしは思わずわが目を疑った。幹周り22m、樹高100mのトタラの木だと！　そりゃスゴイ！　アメリカ西海岸のレッドウッドを除いて、世界中で巨樹として知られるどの木よりも高い木があるというのだ。とにかく、このトタラが強風で倒れたり、伐採される前に、ニュージーランド行きの飛行機に飛び乗らなければ。

そのとき、いやな予感がした。国際樹木学会は、確かに高度な専門知識をもつ優秀な団体だ。しかし、やはりだれでも失敗はあるものだ。実のところ、その年の調査報告書に表記されたm（メートル）は、feet（フィート）の間違いと判明した。かくして、巨樹トタラの圧倒的な幹周りと樹高は、目もくらむような値からその3分の1にも満たない平凡な値へと変わった。

4年後の1999年、わたしはニュージーランド北島、ネーピア近郊にあるあのトタラと周辺の木々を見にいった。実際、なかなかのものだった。雲を突くほどに高く成長するトタラ——その昔、ニュージーランドの北島と南島の大部分を覆いつくし、カウリの木と同じく、マオリの人々が戦いのカヌーを作った木だ。高くまっすぐに成長する幹には、畑の畝のような深い溝があり、手を触れずとも鋼のような固さが伝わってくる。まさしく伐採企業が喉から手が出るほど欲しがる木材だ。およそ150年の間に、高くまっすぐにのびるこの美しい木は、ニュージーランド全域で伐り倒され、屋根材や塀の板材に加工された（1960年代後半には、広大な原生林がすべて伐採されつくしたが、その中に1本の大きな木があった。大きすぎてどの製材所でも手にあまり、焼却してしまったという）。原生林を伐採した跡地のほとんどは、農地になるか、アメリカ原産のラジアータマツ（マツ科の針葉樹 Pinus radiata／別名ニュージーランドマツ）のように成長の早い木が植林された。このため、トタラの末裔は残っていない。

こうした背景を知ると、ネーピア近郊のトタラの木がいかに貴重かよくわかる。このあたりで1315km²の土地を所有しているハドソン夫妻は、異国情緒あふれる庭園を作ってちょっとした評判を呼んでいる。ニュージーランドでは珍しい巨大なダグラスモミが点在し、モクレンやツツジがそこかしこに配してある（ハドソン家は、1858年からこの土地を所有している。イギリス、コーンウォールに住んでいた一族の次男坊が馬車の御者の娘といい仲になり勘当され、この地にやって来たのが始まりという。詳しくは、拙著Meetings with Remarkable Treesをご覧いただきたい）。敷地内にある自然の森を歩いていくと、トタラの木が突如として姿を現わす。これぞニュージーランド。ツタや低木がひしめくジャングルの中に、大きなトタラが塔のようにそびえ立つ風景は、マオリの人々がこの地に定住を始めた頃から変わっていないに違いない。

ハドソン夫妻の自然の森はあまりにも巨大すぎて、カメラのレンズに収まりきらなかった。しかし、西へ5kmほど行ったところで、まだ若い森林に守られ根がフレアスカートのように広がった1本のトタラに出会い、写真に収めた。巨樹とはいえないが、なかなかの風格をそなえている。ニュージーランド全域を探しまわっても2、3本しか残っていない、貴重な1本である。

右ページ：ニュージーランド、ネーピア近郊に立つトタラの木。かつて、巨大なトタラがニュージーランドの太古の森に林立していた。今では、トタラの巨樹は稀少な存在だ。

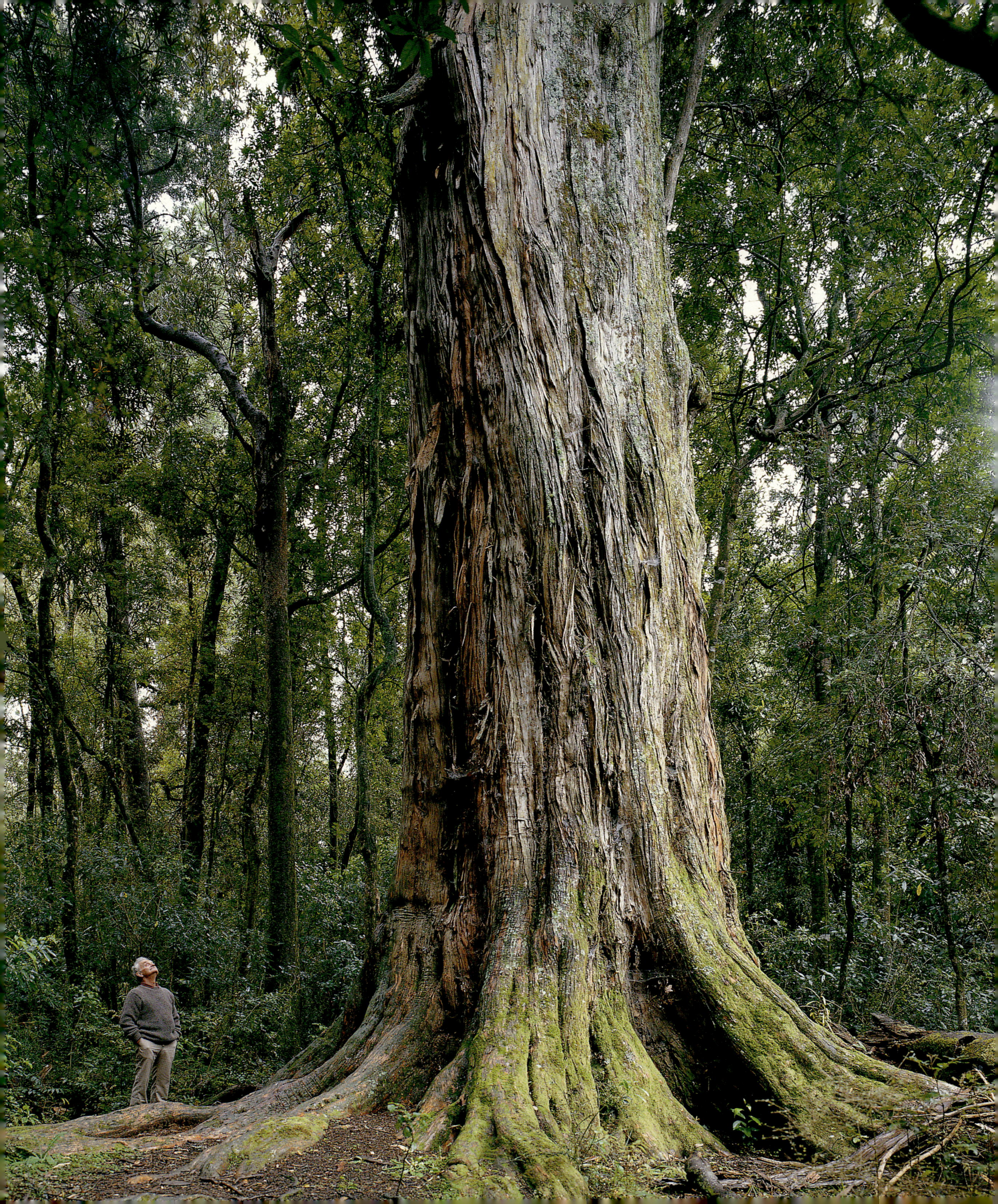

巨樹とともに戦った男
The Man Who Fought with Giants

　1994年5月、当時31歳だったカナダ人森林保護活動家、ランディ・ストルトマンが雪崩に巻きこまれて命を落とした。彼は森林保護活動を極めて熱心に展開し、伐採の魔の手にかかる寸前の原生林を多数救った。カナダは貴重な逸材を永久に失ってしまったのだ。

　右ページの写真をご覧いただきたい。ランディとその仲間が乱伐から救い出した何万本もの木のうちの1本——バンクーバー島西海岸のカルマナ渓谷に立つシトカスプルース（マツ科の針葉樹 *Picea sitkensis*／別名シトカトウヒ）だ。ヒカゲノカズラやオオイワヒトデなどのシダ類が生い茂る森の湿った一角の、嵐が作りだしたひらけた場所に立っている姿が、わたし（とカメラ）の目を引いた。

　シトカスプルースは、イギリスでは一般にそれほど美しくない木と思われている。しかし、この原生林の森に一度でも足を踏み入れたなら、この美しさに心を奪われずにはいられない。根元から大きく円を描くように張りめぐらされた根、コケや地衣植物に覆われた灰色の樹皮、そして空に向かってのびる青紫色の幹は、頭上60mあたりの神秘的な緑の天蓋の中へと消えていく。

　森のその一角は、現在「ランディ・ストルトマン記念の森」として正式に指定されている。現存する世界一高いシトカスプルースが発見された地でもある。カルマナ・ジャイアントと名づけられたその木は、コケで覆われた根から、鋭く伸びた枝が嵐でところどころへし折られている樹冠まで、高さ95mにも達する。ブリティッシュ・コロンビア州政府から一定期間の伐採許可を得た大規模伐採企業、マクミラン・ブローデル社の手により伐採されようとしていたまさにそのときに救い出された巨樹のひとつだ。巨樹をめぐる折衝のなかで、ランディとカナダ西海岸地域で活動する多くの環境保護団体は森林の保護を訴えた。森に伐採用の林道が開通するとすぐに、伐採の中止を求める運動を展開した。短期間ではあったが身を挺した運動が実を結び、大規模伐採企業は——それに伐採を後押しした政治家たちも——戦いから身を引き始めたのだ。

　カルマナ・ジャイアントを中心とした木々を救うには、大きな環境保護区を作るしかなかった。しかし、どのくらいの広さが必要なのか？　はじめに伐採企業が提示したのは、たったの1km²。次いで5.4km²。広さをめぐる攻防は続いた。1990年、とうとう州政府が折れて、カルマナ渓谷下流域の35.9km²をカルマナ太平洋岸州立公園として指定することになった。しかし、その上流域はどうなのか。カルマナ渓谷上流の水は、下流域に影響を及ぼす。環境保護団体は抗議を続け、1994年6月、ついにカルマナ渓谷の全流域67.3km²が伐採禁止区域に指定された。

　バンクーバー島は南北およそ500kmの細長い島で、島の西部には、伐採の標的となる太古の原生林がまだ鬱蒼と茂っている。わたしは、伐採用の林道を車で走ってみた。向こうから車のヘッドライトが近づいてきたら、ウサギのように跳んで逃げるしかない。やたらと大きな伐採トラックが数台、100トンもあろうかという積み荷を載せて、砂利道を幅いっぱい占拠しながら走っていた。原生林は、幾重にも模様を織りこんだ織物のように、複雑な生態系を保っている世界だ。しかし、伐採企業にとっては単なる金儲けの場所でしかない。遠く離れたオフィスで次の伐採地の印を地図に書きこみ、チェーンソーできれいに伐採するだけだ。ほどなくして、その裸の土地にはありきたりのダグラスモミが植えられていく。まるで伸びた体毛で傷跡を覆いつくすかのように。

　1954年当時、バンクーバー島南部を覆っていた原生林の4分の3が1990年までに失われたという。毎年80km²のペースで乱伐を続けた結果だ。

　ただの考えすぎであってほしいものだが、わたしには、このカルマナの森林が守られた出来事は例外中の例外にすぎないと思えてならない。巨大資本勢力と、巨樹を守ろうとする勢力とのせめぎ合いのなかで、ランディという神の意志に導かれた指導者のもと、善良な魂をもつ人がたった1度の勝利をおさめただけだと。

右ページ：バンクーバー島、カルマナ渓谷の「ランディ・ストルトマン記念の森」に立つ世界で一番高いシトカスプルース。ストルトマンと環境保護団体によって伐採を逃れた。

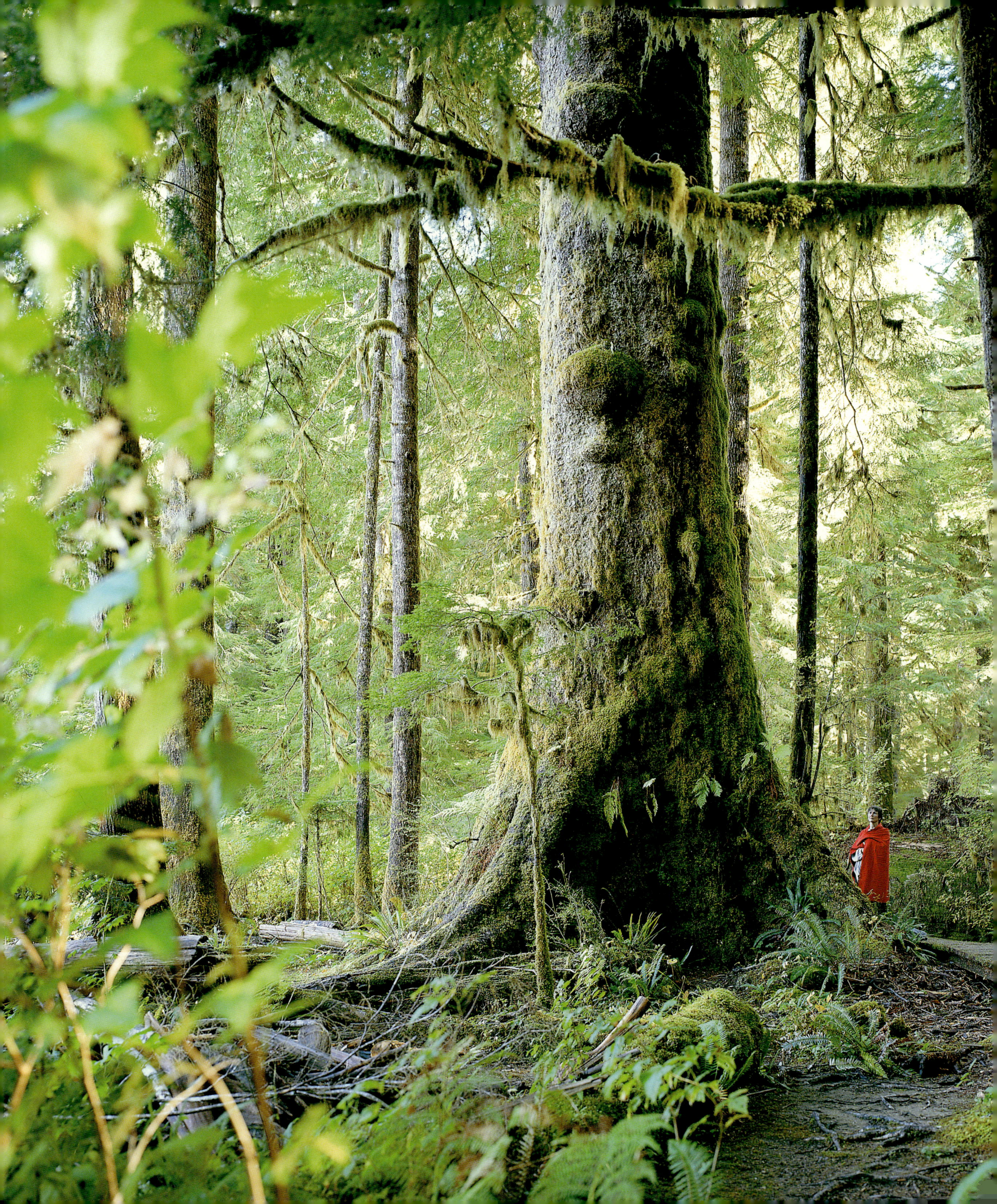

亡骸(なきがら)はノーラン・クリークに
Lay My Bones at Nolan Creek

　1938年、米国ワシントンDCの連邦政府は、自然保護団体との長く激しい折衝の末、国立公園をワシントン州オリンピック半島西部に4800km延長することに同意した。これにより乱伐の手から救うことができたのは、自然のままの温帯雨林が鬱蒼と茂る多雨地帯——ホー、クイノルトを含む4つの代表的な渓谷——である（このうちいくつかの巨樹については、すでに本書で紹介している）。だが太平洋に面する北米の北西部や、カナダと米国の国境地域のケースと同じくこのときもまた、新しい国立公園の指定区域は、世界有数の原生林をわざと避けるようにして決定された。

　右ページのノーラン・クリークの木をご覧いただきたい。この木は、オリンピック国立公園の西に位置する原生林の中心に立っている。30年ほど前、数社の伐採企業が米国森林局からノーラン・クリーク一帯の伐採許可を得た。ウェスタンレッドシーダー（ヒノキ科の針葉樹 *Thuja plicata* ／別名ベイスギ）をチェーンソーで伐り倒そうとしたとき、その木が世界で3番目に大きいウェスタンレッドシーダー（樹高55m、体積433m³）であることに気づいた。さすがの伐採企業もこれを伐り倒すわけにいかず、ノーラン・クリークの木1本だけが伐採を免れた。もし伐り倒して木材にしていたら、1本25,000ドルという高値がついていたという。

　その巨樹は、今もノーラン・クリークに立っている。伐採企業がこの木を残したことで誠意を示したと思っているのであれば、木というものをあまりにも知らなさすぎる。巨樹といえど、皆伐により周囲に強風をさえぎる木がなくなってしまえば生き長らえることは難しい。まず、地面を覆うコケや地衣植物が消え失せ、次いでこの巨樹自体が死に向かう。それが証拠に、今では樹皮がはがれ落ち、わずかに緑の枝が残る白骨樹となってしまった。ノーラン・クリークの木には、決して忘れてはならない大切なメッセージがこめられている。さもしい妥協から1本だけ残してみても不毛がもたらされるだけなのだ。カナダのバンクーバー島で下された英断のように、川の流域一帯を保護しなければ意味がない。緑の王国が滅びたあとで、王を守ろうとするようなものだ。容易に想像がつくだろう。王の亡骸(なきがら)がノーラン・クリークに横たわる日も、そう先のことではない。

右ページ：米ワシントン州ノーラン・クリーク沿いに立つ、世界で3番目に大きいウェスタンレッドシーダー。伐採企業側の配慮で伐採を逃れたが、仲間はすべて伐り倒された。今や白骨樹と化してしまった。

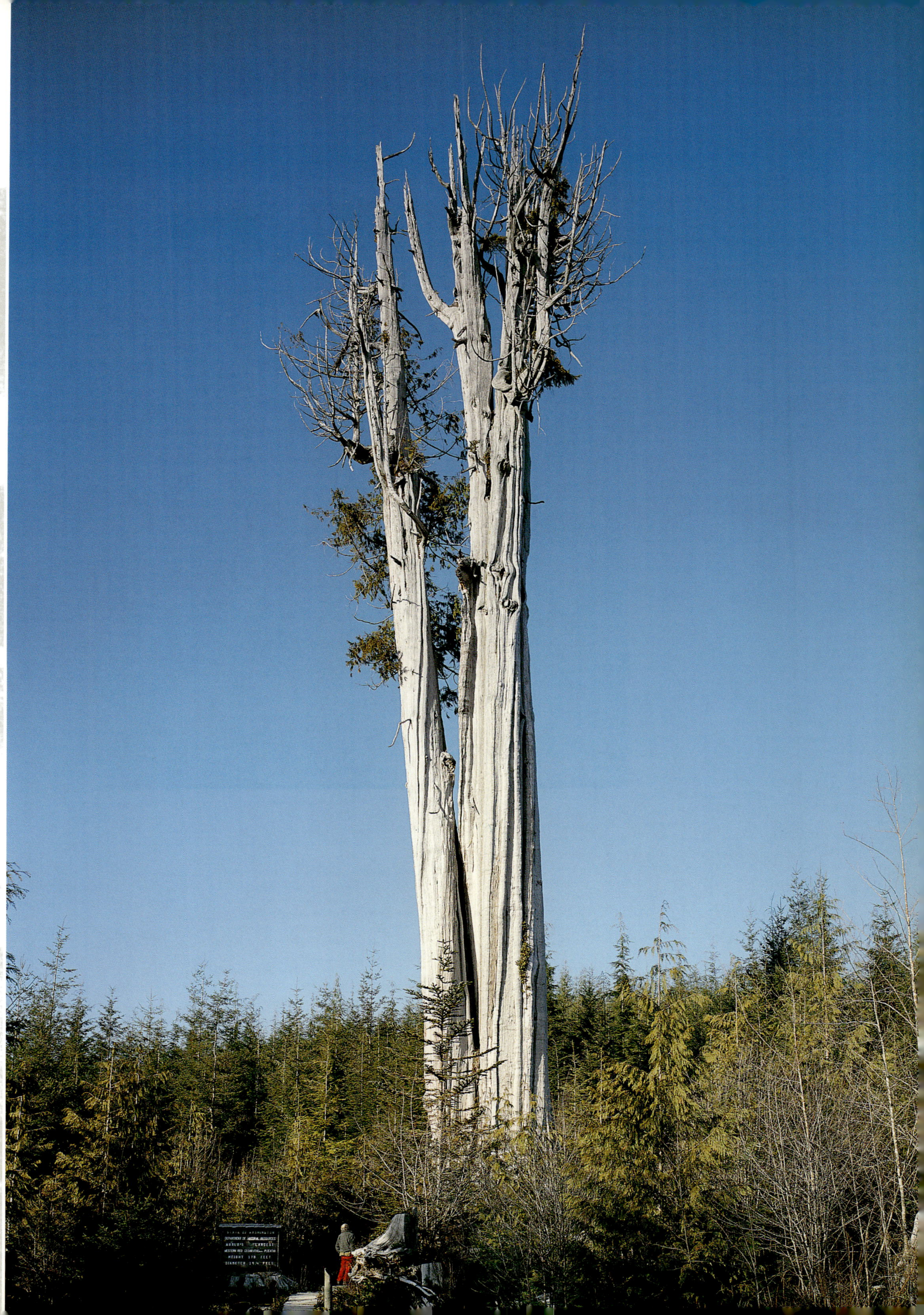

緑の酒びん
TEN GREEN BOTTLES

緑のビンが10本
かべからぶら下がっている
もしも 緑のビンが1本
思いがけなく落ちたとするなら
あとには緑のビン9本が
かべからぶら下がっているだろうな

『マザーグース案内』（藤野紀男訳より）

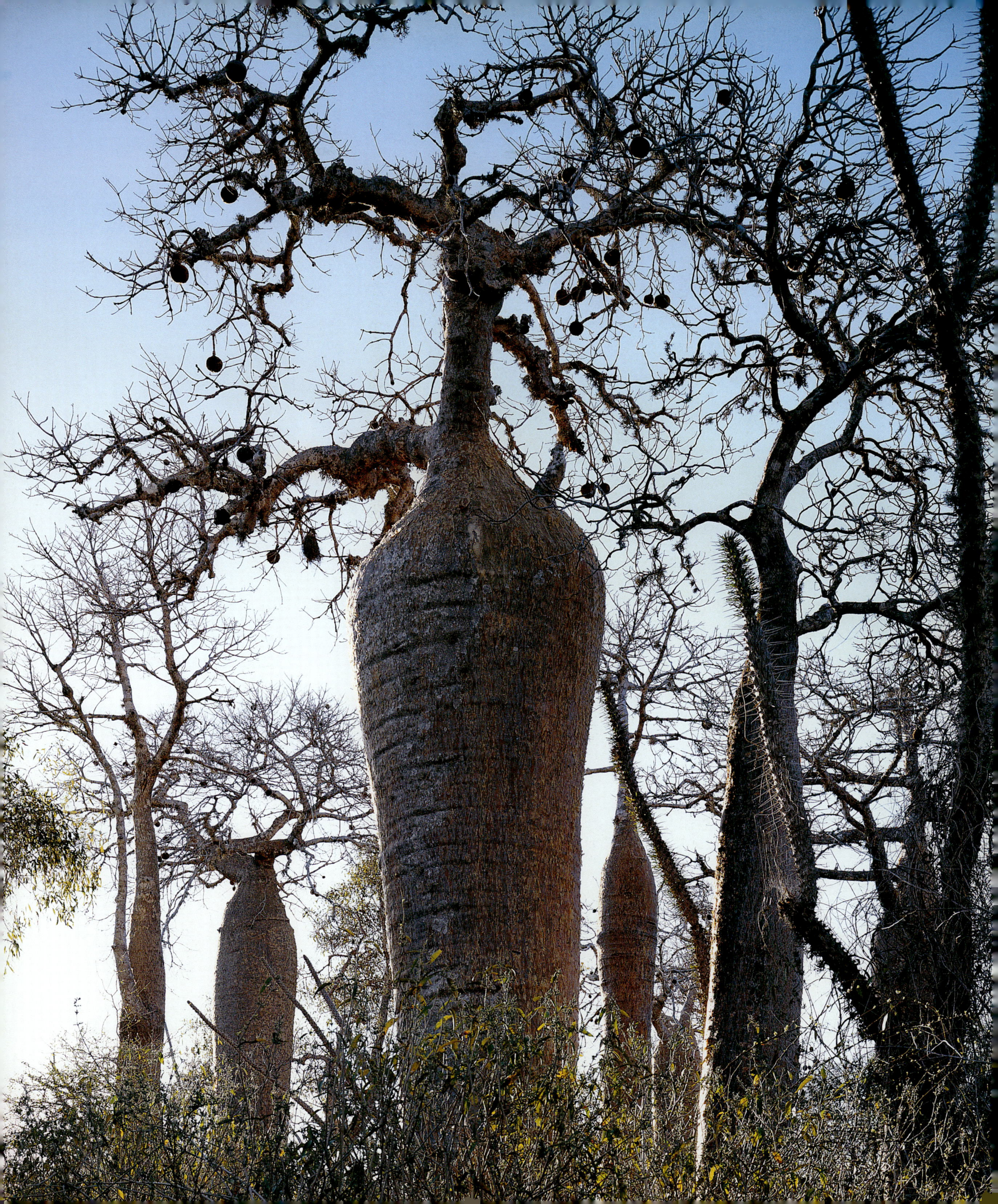

森の精霊たち

Spirits of the Forest

前ページ：日没時のバオバブ。マダガスカル、イファティの保護区にて。静かにたたずむ姿は、色といい、大きさといい、ピンクのゾウそのものだ。

上：巨大なティーポットのようなバオバブ。イファティにて。

右ページ：二股のバオバブ。イファティにて。天然のハチミツを採取するために村人たちがあけた穴が残っている。この穴に棒を打ちこんで足場にした。

　アイルランドに住むわたしの友人の話。酒をこよなく愛した生前の父親をしのぶために、庭をつくり、酒びんでできた長い長い壁をめぐらせたのだ。そこは「今は亡き精霊の庭」と呼ばれていた。

　わたしがその庭のことを思い出したのは、マダガスカル南西部の都市トリアラの北、イファティの入り江を丸木舟で移動していた日の午後だった。行く手には、個人所有の保護区の中に、フニィ（*Adansonia fony*）とザー（*Adansonia za*）のバオバブがあると聞いていた。海岸の砂浜から1kmほど内陸にある保護地区は、近寄りがたいトゲのある植物の森に守られ、車では入れないという。丸木舟はイルカのように水面を滑っていく。ホテルからタクシーに乗らなかったのは、まさしく賢明だった！　日差しはやわらかで（そのとき、南半球は冬だった）、陸上のデコボコ道に比べたら、海路の方がずっと気分がよかった。

　20世紀初頭、フランスの植民地政府お抱えの植物学者たちは、植物学上の至宝がマダガスカルに脈々と息づいていることを目の当たりにしてその目を疑ったという。発見された6種のバオバブは、どれもが奇妙としかいいようのない形をしていたからだ。わたしは、トゲだらけの森の中へと足を踏み入れた。今度はわたしが目を疑う番だった。目に飛びこんでくるのは、悪魔や頭骸骨、酒びんやティーポットだ。数としては酒びんが一番多かった。これまで見たなかでも最高にすばらしいバオバブの一群を見つけたときには、もう太陽が沈みかけていた。樹高12mほどの酒びん型のバオバブが林立する光景は、圧巻だった。あたかも夕暮れ色に染まったピンクのゾウが、背丈の高い草をかき分けながら静かに近づいてくるようだ。わたしはふと、アイルランドの友人の庭を思い出した。この地では、精霊たちの息づかいが確かに聞こえてくる。

　残念なことに、マダガスカルに自生する珍しい植物の多くが絶滅の危機にさらされている。バオバブも例外ではない。南西部の乾燥地帯が抱えている問題は、森林の伐採ではない。バオバブの樹皮は屋根ふきに使われるが、木そのものはもろいため、建築用木材に向いていないからだ。この国が抱えているのは、多くの発展途上国に共通の問題、つまり貧困、人口過剰、環境破壊である。美しい緑の酒びんは、いずれ1本残らず叩き割られる運命にあるのかもしれない。

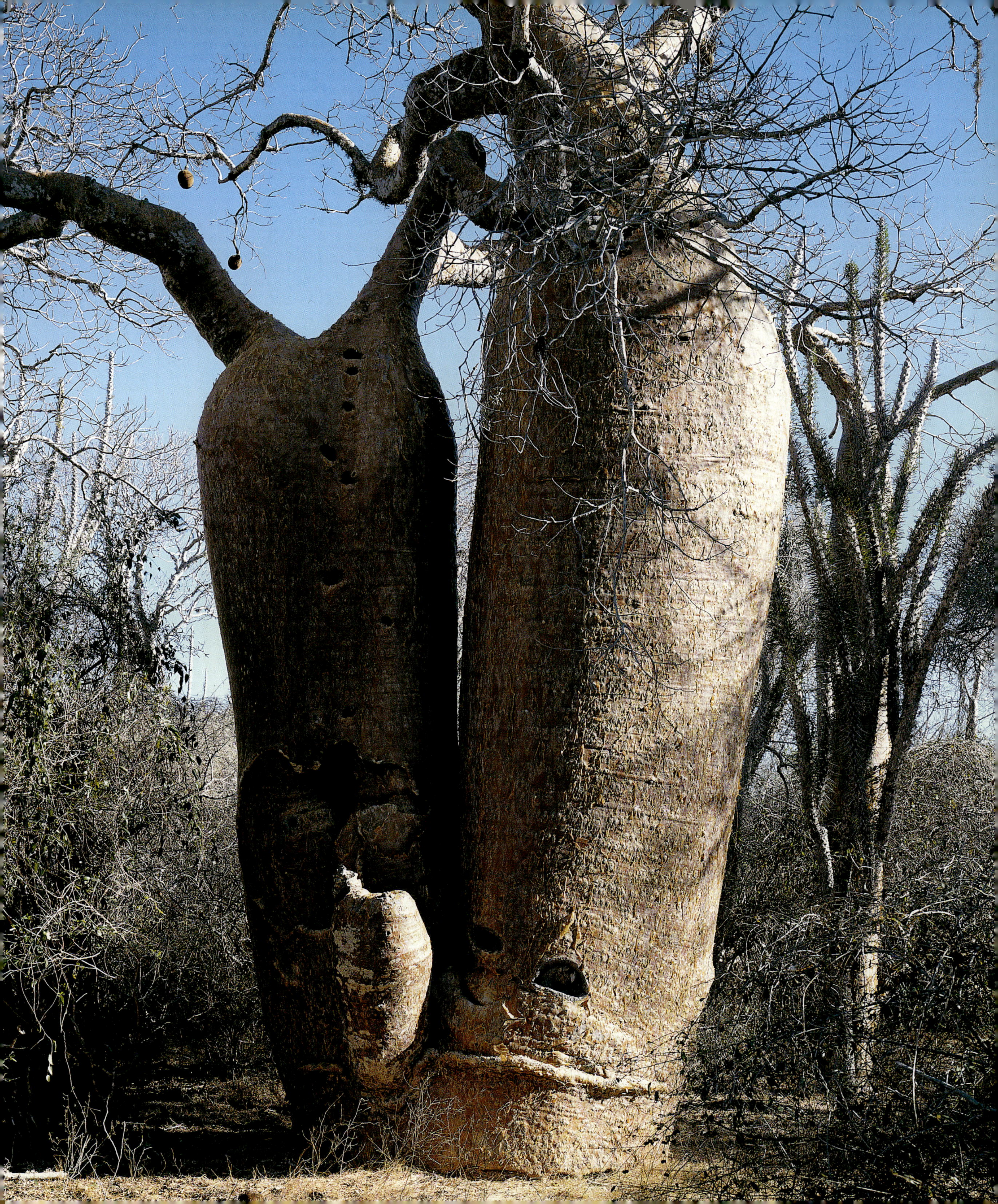

一本足のゾウ

The Elephant with Only One Foot

　植物学者というものは、新しく発見された植物に、あまりにも思慮に欠けた名前をつけることがある。とりわけマダガスカルにすらりと立っている優美な生きものには、ひどく似つかわしくない名前がつけられてしまった。パキポディウム・ゲアイー（キョウチクトウ科の常緑多肉性低木 *Pachypodium geayi*）──通称「ゾウの足」である。本当にゾウの足に似ているというのなら、なんとまぁ、美脚なゾウがいたものである。実際には、細長いガラスびんに枝の房飾りがついているような印象だ。わたしは、バオバブの一群を見つけたマダガスカル南西海岸（178ページ参照）の北、イファティの森でパキポディウム・ゲアイーを探した。絶滅危惧種のリストに正式登録されていないが、マダガスカルでお目にかかれるのは、この地をおいてなかった。

　マダガスカル南西に位置するトゲの森は、「ゾウの足」やバオバブを守る要塞で、そうした木々に負けないほどの神秘性を秘めている。森の高木や低木の大半は、マダガスカルにしか見られない種である（事実、マダガスカルに自生する全植物の種類は推定10,000種を超え、そのうちおよそ8割がマダガスカルの固有種である）。「トゲの森」という表現では、この森のすさまじいまでの生命力を表現しきることはできない。「トゲだらけで針金のように硬く、肉厚な葉をもち、白い有毒な樹液を出す木々の」森と表現する植物学者もいる。わたしには、トゲの森をかき分けて進もうという気は毛頭なかった。実際のところ、除草用のバーナーももたず、車にも乗らないでこの森を進むのはとうてい無理な話だ。

　トリアラの北に位置するトゲの森は約300kmにわたり海岸を守っているが、その先は徐々にまばらになっていく。1768年、フランスからやってきたモンダビ伯爵は、果敢にもフォールドーファンに前衛地を設けたが、トゲの森が途切れていては不利になると判断し、適当な防御柵を設置しようと考えた。そこで、近隣のフランス植民地ブルボン島（現在のレユニオン島）から、トゲでがっちり武装されたサボテン──メキシコ産のプリックリー・ペアを持ちこんだ。プリックリー・ペアはたちどころに島中に広がったが、モンダビ伯爵にとっては肝心の盾とはならなかった。奴隷貿易に熱心だった伯爵とその仲間は、奴隷制度反対を唱えるマダガスカルの人たちに殺されてしまったのだ。フランスがマダガスカルを支配下におく1900年まで、土着のアンタンドロイ族の戦士はこのプリックリー・ペアを"武器"に、フランスに抵抗した。フランス軍は、いつの間にか四方八方を取り囲むプリックリー・ペアのバリケードに手を焼いた。これに対抗する武器として、フランスはメキシコからコチニールカイガラムシ（俗称エンジ虫）を持ちこんだ。コチニールカイガラムシはプリックリー・ペアに食いつき（その過程で、かの有名な赤紫色の染料コチニールを体内に蓄積する）、最強のトゲで武装されたバリケードを破ってしまった。

　わたしは、陽のあたる場所に腰を下ろし、農民たちが焼き畑をする姿を眺めていた。畜産農家は生き残りを図るために、国土の大半、特に南西部の乾燥地帯の雑草や森林を焼き払い、不毛の地へと変貌させてきた。数少ない保護区以外の場所では、あの背の高い優雅な「ゾウの足」は、絶滅への道をたどるしかなさそうだ。

右ページ：すらりと背の高い、なんとも優雅な「ゾウの足」。イファティにて。数少ない保護区の外では、消えゆく運命にあるのか？

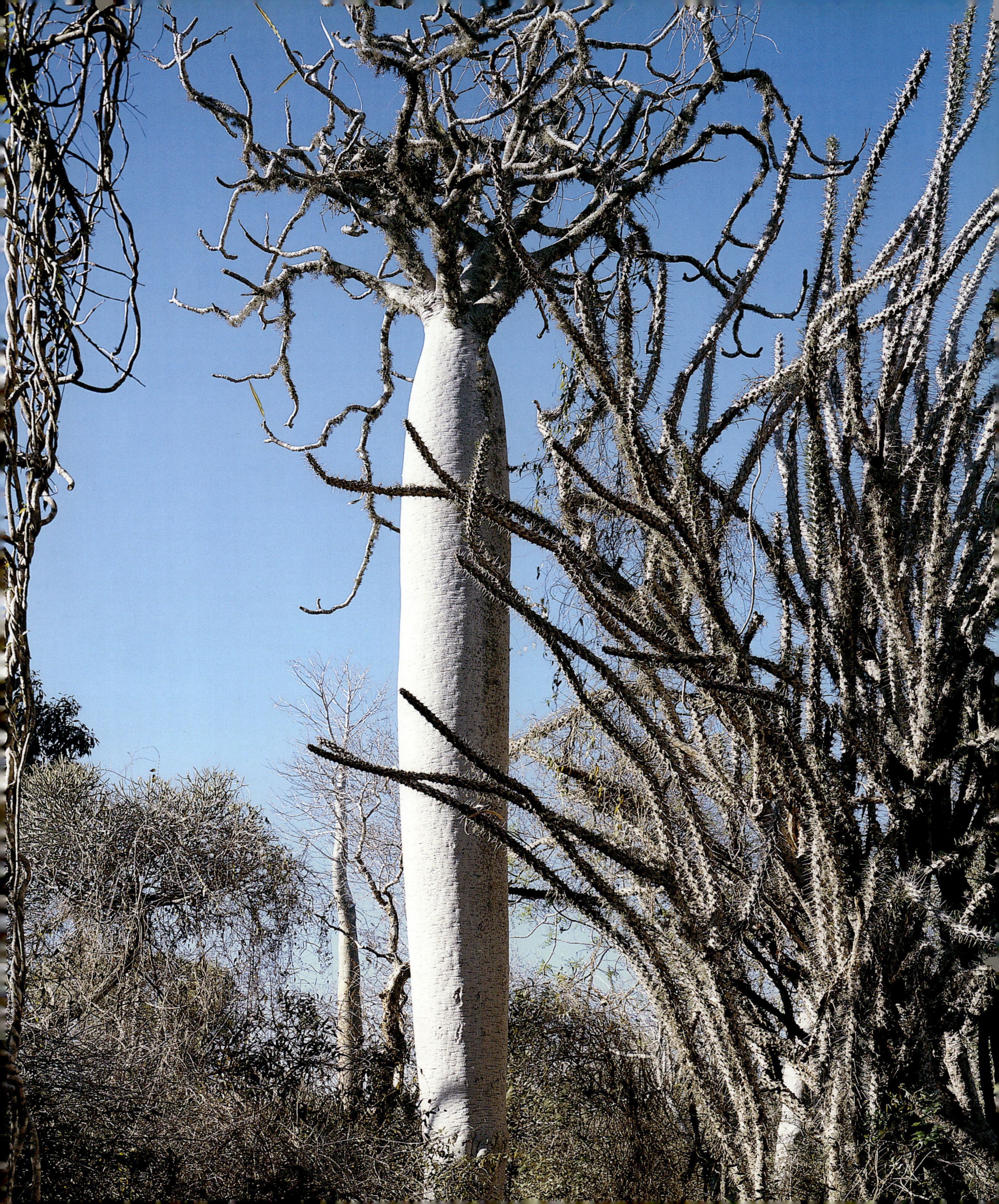

ムルンダバのバオバブに日が暮れる

Sunset for the Baobabs of Morondava

わざわざ車を走らせてまで日没を見にいきたくなるような並木道は、世界広しといえども、そうあるものではない。しかし、ムルンダバのバオバブ・アベニューは、まるで蛾が灯りに群がるように、その魅力にとりつかれた人たちが訪れる場所である。

実をいうと、バオバブ・アベニューは、いわゆる並木道ではない。マダガスカル西海岸のムルンダバの町から北へ30分ほど車を走らせると、ほこりっぽい道が群生するバオバブの中を突っきるようにのびていく。かつて、この地は森だったのだろう。バオバブ・アベニューに立ち並ぶバオバブは、グランディディエリ（*Adansonia grandidieri*）。バオバブのなかでも最大級のサイズを誇るこの種類にとって、実にふさわしい名前だ（本当は、かの偉大なフランス人植物学者、ミシェル・アダンソンとアルフレッド・グランディディエリにちなんで名づけられたのだが……）。残念ながら、グランディディエリは今や貴重な存在で、絶滅の危機にさらされている。最近行われた国際的な調査の結果、グランディディエリがレッドリスト（絶滅のおそれのある野生生物種のリスト）に加えられた。人口の増加にともなって、バオバブが育つ大地が失われているためだ。ムルンダバから車を走らせると、ところどころでバオバブの小さな森に出くわす。しかしこれらの森を保護しようとする者は誰もいないようだ。つい最近も何本か伐採されたばかりらしく、切り株からは新しい芽が出ていた。小屋の屋根を葺くために樹皮の一部がはがされている木もあった。

バオバブ・アベニューは観光名所なので、少なくとも今のところは安全だ。しかし残念なことに、ここでも新しい切り株を目にしたし、たくさんの幹が傷つけられていた。バオバブ・アベニューには、100本ほどのバオバブが林立している。その眺めといったらまさにサルバドール・ダリが描く超現実の風景。幹は、先細りになった金属製のチューブのように無機的にそびえ立ち、てっぺんの枝はプロペラのようだ。

そんな景観も、島のみやげもの屋やホテルで売られている絵葉書ですっかりおなじみになっている。ならば夕暮れ時の風景を写真に収めようと、わたしは観光客とタクシーに乗りこみ、バオバブ・アベニューへと向かった。ところが、劇的な日没の瞬間が訪れようとしたほんの10分前、太陽はまるで興ざめしたかのように、ひとかたまりの雲の間にかくれてしまった。

翌日、わたしは再びバオバブ・アベニューを訪れた。今度は2時間も前に到着し、絶好のアングルで撮れそうな場所にカメラをセットし、旅の最高のクライマックスにそなえた。そこへ、農民と農作物をいっぱいに積んだ数台のトラックがゴトゴトと音を立てながらやって来て、砂ぼこりをもうもうと立てていく。わたしは三脚台からカメラを降ろし、ほこりがおさまってから再びカメラを台にセットした。

6時になった。もう5分が過ぎた。あと2分ほどだろうか？　そう思ったとき、黒い影が15本のバオバブの太い根元をなめるようにかすめ、雲の浮かぶ青白い空がところどころピンク色に染まった。シャッターを切るなら、今だろうか（わたしは、これまで日没の瞬間を写真に撮ったことがないのだ）？　そのときだ、わたしのすぐ近くにいた愛想のいい観光客グループの中から、とても小さなカメラを手にしたとてつもなく大きなベルギー人女性がこちらに歩いて来たかと思うと、なんとわたしのカメラのレンズの前に立ちふさがったのだ──ギリシア神話の巨神、タイタンのように。

わたしは失神しそうになった。これまで89もの空港の風通しの悪い廊下で順番待ちをしたり、2万kmにも及ぶほこりっぽく危険な道路を移動して地球を1周し、18カ国のあやしげなモーテルに62回も泊まった結果がこれというのか？　命がけでゴムノキによじ登ったり、鉄条網をかいくぐってきたのは、こんな幕切れのためだったのか？

ナイル川源流を探索したイギリス人探検家、リチャード・バートンが、かつてこういったではないか──旅人とは、詩人のように感情の起伏が激しい人種であると。そうだ、よし。「たのむ、どいてくれ！」。わたしはすごい剣幕で怒鳴ったのだ。タイタンはびっくりして飛びのき、レンズの視界はひらけ──夕暮れ色に染まったバオバブはわたしのものになった。

右ページ：午後の日差しを受けたバオバブ・アベニューで、日没を待つ。マダガスカル、ムルンダバにて。

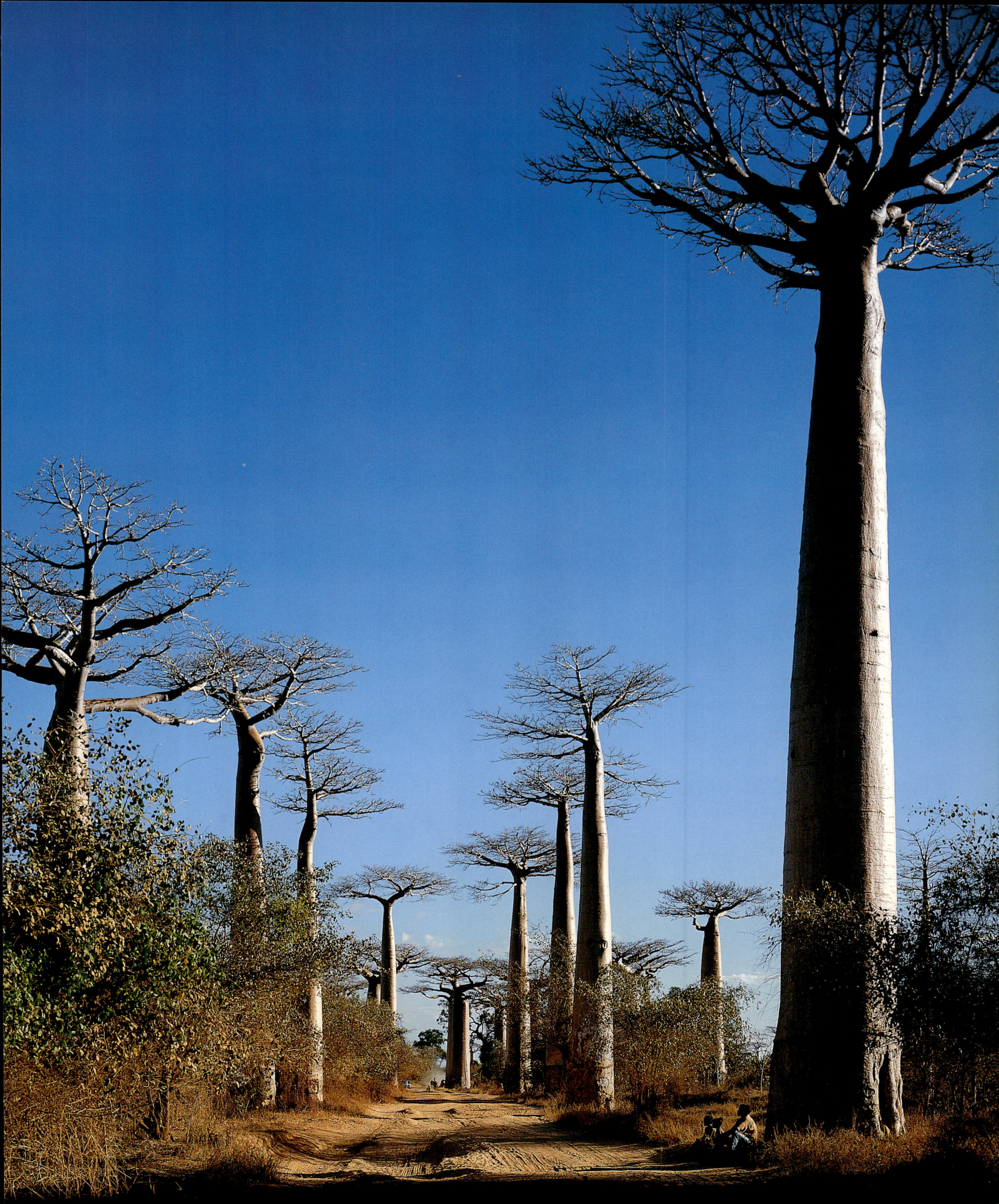

184　滅びゆく樹木たち｜緑の酒びん

右：バオバブ・アベニューでの日没。旅の最高のフィナーレ。

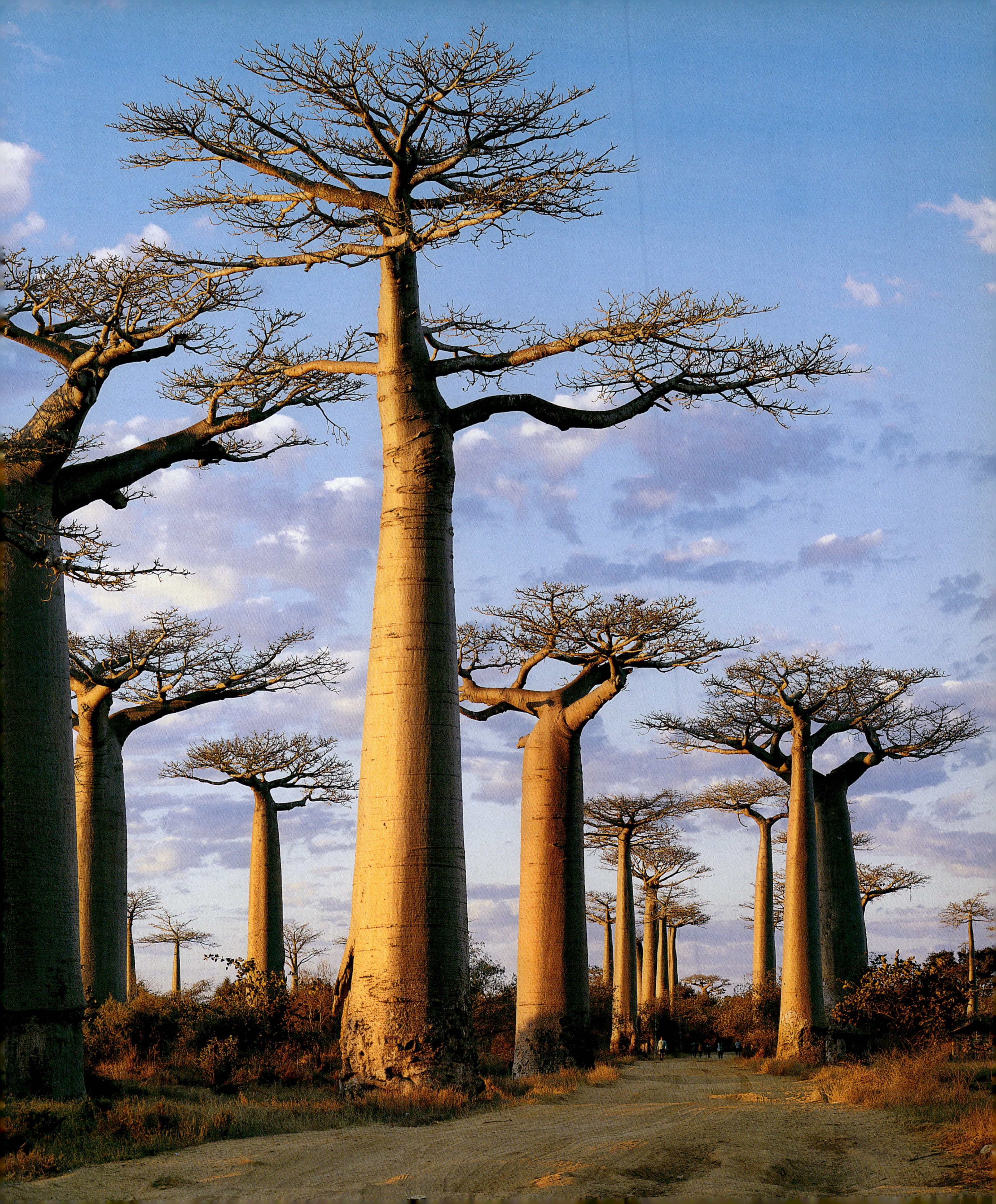

本書で紹介した樹木の生息地

アフリカ

ボツワナ
アフリカのバオバブ ディギターダ（Adansonia digitata）
／カラハリ砂漠 10-11, 14, 18-23

マダガスカル
ベンガルボダイジュ（Ficus benghalensis）／トリアラ近郊 160-161
バオバブ ザー（Adansonia za）／ムルンダバ近郊 132-133
バオバブ フニィ（Adansonia fony）／トリアラ近郊 131-132, 177, 179
バオバブ グランディディエリ（Adansonia grandidieri）
／ムルンダバ近郊 133, 182-185
ゾウの足（Pachypodium geayi）／トリアラ近郊 131-132, 180-181
イチジク（Ficus baronii）／アンブヒマンガ 102-103

モロッコ
アルガン・ツリー（Argania spinosa）／アガディール近郊 9

南アフリカ共和国
アフリカのバオバブ ディギターダ（Adansonia digitata）／クラセリエ 7, 8
クスノキ（Cinnamomum camphora）／ファーヘレヘン 122-123
イチジク（Ficus ingens）／ラステンバーグ近郊 137-139

アジア

日本
クスノキ（Cinnamomum camphora）／熱海 104-106、武雄 105-107
イチョウ（Ginkgo biloba）／善福寺（東京、元麻布）110-111
スギ（Cryptomeria japonica）、縄文杉
／屋久島 50-51、霧島 108-109

スリランカ
ベンジャミンゴム（Ficus benjamina）／キャンディー植物園 148-149
イチジク（Ficus sp.）／キャンディー植物園 150-151
インドボダイジュ（Ficus religiosa）／アヌラーダプラ 94-97

トルコ
レバノンスギ／タウルス山脈 57
古代セイヨウネズ（Juniperus excelsa）／タウルス山脈 55-57
オリーブ（Olea europaea）／ケコバ 162-163

ヨーロッパ

フランス
ヨーロッパブナ（Fagus sylvatica）／ヴェルジー（ランス近郊）140-141
オーク（Quercus robur）
  オーク礼拝堂／アルヴィル（ノルマンディー地方）92-93

ドイツ
ナツボダイジュ（Tilia platyphyllos）
  踊りの菩提樹／グレッテシュタット（バイエルン州）134-135
  ヴォルフラムスリンデ／リート村（バイエルン州）80-81
オーク（Quercus robur）
  フェーメ・アイヒェ（裁きのオーク）／エルレ（ヴェストファーレン地方）84-85

ギリシア
プラタナス（Platanus orientalis）／コス島 98-99

イタリア
ヌマスギ（Taxodium distichum）／サントルソ 128-129
イトスギ（Cupressus sempervirens）／ヴェルッキオ（リミニ近郊）89-91
カラマツ（Larix decidua）／ヴァル・ドゥルティモ（チロル）82-83
タイザンボク（Magnolia grandiflora）／パドバ 124-125

ポルトガル
ヒロハノナンヨウスギ（Araucaria bidwillii）／ブサコ 126-127
モートンベイ・イチジク（Ficus macrophylla）／コインブラ 146-147

スペイン
リュウケツジュ（Dracaena draco）／テネリフェ島（カナリア諸島）86-87

スウェーデン
イングリッシュ・オーク（Quercus robur）
  クヴィレッケン／クヴィル（スウェーデン南部）78-79

北アメリカ

カナダ
シトカスプルース（Picea sitkensis）
／カルマナ渓谷（バンクーバー島）172-173

アメリカ

ブリッスルコーン・パイン (Pinus longaeva)
／インヨー国立公園（カリフォルニア州ホワイト山脈）73-77

コースト・レッドウッド (Sequoia sempervirens)
／ジェディダイア・スミス・レッドウッド州立公園（カリフォルニア州）32-35
ハンボルト・レッドウッド州立公園（カリフォルニア州）32-34
プレーリークリーク・レッドウッド州立公園（カリフォルニア州）34-35

ダグラスモミ［切り株のみ］(Pseudotsuga menziesii)
／クイノルト湖（ワシントン州）153-154

ジャイアントセコイア (Sequoiadendron giganteum)
／セコイア国立公園（カリフォルニア州）36-37
　独身貴族と3人の貴婦人
　　／ヨセミテ国立公園内マリポサ・グローブ（カリフォルニア州）38-39
　シャーマン将軍／セコイア国立公園（カリフォルニア州）46-48
　グラント将軍／キングズキャニオン国立公園（カリフォルニア州）47-49

キャニオン・ライブ・オーク (Quercus chrysolepis)
／ヨシュア・ツリー国立公園（カリフォルニア州）60-61

ケヤキ (Zelkova serrata)／ハンティントン公園（カリフォルニア州）68-69

ヨシュア・ツリー (Yucca brevifolia)
／ヨシュア・ツリー国立公園（カリフォルニア州）158-159

ライブ・オーク (Quercus virginiana)
／ジョンズアイランド（サウスカロライナ州）142-143

モントレーイトスギ (Cupressus macrocarpa)
／モントレー（カリフォルニア州）62-65

オレゴンカエデ (Acer macrophyllum)
／ホー・バレー（ワシントン州）154,156-157

エンジュ (Sophora japonica)
／エドガータウン（マサチューセッツ州マーサズビンヤード島）7

ベイトウヒ (Piecea sitkensis)
／ルビー・ビーチ（ワシントン州）164-165,168

ユリノキ［チューリップノキ］(Liriodendron tulipifera)
／マウント・ヴァーノン（ヴァージニア州）100-101

ベイツガ (Tsuga heterophylla)／クイノルト湖（ワシントン州）153-155

セイブビャクシン (Juniperus occidentalis)
／ヨセミテ国立公園（カリフォルニア州）52-53,58-59
盆栽／ハンティントン公園（カリフォルニア州）67-69

レッドシーダー (Thuja plicata)
／カラロック 42-43、クイノルト湖 41-42、ノーラン・クリーク 174-175
（すべてワシントン州）

セイヨウネズ (Juniperus excelsa)／ヨセミテ国立公園 55-57

メキシコ

モンテズマヌマスギ (Taxodium mucronatum)
／トゥーレ（メキシコシティ近郊）25-29

オセアニア

オーストラリア

バオバブ　グレゴリィ (Adansonia gregorii)
　正餐の木／ダービー 116-117
　囚人の木（プリズン・ボアブ）／ダービー近辺 115-116

マウンテンアッシュ (Eucalyptus regnans)
／ヤラ・バレー国立公園（ヴィクトリア州）167-169

レッドティングル (Eucalyptus jacksonii)
／ウォルポール近郊（ウェスタン・オーストラリア州）44-45

カリー (Eucalyptus deversicolor)
　グロスター・ツリー／パース近郊（ウェスタン・オーストラリア州）30-31

ニュージーランド

レッドウッド (Sequoia sempervirens)／ロトルア（北島）120-121

カウリ (Agathis australis)
　テ・マトゥア・ナヘレ（森の父）／ワイポウア（北島）13-17
　タネ・マフタ（森の神）／ワイポウア（北島）13-17

ラータ (Metrosideros robusta)／ブッシーパーク（北島）144-145

トタラ (Podocarpus totara)／ネーピア近郊（北島）170-171

表紙周りの巨樹・奇樹・神木

カバー表写真／カリフォルニア州、
ヨセミテ国立公園のジャイアントセコイアの前に立つ著者。

カバー表ソデ／カリフォルニア州、
セコイア国立公園のジャイアントセコイアの前に立つ著者。

前見返し／ボツワナ、クブ島のバオバブの木

後ろ見返し／日本、
熱海にある2本のクスノキの古木のうち、小さい方の木。

カバー裏ソデ／ウェスタン・オーストラリア州、
グロスターにある62mの木によじ登ろうとしている著者。

カバー裏写真／マダガスカル、ムルンダバのバオバブ・アベニュー

参考文献

Magazines and periodicals
The Dendrologist
The Gardener's Chronicle
The Gardener's Magazine
The Garden (1-xx)
International Dendrology Society Yearbook (1965-2001)
International Dendrology Society Newsletter (1998-2001)
Kew (1991-2002)
The Plantsman

Websites
Lonely Planet Guides: www.lonelyplanet.com
Rough Guides: www.roughguides.com
American Forests: www.elp.gov.bc.ca/rib/sdc/trees.htm
Gymnosperm Database: www.conifers.org
National Register of Big Trees: www.davey.com/cgip-bin/texis/ vortex/bigtrees

Publications
(All publications London printed, unless otherwise stated)
Abete editions, *Gli Alberi Monumentali d'Italia*, 2 vols., Rome 1990
Altman, Nathaniel, *Sacred Trees* (Sierra Club, San Francisco 1994)
Bean, W.J. and eds., *Trees and Shrubs Hardy in the British Isles*, 4 vols and supp. (8th edn., 1976)
Bourdu, Robert, *Arbres Souverains* (Paris 1988)
Brooker, Ian and Keeling, David, *Eucalypts. An Illustrated Guide* (Port Melbourne, 1996)
Carder, Al, *Forest Giants of the World Past and Present* (Ontario 1995)
Elwes, H. and Henry, A., *The Trees of Great Britain and Ireland* (Edinburgh 1906–13)
Evelyn, John, *Sylva or a Discourse on Forest Trees* (1st edn., 1664, Dr. A. Hunter's edn., 1776)
Fairfield, Jill, *Trees, A Celebration* (New York 1989)
Featherstone, Alan Watson, *Trees for Life Engagement Diaries* (Findhorn, Scotland 1991–2001)
Flint, Wendell D., *To Find the Biggest Tree* (Three Rivers, California 1987)
Frohlich, Hans Johan, *Wege zu Alten Baumen, Band 2, Bayern* (Frankfurt 1990); *Band 4, Nordrhein-Westfalia* (Frankfurt 1992)
Griffiths, Mark, *Index of Garden Plants. The New R.H.S. Dictionary* (Portland, Oregon 1994)
Griswold, Mac, *Washington's Gardens at Mount Vernon. Landscape of the Inner Man* (Boston 1999)
International Tree Society, *Temperate Trees under Threat* (1996)
Johnson, Hugh, *The International Book of Trees* (1973)
Johnston, Hank, *They Felled the Redwoods* (Fish Camp, California 1996)
Levington, Anna and Parker, Edward, *Ancient Trees* (1999)
Loudon, John Claudius, *Arboretum et Fruticetum Britannicum*, 8 vols (2nd edn., 1844)
Mabberley, D.J., *The Plant-Book* (2nd edn., Cambridge 1997)
Menninger, E.A., *Fantastic Trees* (Reprint, Portland, Oregon 1995)
Milner, Edward, *The Tree Book* (1992)
Mitchell, Alan, *Field Guide to the Trees of Britain and Northern Europe* (Reprint, Collins, 1979)
Mitchell, Alan, *Trees of Britain and Northern Europe* (Reprint, Collins/Domino, 1989)
Muir, John, *In American Fields and Forests* (Cambridge 1909)
Muir, John, *Our National Parks* (New York 1894)
Muir, John, *The Mountains of California* (New York 1894)
Oldfield, Sara and eds., *The World List of Threatened Trees* (World Conservation Union, Cambridge 1998)
Palgrave, Keith, *Trees of Southern Africa* (Cape Town, 5th impn., 1991)
Palmer, E. and Pitman, N., *Trees of Southern Africa* (Cape Town 1972)
Rushton, Keith, *Conifers* (1987)
Schama, Simon, *Landscape and Memory* (1995)
Spongberg, Stephen, *A Re-Union of Trees* (1990)
Steedman, Andrew, *Wanderings and Adventures in the Interior of South Africa*, 2 vols (London 1835)
Stoltmann, Randy, *Hiking the Ancient Forests of British Columbia and Washington* (Vancouver 1996)
Van Pelt, Robert, *Champion Trees of Washington State* (Seattle 1996)
Van Pelt, Robert, *Forest Giants of the Pacific Coast* (Global Forest Society, Vancouver 2001)

挿絵クレジット

Page 1: *The Inhabited Tree*. An engraving 'M. Baynes after a drawing by Mr. Moffatt of Litakou'. Reproduced in the second volume of *Wanderings in the Interior of Southern Africa* by Andrew Steedman, London, 1835.
Page 3: *Le Dragonnier de l'Orotava*. Drawn by Marchais after a sketch by d'Ozonne, engraved by Bouquet. French 18th century.
Page 12: *Baobab*. Unattributed engraving.
Page 24: *Hindu Fakirs Practising their Superstitious Rites under the Banyan Tree*. Drawn by Picart, engraved by Bell.
Page 40: A painting of the Californian big tree in the Sierra Nevada based on early photographs.
Page 54: *The Dwarf and the Giant*. Unattributed early 18th-century engraving.
Page 66: *Punishment of the Tcha*. Drawn by W. Alexander and engraved by J. Hall. London 1796.
Page 72: *The Spirits Blasted Tree*. Engraved J. Cuitt 1817.
Page 86: *The Dracaena Draco or the Celebrated Dragon Tree at Orotava in the Island of Tenerife*. Drawn 'on the spot' by J.Williams 1819.
Page 88: *A Hindu Family of the Banian Caste*. Drawn by J. Forbes, engraved by J. Bombay, 1769
Page 114: *Shepherd in the Stone Room at Newgate*. Unattributed early 18th-century engraving
Page 118: *A Mythical Beast*. Unattributed mid 17th-century engraving.
Page 130: *'De Cleefste Lindeboom'* A Dancing Lime. Unattributed 17th century engraving.
Page 136: *Adam and Eve*. Unattributed 18th-century etching and engraving combined.
Page 137: see also page 1.
Page 152: *Port Famine*. Drawn by Goupil, lithograph by Emile Lasalle/ Thierry Freres, from *Atlas Pittoresque*, Paris, 19th century.
Page 166: *Gum forest*. Drawn and engraved by 'RE'. 19th-century lithograph.
Page 176: *Encampment under a Baobab Tree*. Unattributed 19th-century engraving.

索引

アルファベット

Meetings with Remarkable Trees
6-7,62,170
Save-the Redwoods League
 （森林保護団体）..................32

あ行

アガディール（モロッコ）....................9
熱海（静岡県）..............104-106,108
アダンソン,ミシェル..............19,182
アヌラーダプラ（スリランカ）........94-97
アメリカ
　イトスギ........................62-65
　カエデ..................154,156-157
　セコイア........4,6,8,36-39,46-49
　チューリップノキ..............100-101
　ツガ..........................153-155
　トウヒ（シトカスプルース）
　164-165,168
　ネズ（セイブビャクシン）
　52-53,57-59,67-68
　ブリッスルコーン・パイン....8,71-77,90
　盆栽..............................67-68
　モミ..........................153-154
　ヨシュア・ツリー..............158-159
　ライブ・オーク......60-61,142-143
　レッドウッド................8,32-35
　レッドシーダー........40-43,174-175
アメリカツガ..................34-35,42
アメリカネズコ（レッドシーダーの別名）
41-43
アメリカフウ............................142
アメリカン・フォレスト..............7,48
アルヴィル（フランス）..........78,92-93
アルガン・ツリー..........................9
アンドリアナムポイニメリナ王..........102
アンブヒマンガ（マダガスカル）
102-103
イヴリン,ジョン........................135
イコッド（テネリフェ島）............86-87
イタリア
　イトスギ........................89-91
　カラマツ........................82-83
　タイザンボク..................124-125

スマスギ............................128-129
イチジク........................102-103,161
　Ficus baronii..................102-103
　Ficus ingens..................137-139
イチョウ..............................110-111
イトスギ（Cupressus sempervirens）
89-91
イファティ（マダガスカル）
177-181
イロハモミジ........................67-68
イングリッシュ・オーク（Quercus robur）
78-79
インドボダイジュ（Ficus religiosa）
8,94-97
ヴァージニア州（アメリカ）........100-101
ヴァル・ドゥルティモ［最後の谷］（イタリア）
82-83
ヴィクトリア州（オーストラリア）..........168
ヴィクトリア女王....................102
ウェスタン・オーストラリア州
　（オーストラリア）..........30-31,44-45
ウェスタンレッドシーダー（Thuja plicata）
62,174-175
ヴェストファーレン地方（ドイツ）....84-85
ウェリントン司令官........................126
ヴェルジー（フランス）............140-141
ヴェルッキオ（イタリア）........89-91,110
ヴォルフラムスリンデ（ナツボダイジュ）
80-81
ウォルポール（オーストラリア）
44-45
ウォレミ国立公園（オーストラリア）....126
ウォレミマツ（Wollemia nobilis）......126
ウジェニー皇后........................92
歌麿....................................106
エゾマツ..................................8
エッシェンバッハ,ヴォルフラム・フォン...81
エドガータウン（アメリカ）................7
エバグレーズ湿地（アメリカ）..........128
エルレ（ドイツ）....................84-85
塩湖地帯（ボツワナ）........18-19,22-23
エンジェル・オーク（ライブ・オーク）
142-143
エンジュ（Sophora japonica）............7
オアハカ州（メキシコ）............25-27

オーク（Quercus robur）
78-79,84-85,90,92-93
イングリッシュ・オーク（Q. robur）
78-79
キャニオン・ライブ・オーク
　（Q. chrysolepis）..............60-61
ライブ・オーク（Q. virginiana）
61,142-143,158
オーク礼拝堂......................92-93
オーストラリア
　バオバブ（ボアブ）
　112-113,115-117,132
　マツ............................126
　ユーカリ......30-32,44-45,167-169
オクトパスツリー
　（Didierera madagascariensis）...161
踊りの菩提樹..................134-135
オリーブ（Olea europaea）......162-163
オリンピック山脈（アメリカ）......42,154
オリンピック半島（アメリカ）..........174
オレゴンカエデ（ヒロハカエデの別名）
154,156-157
オロタバ（テネリフェ島）................86

か行

カウリ（Agathis australis）
13-17,120
カボベルデ諸島........................19
カラスのオーク（オーク）..............84
カラベラスビッグツリー州立公園（アメリカ）
39
カラマツ（Larix decidua）........82-83
カラロック（アメリカ）............42,43
カリー（E. diversicolor）......30-31,44
カリフォルニア州（アメリカ）
　イトスギ........................62-65
　セコイア........4,6,8,36-39,46-49
　（「シエラネバダ山脈」も参照）
　ネズ........52-53,58-59,67-68
　ブリッスルコーン・パイン............72-77
　盆栽..............................67-69
　ヨシュア・ツリー..............158-159
　ライブ・オーク................60-61
　レッドウッド..................32-35
カルマナ・ジャイアント..........172-173

カルマナ太平洋岸州立公園（カナダ）
172
カルマナ渓谷（カナダ）............172-173
ガンジス川（インド）....................94
議会の木（ジャイアントセコイア）...36-37
北島（ニュージーランド）
144-145,170-171
ギボンズ,グリンリング..................81
キャニオン・ライブ・オーク
　（Quercus chrysolepis）............60-61
キャンディー植物園（スリランカ）
148-151
巨樹
　イチョウ......................110-111
　オーク............................79
　カウリ........................13-16
　シーダー（スギ）
　42,50,108-109,175
　セコイア..................37-38,46-49
　（「ジャイアントセコイア」
　　「イチジク（Ficus ingens）」も参照）
　バオバブ..........................19
　ユーカリ........................168
　レッドウッド......................33
霧島神社（鹿児島県）............108-109
ギリシア..............................98-99
キング,スティーヴン..............14,17
キングズキャニオン国立公園（アメリカ）
47-49
クイノルト湖（アメリカ）......42,153-155
クヴィル..............................78-79
クヴィレッケン..................78-79,81
クスノキ（Cinnamomum camphora）
8,104-108,122-123
クブ（ボツワナ）..................22-23
クラセリエ動物保護区（南アフリカ）..7,8
グランディディエリ,アルフレッド........182
グラント将軍（ジャイアントセコイア）
47-49
グリーン（探検家）..................20-21
グリーンの木（バオバブ）..........20-21
グリーンマン........................78-79
クリューガー国立公園（南アフリカ）......7
グレート・ティングル（E. jacksonii）
44-45
グレッテシュタット（ドイツ）......134-135

グロスター・ツリー（カリー）..............30
ケコバ（トルコ）....................162-163
ケムプファー, エンゲルベルト........110
ケヤキ（Zelkova serrata）............68-69
恋するバオバブ（バオバブ）....132-133
コインブラ植物園（ポルトガル）..146-147
コークスクリュー・ツリー
　（コースト・レッドウッド）
　...34-35
コースト・レッドウッド（Sequoia sempervirens）
　.................................32-35, 39, 119-121
ゴードン, チャールズ........................148
ゴードンの木（イチジク）................148
ゴールデンカップ・オーク
　（キャニオン・ライブ・オークの別名）
　...60-61
『国際樹木学会年鑑』........................170
コス島（ギリシア）........................98-99
コンザッティ, カシアーノ..................28

さ行

サージェント, チャールズ..................32
最後の谷［ヴァル・ドゥルティモ］（イタリア）
　...82-83
サウスカロライナ州（アメリカ）..142-143
逆さまの木（バオバブ）....................21
サンタマリア・デル・トゥーレ教会（メキシコ）
　...26, 28-29
サントルソ（イタリア）..............128-129
シーダー（スギ）
　日本のスギ....................50-51, 108-109
　（「スギ」も参照）
　レバノンスギ（Cedrus libani）........57
ジェディダイア・スミス・レッドウッド州立公園
　（アメリカ）..............................32-34
シエラネバダ山脈（アメリカ）
　.............................32, 34, 36, 46-48, 74
シトカスプルース（Picea sitkensis）
　.....................................154, 172-173
シトカトウヒ（シトカスプルースの別名）
　.....................164-165, 168, 172-173
シドニー王立植物園（オーストラリア）
　...126
シマナンヨウスギ..............................126
シャーマン将軍（ジャイアントセコイア）
　...8, 46-48
ジャイアントセコイア
　（Sequoiadendron giganteum）
　......................4, 6, 8, 26, 32, 34,
　　　　　　　36-39, 46-49, 62, 74
シャラワジ....................................105-106

囚人の木（プリズン・ボアブ）...115-116
シュールマン, エドマンド博士..72, 74, 76
上院議員の木.............................4, 6, 36
ジョンズアイランド（アメリカ）.....142-143
ジョンソン, リンドン・B....................48
シレット, スティーヴ..........................32
親鸞..110
スウェーデン..................................78-79
スギ（Cryptomeria japonica）
　....................................50-51, 108-109
　ヴィルモリアナ..............................108
　エレガンス....................................108
　縄文杉................................50-51, 108
　スピラリス....................................108
　バンダスギ....................................108
スズカケノキ（プラタナスの別名）
　..98, 99
ストラトスフィア・ジャイアント（レッドウッド）
　..32, 34
ストルトマン, ランディ....................172
ストルトマン記念の森................172-173
スモーランド（スウェーデン）........78-79
スリランカ
　..........................8, 88, 94-98, 110, 148-151
聖アントニオ教会（イタリア）.....124-125
正餐の木....................................116-117
セイタカユーカリ（マウンテンアッシュの別名）
　...167-169
セイブビャクシン（Juniperus occidentalis）
　..........................52-53, 57, 58-59, 67-68
聖フランチェスコ......................90, 110
セイヨウボダイジュ....................134-135
セイヨウネズ
　（Juniperus communis）................56
　（Juniperus excelsa）..................55-57
セコイア......................................46-49
セコイア国立公園（アメリカ）
　...................................4, 6, 36-37, 46-48
善福寺（東京都港区元麻布）..110-111
『全米巨樹登録』..................................7
ゾウの足
　（パキポディウム・ゲアイー）
　...........................131-132, 180-181

た行

ダービー（オーストラリア）
　...................................112-113, 115-116
大王杉（縄文杉）.........................50-51
タイオガ峠（アメリカ）................58-59

タイザンボク（Magnolia grandiflora）
　...124-125
タウルス山脈（トルコ）................56-58
ダグラス, デイヴィッド....................154
ダグラスモミ（Pseudotsuga menziesii）
　..............................8, 32, 62, 154, 170
武雄（佐賀県）........................106-107, 108
タスマニア（オーストラリア）......44, 168
タネ・マフタ（森の神——カウリ）
　..14-17
タラバルガ渓谷（オーストラリア）.....168
チャップマンの木（バオバブ）..........22
チューリップノキ
　（ユリノキの別名）................100-101
チリマツ（Araucariaceae）..............126
テ・マトゥア・ナヘレ（森の父——カウリ）
　..13-17
ティングル......................................44
テネリフェ島..............................86-87
テンプル, ウィリアム........................105
ドイツ......80-81, 84-85, 134-135, 140
トゥーレ（メキシコ）................2, 6, 25-28
東京................................105-106, 110-111
トゥレア郡（アメリカ）....................48
トールキン..................................42, 44
独身貴族と3人の貴婦人
　（ジャイアントセコイア）..........38-39
トタラ（Podocarpus totara）
　.....................................120, 170-171
トリアラ（マダガスカル）..161, 177, 180
トルコ......................................56-57, 162-163
矮小木（ドワーフ）....................56-57, 68

な行

ナタの塩湖地帯................10-11, 14, 18-19
ナツボダイジュ（Tilia platyphyllos）
　..80-81
ナンヨウスギ（Araucaria）..............126
日本..8
　イチョウ................................110-111
　クスノキ................................104-107
　スギ........................50-51, 108-109
　盆栽....................................67-69
ニューサウスウェールズ州..................44
ニュージーランド............................14-17
　トタラ..................................170-171
　ラータ..................................144-145
　レッドウッド......................119-121
ニュージーランドマツ
　（ラジアータマツの別名）............170

ヌマスギ（Taxodium distichum）
　...........................25-29, 108, 128-129
ネーピア（ニュージーランド）....170-171
ネズ（Juniperus）............................57
　古代セイヨウネズ（J. excelsa）....55-57
　セイブビャクシン（J. occidentalis）
　..........................52-53, 57-59, 67-68
　セイヨウネズ（J. communis）........57
ノーブル, デイヴィッド....................126
ノーラン・クリーク（アメリカ）....174-175

は行

バートン, リチャード........................182
バイエルン州（ドイツ）..80-81, 134-135
パイン（Pinus）
　ブリッスルコーン・パイン（P. longaeva）
　...8, 73-77, 90
　ラジアータマツ（P. radiata）..........170
バオバブ（Adansonia）
　アダンソニア・ディギタータ
　（A. digitata）..................19-23, 132
　グランディディエリ（A. grandidieri）
　...........................131-132, 182-185
　グレゴリィ（A. gregorii）
　...........................112-113, 115-117, 132
　ザー（A. za）..................132-133, 178
　スアレゼンシス（A. suarezensis）....132
　フニィ（A. fony）..............132, 177-179
　ペリエリ（A. perrieri）..................132
　マダガスカリエンシス
　（A. madagascariensis）................132
バオバブ（自生地）
　オーストラリア
　.............................112-113, 115-117, 132
　ボツワナ........................10-11, 14, 18-23
　マダガスカル..................................8
バオバブ・アベニュー（マダガスカル）
　.....................................182-185
パキポディウム・ゲアイー
　（Pachypodium geayi）
　...........................131-132, 180-181
パケナム, トマス..............................102
伐採と保護
　オーク..78
　カウリ..14
　カリー..30
　シーダー................................42, 174
　シトカスプルース........................172
　セコイア......................................36
　ダグラスモミ................................154

トタラ......170
バオバブ......178
ユーカリ......44, 168
レッドウッド......32
パドバ（イタリア）......124-125
ハドソン夫妻......170
バルトフォンテン（南アフリカ）..138-139
バンクーバー島（カナダ）......172-173
ハンティントン公園（アメリカ）......67-69
ハンボルト・レッドウッド州立公園（アメリカ）
......32
ヒポクラテス......98
ヒマラヤスギ......8
広島（広島県）......110
ヒロハカエデ（*Acer macrophyllum*）
......154, 156-157
ヒロハノナンヨウスギ
（*Araucaria bidwillii*）......126-127
ファーヘレヘン（南アフリカ）....122-123
フェーメ・アイヒェ（裁きのオーク）..84-85
ブサコ（ポルトガル）......126-127
ブッシーパーク（ニュージーランド）
......144-145
仏陀と仏教......8, 94, 98, 110
ブラウントップ・ストリンギーバーク
（*E. obliqua*）......44
プラタナス（*Platanus orientalis*）
......98-99
ブラッサイア（オクトパスツリーの別名）
......161
フランス......78, 92-93, 102,
125-126, 140-141
イチジク......102
オーク......70, 92-93
ブナ......140-141
プリックリー・ペア（*Opuntia*）......180
ブリッスルコーン・パイン（*Pinus longaeva*）
......8, 73-77, 90
『ブリテンの樹木と灌木』......84
プレーリークリーク・レッドウッド州立公園
（アメリカ）......34-35
フレズノ郡（アメリカ）......48
フンボルト, フォン・アレキサンダー
......28, 86
ベイスギ
（ウェスタンレッドシーダーの別名）
......174-175
ベイツガ（*Tsuga heterophylla*）
......153-155
ベイトウヒ......164-165

ベイマツ（別名ダグラスモミ）
......8, 32, 62, 154-157, 170
ベインズ, トマス......137-138
ベルト, ボブ・ヴァン......42, 154
ベンガルボダイジュ（*Ficus benghalensis*）
......148, 160-161
ベンジャミンゴムノキ（*Ficus benjamina*）
......148-151
ボアブ（バオバブ *Adansonia gregorii*）
......112-113, 115-117, 132
ホー・バレー（アメリカ）......154-157
北斎......106
菩提樹（*Ficus*）
インドボダイジュ（*Ficus religiosa*）
......8, 94-98
セイヨウボダイジュ......134-135
ナツボダイジュ（*Tilia platyphyllos*）
......80-81
ベンガルボダイジュ
（*Ficus benghalensis*）148, 160-161
ベンジャミンゴムノキ
（*Ficus benjamina*）......148-151
ボツワナ（バオバブ）..10-11, 14, 18-22
ポトマック川......100
ボヌール, ジャン・バプティスト......92
ポルトガル......126-127, 146-147
ホワイトガム（*E. viminalis*）......44
ホワイト山脈（アメリカ）......73-77
盆栽......67-69

ま行

マーサズビンヤード島（アメリカ）......7
マウンテンアッシュ（*E. regnans*）
......32, 44, 167-169
マウント・ヴァーノン（アメリカ）..100-101
マクミラン・ブローデル社（カナダ）....172
マサチューセッツ州（アメリカ）......7
マダガスカル
イチジク......102-103
バオバブ
......8, 116, 131-133, 177-185
ベンガルボダイジュ......160-161
マメザクラ......68
マリポサ・グローブ（アメリカ）......39
ミケーレ修道士......90
南アフリカ共和国
......7, 8, 122-123, 137-139
ミヤマビャクシン......68
ミュア, ジョン......32, 36
ミューラー, フェルディナンド・フォン....168

ミルトン, トマス提督......7
ムルンダバ（マダガスカル）......182-185
メキシコ......2, 6, 25-29, 158
メトセラの小道......72, 74
モートンベイ・イチジク（*Ficus macrophylla*）
......146-147
モファット, ロバート宣教師......138
モロッコ......9
モンダビ伯爵......180
モンテズマヌマスギ
（*Taxodium mucronatum*）
......2, 6, 25-29, 108
モントレー（アメリカ）......62-65
モントレーイトスギ（*Cupressus macrocarpa*）
......62-65, 120
モントレーマツ......120

や行

屋久島......50-51
ヤラ・バレー（オーストラリア）...167-169
ヤング, ブリガム......158
ユーカリ（*Eucalyptus*）
カリー（*E. diversicolor*）......30-31, 44
ブラウントップ・ストリンギーバーク
（*E. obliqua*）......44
ホワイトガム（*E. viminalis*）......44
マウンテンアッシュ（*E. regnans*）
......32, 44, 167-169
レッドティングル（*E. jacksonii*）...44-45
ユリノキ（*Liriodendron tulipifera*）
......100-101
ヨーロッパグリ......90
ヨーロッパブナ（*Fagus sylvatica*）
......140-141
ヨーロピアン・オーク
（イングリッシュ・オークの別名）
......78-79, 92-93
吉田兼好......68
ヨシュア・ツリー（*Yucca brevifolia*）
......158-159
ヨシュア・ツリー国立公園
（アメリカ）......60-61, 158-159
ヨセミテ国立公園（アメリカ）
......38-39, 52-53, 58-59
4本の精鋭たち（カリー）......30-31

ら行

ラータ（*Metrosideros robusta*）
......144-146
ラーベン・アイヒェ（カラスのオーク）....84
ライブ・オーク（*Quercus virginiana*）
......60-61, 142, 158
ラウドン, ジョン......84
ラクウショウ（ヌマスギの別名）..128-129
ラジアータマツ（*Pinus radiata*）......170
ラステンバーグ（南アフリカ）...138-139
ラナヴァローナ女王......102
ラミントン国立公園（オーストラリア）.126
ランス（フランス）......140
リート村（ドイツ）......80-81
リヴィングストン, デイヴィッド...21-22, 138
リミニ（イタリア）......90
リュウケツジュ（*Dracaena draco*）
......28, 86-87
リンカーン, エイブラハム大統領......39
リンデンバウム......80-81, 135
リンネ, カロルス......19
ルーアン（フランス）......92, 93
ルーズベルト, セオドア大統領......36
ルビー・ビーチ（アメリカ）..164-165, 168
レッドウッド（*Sequoia sempervirens*）
......26, 32-35, 62, 108, 120-121
レッドシーダー（*Thuja plicata*）...41-43
レッドティングル（*E. jacksonii*）....44-45
レバノンスギ......57
ロトルア（ニュージーランド）.....120-121

わ行

ワイポウア森林保護区（ニュージーランド）
......13-15
ワシントン, ジョージ大統領......100
ワシントン州（アメリカ）......41, 153-157,
164-165, 168, 174-175

Remarkable Trees of the World
Text and photographs © Thomas Pakenham 2002

First published in Britain in 2002 by Weidenfeld & Nicolson

The Orion Publishing Group
Wellington House
125 Strand
London WC2R 0BB

All rights reserved. No part of this publication may be reproduced, stored in a retrieval system, or transmitted in any form or by any means, electronic, mechanical or otherwise, without the prior permission of the copyright holder.

Design Director: David Rowley
Designer: Nigel Soper
Text Editor: Patricia Burgess
Additional Picture Research: Melanie Watson

First Japanese edition published in 2003 by Hayakawa Publishing, Inc.
2-2, Kanda-Tacho, Chiyodaku, Tokyo 101-0046 Japan

Japanese co-edition arranged by Noriko Sakai and DesignEXchange Co., Ltd., Tokyo Japan

Printed and bound in Italy by Printer Trento S.r.l.

地球のすばらしい樹木たち
巨樹・奇樹・神木

2003年3月10日 初版印刷
2003年3月15日 初版発行

著　者	トマス・パケナム
翻訳監修	飯泉恵美子
責任翻訳者	比嘉涼子
翻　訳	青木あきこ、大熊雅子、菅道春、佐藤基、下隆全、関野眞由子、西田利弘
校　正	金田修宏
組　版	廣瀬美和
制作進行	森泉勝也、藤田美丘（デザインエクスチェンジ株式会社）、境紀子
発行者	早川　浩
発行所	株式会社　早川書房 郵便番号　101-0046 東京都千代田区神田多町2-2 電　話　03-3252-3111（大代表） 振　替　00160-3-47799 http://www.hayakawa-online.co.jp

定価はカバーに表示してあります
ISBN4-15-208454-5　C0045
乱丁・落丁本は小社制作部宛お送りください。
送料小社負担にてお取りかえします。

印刷・製本所　Printer Trento S.r.l. (Italy)